基于不等定时截尾数据的
卫星平台可靠性评估

The Estimation of Reliability for Satellite Platform
Based on Multiply Type-I Censored Data

贾 祥 著

国防工业出版社
·北京·

内 容 简 介

本书主要根据卫星平台的在轨运行时间数据,建立不等定时截尾数据模型,继而介绍了平台可靠性的评估技术。首先论述了卫星平台的可靠性建模,作为卫星平台可靠性评估研究的基础,主要包括平台可靠性数据、寿命分布和可靠性结构建模等3个方面的内容;在卫星平台的可靠性评估方面,分别提出了平台单机和系统的可靠度评估技术,其中平台单机的可靠度评估包括不等定时截尾有失效数据下电子产品型单机的可靠度评估、不等定时截尾有失效数据下其他类型单机的可靠度评估、不等定时截尾无失效数据下单机的可靠度评估以及融合不等定时截尾数据和其他可靠性数据的单机可靠度评估。平台系统的可靠度评估主要是通过融合卫星平台不等定时截尾数据和单机数据开展研究。

本书内容系统、全面地介绍了卫星平台的可靠性建模和评估理论,可供可靠性理论、应用概率统计、系统工程及航空航天工程等领域的教学和科研人员阅读。

图书在版编目(CIP)数据

基于不等定时截尾数据的卫星平台可靠性评估/贾祥著 .—北京:国防工业出版社,2020. 6

ISBN 978-7-118-10937-5

Ⅰ.①基⋯ Ⅱ.①贾⋯ Ⅲ.①卫星控制–可靠性估计 Ⅳ.①TP872

中国版本图书馆 CIP 数据核字(2020)第 040555 号

※

*国防工业出版社*出版发行

(北京市海淀区紫竹院南路23号 邮政编码100048)

天津嘉恒印务有限公司印刷

新华书店经售

*

开本 710×1000 1/16 印张 13½ 字数 226 千字

2020 年 6 月第 1 版第 1 次印刷 印数 1—1500 册 定价 95.00 元

(本书如有印装错误,我社负责调换)

国防书店:(010)88540777 发行邮购:(010)88540776

发行传真:(010)88540755 发行业务:(010)88540717

前　言

卫星平台是卫星的重要组成部分,是用于支持有效载荷正常工作的所有系统构成的整体,其自身通常具备一定的独立性、通用性和模块化特点,不论安装什么有效载荷,其基本功能是一致的。在公用卫星平台上安装不同的有效载荷,就可形成不同功能的卫星。因此,研制高可靠性的卫星平台是十分必要的,卫星平台的可靠性对卫星的可靠性至关重要,这就带来卫星平台的可靠性评估问题。另外,在当前卫星研制周期不断缩短、发射频率逐步增加的背景下,需要通过研究卫星平台的可靠性评估技术,促进卫星平台可靠性设计的改进和寿命的增加,满足高强度的任务需求。因此,研究卫星平台的可靠性评估技术是当前非常迫切的任务。

卫星是典型的高可靠性、长寿命产品,很难收集到大量的系统级失效数据,造成传统的基于失效数据的可靠性评估技术难以适用。但是卫星平台在轨运行期间除了收集到在轨运行时间数据外,还可以收集到在轨性能监测数据,以及专家数据和相似产品数据等,这些数据中蕴含了卫星平台丰富的可靠性信息,通过对这些数据的充分分析和利用可以支撑卫星平台的可靠性评估研究。

本书全面、系统地介绍了卫星平台的可靠性评估技术。第 1 章叙述了卫星平台的相关概念及其可靠性评估研究的必要性,分类介绍了国内外的研究现状,并指明了当前研究工作中存在的问题。第 2 章从卫星平台数据、寿命分布及可靠性结构 3 个方面依次论述相应的建模方法,支撑后续的可靠度评估研究。第 3 章针对卫星平台中电子产品型单机,利用指数分布描述单机的寿命,根据单机的在轨运行时间有失效数据,提出分布参数的点估计和置信下限计算方法,等同于给出了可靠度的点估计和置信下限。第 4 章针对除电子产品类型外的其他类型单机,提出了可靠度评估的一般性分析思路,再利用机电产品型单机作为示例,基于威布尔分布建立单机的寿命分布模型,根据在轨运行时间有失效数据,提出可靠度点估计和置信下限的计算方法。第 5 章主要针对没有收集到失效数据的单机,提出了可靠度评估的一般性分析思路,再利用机电产品和电子产品型单机作为示例,在威布尔分布和指数分布下,根据在轨运行时间无失效数据,提出可靠度点估计和置信下限的求解方法。第 6 章主要针对同时收集到在轨运行时间数据和其他可靠性数据的单机,提出了基于 Bayes 数据融合的可靠度评估一般性分析思路,再利用机电产品和电子产品型单机作为示例,在威布尔分布和指数分布下,提出数据融合后可靠度的 Bayes 点估计和置信下限的求解方法。第 7 章主要利用卫星平台的金字塔层级结构模型,通过 Bayes 理论融合卫星平台不同层级的所有可靠性数据,继而评估平台系统的可靠度。通过本书的研究,可以给出卫星平台可靠度的点估计及置信下限。

本书是作者攻读博士学位期间及博士毕业工作后最新研究成果的总结,得到了国家自然科学基金项目(71801219)、湖南省自然科学基金项目(2019JJ50730)以及军队和国防工业部门项目的资助。

鉴于作者水平有限,书中难免有不足之处,敬请读者批评指正。

作者

2019 年 10 月

目　　录

第1章 绪 论

1.1 卫星平台及其可靠性

卫星是典型的高可靠性、长寿命产品,从总体上一般可分为有效载荷和卫星平台两部分,其中有效载荷是直接用于特定任务的仪器或设备,卫星平台是支持和保证有效载荷正常工作的所有系统构成的整体[1]。卫星平台和有效载荷的关系如图 1.1 所示。如果不能准确评估卫星的可靠性,将影响卫星的使用以及后续卫星的生产和发射计划。要评估卫星的可靠性,必须要评估卫星平台的可靠性。

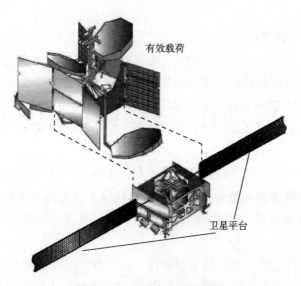

图 1.1　卫星平台和有效载荷

卫星平台自身通常具备一定的独立性、通用性和模块化特点,不论安装什么有效载荷,其基本功能都是一致的,只需相应地做少量适应性修改即可。但是安装不同的有效载荷,就可形成不同功能的卫星。虽然卫星的功能和分类众

1

多,但很多卫星的卫星平台是相同的,或者说是公用的。在卫星研制周期不断缩短、发射频率逐步增加的背景下,需要通过研究卫星平台可靠性评估的理论和方法,促进卫星平台可靠性设计的改进和寿命的增加,满足高强度的任务需求。因此,评估卫星平台的可靠性是十分必要的。

从卫星平台的任务阶段而言,工程实践中更关注其在轨运行阶段的可靠度。卫星平台通常由结构与机构、热控、控制、推进、供配电、测控和数管等分系统串联而成[1],而各个分系统又由众多单机组成,结构复杂。这些单机中包含很多电子产品和机电产品,如数管计算机和 GPS 接收机等就是电子产品,动量轮本质上就是机电产品[2]。

可靠性数据是定量评估可靠性的基础信息。在卫星平台的研制和在轨运行阶段,产生了不同类型的可靠性数据,包括以下内容。

(1) 地面试验数据。这类数据主要是指卫星在发射升空之前所进行的单机级和卫星平台系统级的热真空、热循环等热学试验的时间数据。地面热学试验的试验环境与卫星平台的在轨工作环境是不同的,如果在评估卫星平台在轨运行阶段的可靠度时需要利用地面试验数据,就必须对地面试验的时间数据进行折算。

(2) 在轨遥测数据。这类数据指的是卫星平台在轨运行阶段对单机和卫星平台的监测数据,是卫星平台的主要可靠性数据。事实上,卫星平台的在轨遥测数据是在地面试验中很难收集到的真实工作环境下的数据,是极其宝贵的资源。在轨遥测数据的数据类型主要是单机和卫星平台在轨运行的时间数据,即通常意义上的在轨寿命数据,也有部分单机的性能参数监测数据。

(3) 专家数据。这类数据是指专家利用工程经验所得到的单机在某个任务时刻处的可靠度预计值。由于可靠度的取值范围限定在[0,1]之间,专家通过一定的数据信息和工程经验给出单机的可靠度预计值,相对是比较容易的。

(4) 相似产品的在轨遥测时间数据。这类数据是指收集到的相似卫星平台及部分相似单机的在轨遥测时间数据,其收集方式与卫星平台的在轨运行时间数据收集方式相同。

卫星平台的可靠性评估问题总体上包括卫星平台单机的可靠性评估和卫星平台系统的可靠性评估两项内容。对于卫星平台的单机可靠性评估,在单机层面所收集到的可靠性数据包括在轨运行时间数据、专家数据、在轨性能监测数据、相似产品的在轨运行时间数据。在这些单机的可靠性数据中,只有在轨运行时间数据是绝大部分单机都普遍收集到的,因而需要重点研究如何利用在轨运行时间数据评估单机可靠性的方法。对于其他 3 种类型的单机可靠性数据而言,由于并不是绝大部分单机都可以收集到这些数据,如何根据这些数据评估单机的可靠性不是本书的研究重点。但是这些其他类型的可靠性数据毕竟也反映了单机的可靠性信息,对于收集到在轨运行时间数据之外其他可靠性数据的单机,可以开展基于在轨运行时间数据和其他可靠性数据融合的单机可靠性评估研究。

对于卫星平台的系统可靠性评估,在系统层面所收集到的可靠性数据包括卫星平台系统自身的在轨运行时间数据、相似卫星平台的在轨运行时间数据、单机的各类可靠性数据。需要在这些数据条件下考虑卫星平台系统的可靠性评估方法。

在定量评估可靠性时,必须选择具体的可靠性指标。常用的可靠性指标包括可靠度、寿命或剩余寿命等。不同的指标各有侧重,如可靠度反映的是产品可靠性的概率度量,寿命或剩余寿命则衡量的是产品的时间长度。本书在研究卫星平台的可靠性评估时,选择卫星平台的可靠度这一指标进行研究,即探讨的是卫星平台可靠度的评估技术。根据工程实际中的要求,可靠度的评估结果通常包括点估计和置信区间估计。考虑到可靠度的取值总是在 [0,1] 闭区间上,本书选用可靠度的单侧置信下限表示可靠度的置信区间,而非双侧置信区间。事实上,这也是工程中的常见做法[3]。

值得说明的是,虽然本书研究的卫星平台可靠性评估技术主要考虑的是平台的可靠度,但本书提出的可靠度评估方法经过适当变换,也可以应用到卫星平台的寿命评估或剩余寿命预测中。

1.2　卫星平台可靠度评估的相关研究

卫星平台的可靠度评估问题总体上分为单机的可靠度评估问题和卫星平台系统的可靠度评估问题,下面的研究现状总体上从这两个方面展开。根据单机收集到的可靠性数据类型,单机的可靠度评估又可分为基于在轨运行时间数据的可靠度评估和基于数据融合的可靠度评估两个内容,而基于在轨运行时间数据的可靠度评估,又可进一步根据在轨运行时间数据是否包含失效数据以及单机的产品类型进行组合细分。相关研究现状阐述如下。

1.2.1 平台单机的可靠度评估研究现状

卫星平台单机数量众多,同时涉及的产品类型也很多,很难全面展开现状描述。因此,在这部分的研究现状中,重点针对平台单机中的电子产品和机电产品两种产品类型的单机开展可靠度评估现状分析。另外,平台的在轨运行时间数据本质上是产品寿命类型的数据,因此基于在轨运行时间数据的单机可靠度评估,本质上是基于寿命数据或截尾数据的可靠度评估问题。下面从有失效数据下电子产品型单机的可靠度评估研究现状、有失效数据下机电产品型单机的可靠度评估研究现状、无失效数据下单机的可靠度评估研究现状和多源数据下单机的可靠度评估研究现状4个方面展开现状分析。

1. 有失效数据下电子产品型单机的可靠度评估研究现状

在可靠性工程中,电子产品的寿命通常用指数分布进行建模和分析。因此有失效数据下电子产品型单机的可靠度评估,本质上就是指数分布场合寿命数据或截尾数据的可靠度评估问题。指数分布的可靠度函数为

$$R(t) = \exp\left(-\frac{t}{\theta}\right) \tag{1.1}$$

式中:$\theta > 0$ 为平均寿命;$\lambda = 1/\theta$ 为失效率。该分布形式简单,性质优良,在可靠性工程中运用十分广泛。由于指数分布的可靠度函数是平均寿命参数 θ 或失效率参数 λ 的单调函数,此时只需将 θ 或 λ 的点估计和置信下限代入可靠度函数,即可求得可靠度的点估计和置信下限。这说明可靠度的点估计和置信下限与 θ 或 λ 的点估计和置信下限是等价的。又由于 θ 和 λ 一一对应,故得到 θ 或 λ 中任意一个分布参数的估计,就等价于推得另一个分布参数的估计,也即可靠度的估计。在指数分布场合有失效数据下,通常采用极大似然估计法得到参数的点估计。分布参数 θ 的极大似然估计 $\hat{\theta}$,是指 $\hat{\theta}$ 令样本 D 的似然函数 $L(D; \theta)$ 取值最大。

(1)利用传统的定时截尾数据,Bartholomew[4]在指数分布下推得 θ 的极大似然估计 $\hat{\theta}$,同时利用矩量母函数推导得到 $\hat{\theta}$ 的分布。但是他并没有进一步说明如何构建 θ 的置信区间。茆诗松等[5]提出了 λ 的两个近似置信区间。Sundberg[6]进一步推得 λ 的7种近似置信区间,并比较了这些置信区间的优劣。陈家鼎[7]则应用样本空间排序法理论[8]研究了 θ 的置信下限。

(2)利用逐步的定时截尾数据,Balakrishnan[9]总结了相关的研究现状,同时在指数分布下对 θ 的极大似然估计 $\hat{\theta}$ 和 $\hat{\theta}$ 的分布进行了推导,进一步根据 $\hat{\theta}$ 的

分布、$\hat{\theta}$ 的近似正态性以及 bootstrap 方法[10] 讨论了如何建立 θ 的置信区间[11]，并认为基于 $\hat{\theta}$ 的分布建立的置信区间效果最好。

（3）利用不等定时截尾数据，Bartlett[12]、Bartholomew[13] 及 Littel[14] 在指数分布下对 θ 的极大似然估计 $\hat{\theta}$ 进行了讨论。另外，吴耀国[15] 将样本中的截尾时间所对应的潜在失效时间视为缺失变量，利用 EM（Expectation Maximization）算法[16] 计算了 λ 的估计，但计算结果实质上就是 λ 的极大似然估计。关于 θ 的置信区间，荆广珠等[17] 和严广松等[18] 分别利用样本空间排序法进行了研究，其中前者讨论了相关性质，后者给出了 $\hat{\theta}$ 的分布，但没有提出具体的计算方法。此外，董岩等[19] 利用鞍点逼近法提供了 θ 的置信下限的表达式，但该式非常冗长，也没有给出相应的算法，且难以推广应用。

在指数分布场合不等定时截尾有失效数据下，通常将极大似然估计作为 θ 的点估计，但关于构建置信下限的相关方法，或者没有具体的求解算法，或者不便于工程应用，需要提出更有效、更清晰的方法，从而适用于卫星平台电子产品型单机的可靠度置信下限评估问题。

2. 有失效数据下机电产品型单机的可靠度评估研究现状

在可靠性工程中，机电产品的寿命通常用威布尔分布进行建模和分析。因此有失效数据下机电产品型单机的可靠度评估，本质上就是威布尔分布场合寿命数据或截尾数据的可靠度评估问题。威布尔分布的可靠度函数为

$$R(t) = \exp\left[-\left(\frac{t}{\eta}\right)^m\right] \tag{1.2}$$

式中：$m>0$ 为形状参数；$\eta>0$ 为尺度参数。

如果想要求得威布尔分布场合可靠度的点估计，可以先求得分布参数的点估计，再将其代入可靠度函数中即可。目前有很多文献在威布尔分布场合提出了很多方法来研究分布参数的点估计，包括以下几种方法。

（1）矩估计法。茆诗松等[5] 和 Cohen[20] 运用矩估计法来估计完全样本下的分布参数 m 和 η，孙丽玢[21] 在传统的定时截尾数据下探讨了 m 和 η 的矩估计。但矩估计法的应用相对比较有限。

（2）线性估计法。茆诗松等[5] 和 Wang 等[22] 利用线性估计的思想，在完全样本和定数截尾样本下，对分布参数 m 和 η 的线性估计进行求解。黄伟等[23] 和傅惠民等[24, 25] 将这种方法应用到传统的定时截尾数据情形下。但这些文献在研究中，将样本中的截尾时间进行了近似，影响了信息的完整利用，而且不能推广到不等定时截尾样本中。

（3）极大似然估计法。分布参数 m 和 η 的极大似然估计 $\hat{m}$ 和 $\hat{\eta}$ 就是令样本的似然函数 $L(D;m,\eta)$ 或其对数函数 $\ln L(D;m,\eta)$ 最大时的取值。Cohen[20] 在完全样本和截尾样本下，对 $\ln L(D;m,\eta)$ 求偏导，通过一些数学运算给出了 $\hat{m}$ 和 $\hat{\eta}$ 的具体求解公式，发现极大似然估计 $\hat{\eta}$ 可由极大似然估计 $\hat{m}$ 和样本 D 计算得到，但对于 $\hat{m}$ 的求解则只能获得一个包含 m 的等式 $g(m)=0$，并不能获得解析式。因此，对极大似然估计 $\hat{m}$ 和的求解，关键在于利用等式 $g(m)=0$ 来确定 $\hat{m}$。为此，Balakrishnan 等[26] 在完全样本和截尾样本下，根据函数 $g(m)$ 的单调性提出了一种图形化的求解 $\hat{m}$ 的方法。Wang 等[27] 在完全样本和传统的定数及定时截尾样本下，提出了 $\hat{m}$ 的修正因子用以提高 $\hat{m}$ 的精度。此外，Joarder 等[28] 在传统的定时截尾数据下、Kundu 等[29] 在逐步的定时定数混合截尾数据下借助非参数估计及泰勒公式等方法提出了一种 $\hat{m}$ 和 $\hat{\eta}$ 的近似求解算法，通过该近似求解算法可获得 $\hat{m}$ 和 $\hat{\eta}$ 的解析表达式。特别地，在不等定时截尾数据下，Wang 等[30] 运用粒子群优化算法，通过直接求似然函数的最大值确定 m 和 η 的极大似然估计。但由于只是单纯地应用了优化算法，故没有提供解析表达式。

（4）最小二乘法。由于威布尔分布的分布函数可以通过数学变换转化为线性函数，因而最小二乘法的思想就被引入到分布参数 m 和 η 的估计中。这种方法需要首先估计样本 D 中失效时间所对应的失效概率 $\hat{p}$，然后将估计值 $\hat{p}$ 与真值 p 之间的误差平方和作为优化目标，再利用最小二乘法来计算优化目标的最小值，分布参数 m 和 η 的相应取值即为最小二乘估计。其本质与威布尔概率纸方法（Weibull Probability Plot，WPP）[31] 相类似。针对分布参数 m 和 η 的最小二乘估计，其核心是失效概率 p 的估计[32]，如近似中位秩估计[33]、Kaplan–Meier 估计[34]、Herd–Johnson 估计[35]、平均秩次法[36] 等。一旦确定了估计值 $\hat{p}$，后续的计算步骤就简单明了。m 和 η 的最小二乘估计的应用十分广泛，其中 Zhang 等[37] 进一步在完全样本和截尾样本下，比较了最小二乘估计的两种结果，Davies[38] 在完全样本下探讨了 m 和 η 的最小二乘估计的无偏估计，Zhang 等[39] 在完全样本和截尾样本下分别提出了最小二乘估计的修正因子，Genschel 等[40] 在传统的定时和定数截尾样本下分别比较了极大似然估计和最小二乘估计的精度。特别地，Hossain 等[41] 在不等定时截尾数据下对比了 m 和 η 的二乘估计和极大似然估计的精度。

（5）数据填充法。对于截尾样本而言，其中的截尾时间意味着相应的失效时间的缺失，如果可以补入其中的缺失信息，则可以构成完全样本。根据这种思路，在不等定时截尾数据下，吴耀国等[15] 将样本中的截尾时间所对应的潜在失效时间视为缺失变量,运用 EM 算法求解 m 和 η 的估计,但该结果本质上就是 m 和 η 的极大似然估计。

(6) 假设检验法。Li 等[42]在完全样本下、Denecke 等[43]在完全样本和传统的定时截尾样本下利用假设检验确定 m 和 η 的估计。

在威布尔分布场合,可靠度函数的数学特性决定了可靠度的置信下限并不能通过将 m 和 η 的置信区间代入可靠度函数这种方式求得。因此,必须直接以可靠度的置信下限为求解目标,研究相应的计算方法。关于可靠度置信下限的研究方法,目前常用的有以下几种。

(1) 威布尔转指数的方法(the Weibull-to-exponential transformation)。由于指数分布良好的数学性质,比较容易获得很多结论,且指数分布是威布尔分布的特殊形式,因此在威布尔分布下求解可靠度的置信下限时,借鉴指数分布的相应结论是一条重要的思路,即"威布尔转指数"[44]。该思路的核心思想是将威布尔分布中形状参数 m 的估计值或通过其他方式确定的数值视为真值,从而将威布尔分布转化为指数分布,并利用指数分布的相应结论来建立威布尔参数的置信区间。例如,Yang 等[45]基于传统的定数截尾数据,建立了威布尔分布参数 η 和可靠度的置信区间。但这一思路对 m 的估计精度要求较高,而且要求存在相应的指数分布场合的结论。

(2) 枢轴量法。针对完全样本,Thoman 等[46]基于 m 和 η 的极大似然估计 $\hat{m}$ 和 $\hat{\eta}$,推得了 m 和 η 的两个枢轴量,并据此建立了分布参数 m 和 η 及可靠度[47]的置信下限。进一步,Billmann 等[48]和 Bain 等[49]将其拓展到传统的定数截尾场合。特别地,Krishnamoorthy 等[50]结合广义置信限[51]的思想,建立了 m 和 η 的广义置信区间。另外,针对逐步的定数截尾数据,Wu[52]和 Wang 等[53]各自提出了 m 和 η 的枢轴量,并建立了 m 和 η 的联合置信域或置信区间。但是这些枢轴量都不适用于定时截尾数据。

(3) 基于线性估计的方法。基于上述点估计中 m 和 η 的线性估计,茆诗松等[5]、Wang 等[22]和 Bain 等[54]建立了 m 和 η 的置信区间。但是由于针对不等定时截尾样本,线性估计并不适用,故这种方法也不可取,而且这种方法只得到了 m 和 η 的置信区间,并不能得到可靠度的置信下限。

(4) 基于 Fisher 信息矩阵的方法。根据极大似然估计的性质,可认为 m 和 η 的极大似然估计 $\hat{m}$ 和 $\hat{\eta}$ 渐进服从于正态分布 $N((m,\eta)^{\mathrm{T}},\boldsymbol{\Sigma})$,其中 $\boldsymbol{\Sigma}=\mathrm{cov}(\hat{m},\hat{\eta})$ 为 $\hat{m}$ 和 $\hat{\eta}$ 的协方差矩阵。利用 $\hat{m}$ 和 $\hat{\eta}$ 的渐进正态性,即可构建 m 和 η 的置信区间。在定时截尾样本场合,常用这种方法构建 m 和 η 的近似置信区间。这一应

用的关键是协方差矩阵 Σ 的确定。由于 $\Sigma = I^{-1}$，即 m 和 η 的 Fisher 信息矩阵 $I^{[55]}$ 的逆矩阵。对于威布尔分布而言，因为威布尔分布函数的数学形式非常复杂，Cohen[20]提出使用 $\hat{m}$ 和 $\hat{\eta}$ 求得 I 的近似值。这一技巧随即被广泛应用，如 Wu 等[56]在逐步的定时截尾数据场合运用这一技巧来近似 m 和 η 的信息矩阵 I，进而建立 m 和 η 的置信区间。由于 $\hat{m}$ 和 $\hat{\eta}$ 渐进服从于正态分布，且在应用中信息矩阵 I 往往也是近似的，由此建立的置信区间也是近似的。另外，如何根据信息矩阵构建可靠度的置信下限，而非 m 和 η 的置信区间，还未曾发现相关研究。

（5）bootstrap 方法。bootstrap 方法[10]也经常被用来构建 m 和 η 的置信区间。bootstrap 方法可分为非参数 bootstrap 方法和参数 bootstrap 方法。非参数 bootstrap[57]方法不考虑样本究竟服从何种分布，只是借助样本的经验分布进行再抽样，再进一步统计分析。参数 bootstrap 方法[58]运用更为广泛，其核心思想是将参数的点估计视为真值，并通过自助抽样，获取一组点估计的样本再进一步统计分析。如 Joarder 等[28]和 Fan 等[59]在传统的定时截尾数据场合、彭秀云[60]在逐步的定时截尾数据场合利用 bootstrap 方法给出了 m 和 η 的置信区间。由于 bootstrap 方法的分析建立在仿真生成的 bootstrap 样本上，所得到的置信区间也是近似的。另外，如何根据 bootstrap 方法构建可靠度的置信下限，而非 m 和 η 的置信区间，还未曾发现相关研究。

（6）鞍点逼近法。李庆华[61]利用"威布尔转指数"的技巧，在不等定时截尾数据下，借助鞍点逼近法所得的指数分布参数的置信下限，建立了威布尔分布场合可靠度的置信下限。但是该研究成果需要 m 的真值，若没有真值则需要高精度的点估计，且鞍点逼近法过于复杂，没有在工程实践中得到推广应用。

（7）样本空间排序法。陈家鼎[7]基于样本空间排序法，对传统的定时截尾数据提出了可靠度的置信下限的计算方法。如果在不等定时截尾数据下只利用样本空间排序法构建可靠度的置信下限，陈家鼎[7]指出还未有研究提出有效的办法。为此，借助"威布尔转指数"技巧，李同胜等[62]在传统的定时截尾数据下、闫亮[63]在不等定时截尾数据下，根据指数分布场合的相关结论[7]，分别提出了可靠度及条件可靠度的置信下限。类似地，由于"威布尔转指数"技巧的引入，要求 m 的真值已知或高精度的点估计。

（8）数据填充法。姜宁宁等[64]提出了一种填充算法，即先通过仿真生成缺失的失效时间构成完全样本，再利用完全样本构建可靠度的置信下限，但这种方法所需的运算量也非常大,不利于工程实践,而且也没有得到推广。

在不等定时截尾样本下,关于可靠度的点估计,现有研究采用极大似然估计法和最小二乘法进行求解,并已开展了一些研究,但还有一些问题需要解决,比如点估计的存在性及优劣对比。关于可靠度的置信下限,在现有的构建可靠度置信下限的方法中,枢轴量法不能直接应用到不等定时截尾数据场合,鞍点逼近法和样本空间排序法不便于工程应用,基于信息矩阵的方法和 bootstrap 方法这两种方法虽然常用,但现有研究往往只用于构建 m 和 η 的置信区间,并没有研究如何构建可靠度的置信下限。因此,还需提出更有效的构建可靠度置信下限的方法。

3. 无失效数据下单机的可靠度评估研究现状

卫星平台是典型的高可靠、长寿命产品,平台中的很多单机及平台自身的在轨运行时间数据都是无失效数据。虽然某些研究[65, 66]认为,利用性能退化数据的评估方法得到的结果优于利用无失效数据的评估方法所得的结果,但是只有极少数量的单机收集到了性能退化数据。针对那些没有性能退化数据,而且试验数据又全部没有失效的单机,只能通过研究无失效数据下的可靠度评估方法分析单机的可靠度。

Martz[67]等首次提出了如何基于无失效数据评估可靠性这个问题。类似地,如果想要求得可靠度的点估计,可以先求得分布参数的点估计,再将其代入可靠度函数中即可。目前已有的估计分布参数点估计的方法有以下几类。

(1) 修正极大似然估计法。无失效样本中没有失效数据,这一条件限制了极大似然估计法的直接运用。为此,王玲玲等[68]提出了修正似然函数法,对指数分布和威布尔分布进行了相关公式的推导。顾名思义,该方法的核心思想是通过引入新的参数来替代失效数的作用,以达到利用极大似然法的目的。由于不是真正的失效数,故称之为修正似然函数法。关于修正似然函数法的应用效果,宁江凡[69]指出会产生"冒进"的现象;肖丽丽等[70]则认为其应用通常需要更明确的信息才能保证效果。

(2) 配分布曲线法。该方法是由茆诗松等[71]提出的,可分为两步。第一步是估计样本中每个时刻 t 处的失效概率 p,第二步是运用曲线拟合的思想,利用最小二乘法,将各个时刻处的估计值(t, p)配成一条分布曲线。这样就可以获得分布参数的估计,继而就可对可靠度等其他指标进行估计。该方法的本质就是最小二乘估计法。以轴承为评估对象,茆诗松等[72]对这个方法进行了更为清晰的阐述和应用。特别地,宁江凡[69]和肖丽丽等[70]在各自的研究中对比了修正似然函数法和配分布曲线法,皆认为配分布曲线法的运用效果更好。

(3) 引入失效数据法。这类方法的核心思想是引入失效数据,并与原有的无失效数据混合,从而提高估计的精度。在引入失效数据后,宁江凡[69]和刘永峰[73]应用配分布曲线法,李凡群[74]则运用极大似然函数法,对参数的估计进行了探讨。但如何验证引入的失效数据的准确性是这类方法需要明确的问题[75],至今还没有很好的解决办法。

(4) 其他方法。比如茆诗松等[76]提出的极小χ^2法、等效失效数法以及倪中新等[77]提出的基于平均剩余寿命的逆矩估计法,但是这些方法没有得到推广应用。

在这些方法中,从方法本身的特性和文献的应用情况来看,配分布曲线法的使用最为普遍,大部分文献在进行理论或应用研究时考虑的都是配分布曲线法,包括在指数分布场合,谢锟等[78]、蔡国梁等[79]、刘永峰等[80]和蒲星[81]也开展了相关的研究。配分布曲线法的关键是样本时刻t处失效概率p的估计。在得到p的估计之后,再利用最小二乘法拟合分布曲线,就可获得分布参数和可靠度等的点估计。关于p的估计,多运用两种方法,一是经典估计法,二是Bayes估计法。经典估计法[69]比较简单,但其精度较差,因而Bayes估计法的应用更多。应用Bayes理论估计失效概率p时,要先构建p的验前分布,再结合关于参数p的似然函数确定p的验后分布,继而求解p的Bayes估计。目前关于p的验前分布形式,主要有共轭分布、均匀分布及其他分布三类取法。

当取失效概率p的验前分布为共轭分布,即Beta分布$B(p;a,b)$时,p的Bayes估计方法又可分为两类。

(1) 多层Bayes估计。茆诗松等[72]在运用配分布曲线法对轴承的可靠度进行推断时,考虑到Beta验前分布中的两个超参数a和b未知,于是首先根据减函数的原则确定a和b的取值范围,再选择均匀分布作为a和b的验前分布,从而构成参数p的多层验前分布,称相应的p的Bayes估计为多层估计。

(2) 期望Bayes(E-Bayes)估计。该方法是由韩明[82]提出的另一种求解p的Bayes估计的思路。当取共轭验前分布为$B(p;a,b)$时,若超参数a和b未知,那么获得的p的Bayes估计$\hat{p}(a,b)$可以视为未知参数a和b的函数,再对$\hat{p}(a,b)$关于a和b求期望所获得的结果就是E-Bayes估计。蔡忠义等[83]在验前分布$B(p;a,b)$下,设定两个超参数a和b的验前分布为均匀分布,继而推导了p的E-Bayes估计,并最终获得了分布参数及可靠度等的点估计。关于这两种方法的对比,王建华等[84]研究了失效概率 p 的多层 Bayes 估计和 E-Bayes 估计的相关性质,并比较了二者的大小。另外,无论是多层 Bayes 估计还是 E-Bayes 估计,都涉及共轭验前 Beta 分布 $B(p;a,b)$ 中的两个未知超参数。为了简便,在减函数原则下,可假设其中一个超参数已知。当前通用的做法是将超参数 a 设定为固定值而超参数 b 未知,并取 b 的验前分布为均匀分布,继而再对失效概率 p 及分布参数或可靠度等进行估计。在这种设定下,韩庆田等[85]和姜祥周等[86]分别求解了 p 的多层 Bayes 估计,方卫华等[87]则推导了 p 的 E-Bayes 估计,韩明[88]、束庆舟[89]、徐天群等[90]及高攀东等[91]则对比了 p 的多层 Bayes 估计和 E-Bayes 估计。

当取 p 的验前分布为均匀分布时,随之而来的一个问题就是如何确定 p 的取值范围。有文献提出利用专家判断[92],但更普遍的做法是利用威布尔分布函数的凹凸性来确定 p 的取值范围,张志华等[93]、刘海涛等[94]、熊莲花等[95]都应用了这种思路。除了 Beta 分布和均匀分布外,郭金龙等[96]和郑伟等[97]构造了特定的验前分布来估计 p,但也都使这些分布满足了减函数的特性。

无失效数据下构建可靠度置信下限的相关文献相对比较匮乏。由于无失效数据必然来自于定时截尾试验。结合上文的讨论可知,定时截尾数据下构建可靠度置信下限本就十分困难,而且无失效样本中的数据又全部为截尾时间,更增大了可靠度置信下限的统计难度。目前已有的方法有以下三类。

(1) 样本空间排序法。陈家鼎等[98]利用样本空间排序法推得了无失效数据下可靠性参数的置信下限,并进一步在指数分布和威布尔分布场合给出了具体的计算公式。白小燕等[99]将其中关于威布尔分布的相关结论应用到瞬时辐照的无失效数据上。但这些结论中关于指数分布的计算比较简单,而针对威布尔分布的计算却非常复杂。

(2) "威布尔转指数"法。为了计算的方便,韩明[100]根据"威布尔转指数"这个技巧,用形状参数 m 的估计值或已知值替代真值,继而借用指数分布的结论,提出了相对比较简单的计算可靠性置信下限的方法。这种思路的应用远比陈家鼎给出的方法广泛,蔡忠义等[83]、韩庆田等[85]、方卫华等[101]和张志强[102]都做过这样的尝试。但是这个方法的效果究竟如何,并没有研究进行证明。

(3) 其他方法。还有一类由傅惠民[103]提出并应用[104]的估计可靠性置信下限的方法,王凭慧等[105]和郭金龙[106]也探索了相关应用。但这种方法往往要求相关的参数必须满足特定范围,才能求得可靠性的置信下限。

在无失效数据场合,配分布曲线法被广泛应用于求解威布尔分布和指数分布的可靠度点估计,但还有一些问题需要解决,比如失效概率取值范围对评估结果的影响、每个样本时间处失效概率点估计的大小关系及失效概率估计的解析表达式等。对于可靠度置信下限的求解,现有研究中应用最广泛的方法是样本空间排序法和"威布尔转指数"的结合,但并没有研究证明这种方法的效果,而且这种方法的运用与得到点估计的配分布曲线法不一致,容易在应用中造成点估计和置信下限的"脱节"问题,降低结果的可信度[107]。因此,对于不等定时截尾无失效数据下的单机可靠度评估问题,需要根据配分布曲线法的相关思想,在现有研究基础上考虑解决相应的问题来完善点估计的求解方法,并基于配分布曲线法提出构建可靠度置信下限的方法。

4. 多源数据下单机的可靠度评估研究现状

传统的可靠性评估理论只利用了可靠性寿命试验所收集到的试验数据。但是在工程实际中,除了这些寿命试验数据外,往往还有其他的可靠性信息[108],比如已经退出市场的同类产品使用情况、同类产品的维修记录、相似产品的试验数据、专家对产品的可靠度或使用寿命的预计等。这些信息中也蕴含着产品的可靠性数据,如果能够应用到产品的可靠性评估中,将大大丰富产品的可靠性信息。此时就需要利用信息融合技术来评估产品的可靠性。考虑到在卫星平台的单机可靠度评估问题中,部分单机除了在轨运行时间数据外,还收集到了其他可靠性数据,从而构成了多源数据,因此也需研究多源数据下单机的可靠度评估技术。

目前在多源数据下开展可靠性问题的研究普遍采用信息融合理论,如基于Bayes 理论的信息融合[109]、基于模糊理论的信息融合[110]、基于证据理论的信息融合[111]等。但在这些理论中,理论最成熟和应用最广泛的技术当属 Bayes 理论。在 Bayes 理论中,将收集到的所有可靠性信息分为验前信息和现场信息。常用的做法是将产品在可靠性寿命试验中收集到的样本作为现场信息,将其他可靠性信息视作验前信息。记待估参数为 ϑ,Bayes 理论的核心是 Bayes 公式,即

$$\pi(\vartheta \mid D) = \frac{\pi(\vartheta)L(D \mid \vartheta)}{\int_{\vartheta} \pi(\vartheta)L(D \mid \vartheta)\mathrm{d}\vartheta} \tag{1.3}$$

式中:$\pi(\vartheta)$ 为根据验前信息所确定的 ϑ 的验前分布;$L(D \mid \vartheta)$ 为根据现场样本 D 求得的似然函数;$\pi(\vartheta \mid D)$ 是融合多源信息后参数 ϑ 的验后分布;

$\int_{\vartheta} \pi(\vartheta) L(D \mid \vartheta) \mathrm{d}\vartheta$ 为现场样本 D 的边缘分布。令 $v = \eta^{-m}$,可将式(1.2)中威布尔分布的可靠度函数改写为

$$R(t;m,v) = \exp(-vt^m) \tag{1.4}$$

在威布尔分布场合关于 Bayes 信息融合的研究中,通常利用式(1.4)中的可靠度函数形式。

一般而言,应用 Bayes 理论的首要问题是确定待估参数 ϑ 的验前分布 $\pi(\vartheta)$,包括 $\pi(\vartheta)$ 的分布形式及 $\pi(\vartheta)$ 的分布参数的确定。不同的 $\pi(\vartheta)$ 对参数 ϑ 的 Bayes 估计结果影响极大。常见的验前分布形式有无信息验前分布、Jeffrey 分布和共轭验前分布等[109]。需要指出的是,共轭验前分布的应用相对而言更为广泛。这是因为若取 ϑ 的验前分布 $\pi(\vartheta)$ 为共轭验前,则在此基础上推导得到的验后分布 $\pi(\vartheta \mid D)$ 与验前分布 $\pi(\vartheta)$ 的分布形式相同。共轭验前分布的这一数学性质,大大简化了验后分布 $\pi(\vartheta \mid D)$ 的推导。因此,共轭验前分布在 Bayes 信息融合中得到了广泛的应用。在威布尔分布场合,学者们也探讨了各种各样的验前分布。例如,Lin 等[112]给出了分布参数 m 和 v 的 Jeffrey 验前分布,Xu 等[113]给出了分布参数 m 和 η 的无信息验前分布和 reference 验前分布。关于威布尔分布参数 m 和 v 的共轭验前分布,已从数学上证明不存在相应的联合连续共轭验前分布[114]。因此,在现有文献中,常常假设威布尔分布参数 m 和 v 的验前分布独立,再各自构造 m 和 v 的验前分布 $\pi(m)$ 和 $\pi(v)$。在这种假设条件下,常常取 $\pi(v)$ 的分布形式为 v 的共轭验前分布,即伽马分布,而 m 的验前分布 $\pi(m)$ 却形式多样。比如:Kurz 等[114]设 $\pi(m)$ 为 Beta 分布,并将 Beta 分布离散化处理;Sultan 等[115]取 $\pi(m)$ 为无信息先验分布;Joardern 等[28]、Mokhtari 等[116]、Awwad 等[117]、Kundu 等[118]、Ganguly 等[119]为了形式上的统一,也取验前分布 $\pi(m)$ 为伽马分布。韩明[100]指出可根据工程上收集到的大量数据确定形状参数 m 的取值范围在 $1 \sim 10$ 之间,韩磊[120]取 $\pi(m)$ 为均匀分布。在确定 $\pi(m)$ 和 $\pi(v)$ 的分布形式后,需要根据验前信息确定其中的分布参数。一旦同时确定了分布形式和分布参数,就完全确定了验前分布。

在确定待估参数 ϑ 的验前分布 $\pi(\vartheta)$ 后,推导 ϑ 的验后分布 $\pi(\vartheta \mid D)$ 是应用 Bayes 理论的另一个关键问题,这是因为对 ϑ 的 Bayes 推断是建立在验后分布 $\pi(\vartheta \mid D)$ 的基础上。得到 $\pi(\vartheta \mid D)$ 后,需要引入损失函数,才能进一步得到 ϑ 的点估计。损失函数的定义有多种形式,如平方损失函数[117, 118]、绝对值损失函数[117]、线性损失函数[118]、Linex 损失函数[118]、0-1 损失函数[114]、熵损

函数[118,121]、保守型损失函数[121]等。但最常用的损失函数是平方损失函数。在平方损失函数下,待估参数 ϑ 的 Bayes 点估计为验后分布 $\pi(\vartheta \mid D)$ 的均值,即 $\hat{\vartheta} = \int_{\vartheta} \vartheta \pi(\vartheta \mid D) \mathrm{d}\vartheta$。另外,分布参数 ϑ 在置信水平 $(1-\alpha)$ 下的置信下限 $[\vartheta_L, +\infty)$ 满足

$$P(\vartheta \geqslant \vartheta_L) \geqslant 1-\alpha \tag{1.5}$$

在威布尔分布场合,当确定分布参数 m 和 v 的验前分布后,即可根据 Bayes 公式推导得到 m 和 v 的验后分布。威布尔分布函数的特点造成似然函数 $L(D; m,v)$ 及 m 和 v 的验后分布 $\pi(m,v \mid D)$ 数学形式十分复杂,难以依据式(1.3)和式(1.5)推出 Bayes 点估计及区间估计的解析表达式。目前常用的做法是借鉴蒙特卡罗仿真的思想,通过从验后分布 $\pi(m,v \mid D)$ 中抽取大量样本来逼近验后分布,并求得 Bayes 点估计及置信区间。由此可知,此时求解 Bayes 点估计及区间估计的问题,已转化为如何对验后分布进行抽样的问题。常用的抽样思路有反函数法、函数变换法、拒绝法[122]及组合法[123]等。针对常见的分布,如均匀分布、指数分布、正态分布等,已经有非常成熟的算法甚至相应的程序用以解决抽样的问题。但针对那些并不常见的分布,则需要探索其他思路进行抽样。为此 Marsaglia 等[124]、Vitter[125]、Geweke[126]、Neal[127] 和 Devroye[128] 提出了各种各样的方法,但在 Bayes 信息融合中应用最为广泛的抽样算法是蒙特卡罗-马尔可夫(Monte Carlo-Markov Chain, MCMC)算法。MCMC 算法可分为 Metropolis-Hastings(MH)算法[129]和 Gibbs 算法[130]两类,目前已经有专门的软件或工具包,如 WinBUGS 软件[131]、Matlab MCMC 工具箱[132]等,用于 MCMC 算法的应用。Lin 等[112]和 Kurz 等[114]运用 MH 算法求解 m 和 v 的 Bayes 估计。Joarder 等[28]、Sultan 等[115]、Awwad 等[117]、Kundu 等[118]、Ganguly 等[119]和乔世君等[133]运用 Gibbs 算法求解 m 和 v 的 Bayes 估计。

在多源数据下单机的可靠度评估问题中,除了单机的在轨运行时间数据,其他可靠性数据包括专家数据、性能数据和相似产品数据等。对于专家数据和寿命数据的融合问题,马智博等[134]提出利用最大熵理论进行求解,并得到了普遍认可[135],特别地韩磊[120]在威布尔分布下根据这个方法提出了确定 $\pi(v)$ 中分布参数的方法,并由此确定了验前分布 $\pi(m)$ 和 $\pi(v)$,但是这个方法只适用于专家数据只有一个可靠度预计值这种条件。对于性能数据和寿命数据的融合问题,金光[136]、刘强等[2]、马涛[137]、彭卫文等[138]将性能数据视为验前信息,将寿命数据视为现场数据开展了 Bayes 融合研究;而彭宝华等[139]、裴洪等[140]和陈秀荣等[141]则正好相反,即将寿命数据视为验前信息,将性能数据

视为现场数据开展了 Bayes 融合研究;Graves 等[142]、武炳洁[132]、彭宝华[143]、周忠宝等[144]、Wang 等[145]将性能数据和寿命数据同时作为现场数据并构造联合似然函数开展了 Bayes 融合研究;王小林等[146]和蔡忠义等[147]将同类产品的性能数据和寿命数据视为验前信息,将个体自身的性能数据视为现场数据开展了 Bayes 融合研究。对于相似产品数据和寿命数据的融合问题,考虑到相似产品数据来自不同的总体,目前主要有两类方法进行 Bayes 融合研究:一是利用专家经验给出继承因子来反映不同产品之间的继承程度,进一步将相似产品数据视为验前信息并融合寿命数据[148, 149];二是利用数理统计方法计算环境因子并对相似数据进行折算,再与寿命数据混合后开展融合研究[150, 151]。以上内容是只有一类其他数据的融合研究,而平台单机也会存在多类其他数据,如专家数据和性能数据、专家数据和相似产品数据等。针对这一问题,现有研究多采用将各类数据各自转化为验前分布,再将各个验前分布通过线性加权[110]、非线性加权[152]或几何加权[153]等各种加权方式组合成一个综合验前分布,而权重的确定方式则多种多样,如基于可信度[154]、边缘分布[155]、支持向量机[156]等。通过加权综合各个验前分布,虽然可以融合各类验前信息,但是却令验前分布的数学形式极为复杂,不利于后续验后分布的推断。

Bayes 信息融合也适用于无失效数据场合及指数分布场合。比如,Kan 等[157]在威尔分布场合,根据无失效数据,通过 WinBUGS 软件运用 MCMC 算法,研究了 m 和 η 的 Bayes 估计。在指数分布场合,任海平等[158]取失效率参数 λ 的验前分布为共轭伽马分布,得到了可靠度的 Bayes 估计。

当前多源信息下单机的可靠度评估研究,主要存在以下问题:一是现有研究基本上都是在传统的和逐步的截尾数据下开展的,还未曾发现有关于不等定时截尾数据的研究;二是现有研究中根据专家数据确定验前分布的方法只适用于专家数据中只有一个可靠度预计值的情况,不能拓展到有两个及以上可靠度预计值的情况;三是在威布尔分布场合关于 Bayes 信息融合的现有研究几乎无一例外地以分布参数 m 和 v 为目标,只研究了如何求解 m 和 v 的验后分布及 Bayes 估计,而非可靠度 $R(t;m,v)$,当以可靠度 $R(t)$ 的 Bayes 估计为目标时,必须要得到 $R(t)$ 的验后分布 $\pi(R(t)\mid D)$,因而需要考虑如何将 $\pi(m,v\mid D)$ 转化为 $\pi(R(t)\mid D)$,这种转化是必要的,但在现有研究中几乎没有讨论;四是对于多源数据的验前分布综合问题,现有的加权组合方式造成相应的数学形式十分复杂,有必要提出更为简化的多源数据融合方法。

1.2.2　平台系统的可靠度评估研究现状

从卫星平台系统的可靠性框图中发现,卫星平台系统通常由几个分系统串联而成,而各个分系统又由众多单机通过典型的可靠性模型组合而成,包括串联系统、并联系统、表决系统和冷备系统[159]。为了研究卫星平台系统的可靠度评估问题,需要首先研究这4种典型可靠性模型的评估方法。由于串联、并联和表决系统的结构比较简单,相应的可靠性评估方法比较成熟[160],而冷备系统的结构相对比较复杂,因此对于这些典型的可靠性模型,将主要研究冷备系统的可靠度评估方法。下面首先描述冷备系统可靠度评估的研究现状,再说明卫星平台系统的可靠度评估研究现状。

1. 冷备系统的可靠度评估研究现状

冷备系统的特点是备份单元在贮备期间不会失效[161]。对于由 N 个单元组成的冷备系统,若任意时刻只需一个工作单元就能保证系统正常工作,称其为 N 中取 1 冷备系统,但若系统需要 K 个工作单元才能正常工作,则称之为 N 中取 K 冷备系统[162]。冷备系统在可靠性工程中的应用非常广泛[163],对于冷备系统的可靠度评估问题,目前有以下方法。

(1) 马尔可夫理论。卢芳香等[164]、Wang 等[165] 及 Wang 等[166]利用这种方法从不同方面探讨了冷备系统的可靠度评估。但马尔可夫理论自身的假设决定了其只适用于系统单元的寿命服从指数分布场合,因此其局限性非常大。

(2) 半马尔可夫理论。该模型的引入正是为了解决马尔可夫自身的局限性,如 Chryssaphinou 等[167] 和 Kumar 等[168]利用该模型考虑了冷备系统的可靠度评估。半马尔可夫过程虽然适用于单元的寿命服从除指数分布外的其他分布这种场合,但却大大增加了数学推导的复杂性。

(3) 网络模型。Azaron 等[169, 170] 将随机网络中的最短路径分析方法引入到冷备系统的可靠度评估中,Boudali 等[171, 172] 利用连续时间变量的 Bayes 网络(Continuous-Time Bayesian Network, CTBN)提出了冷备系统的可靠度评估方法,Xing 等[173] 运用改进的 BDD(Binary Decision Diagram)算法评估冷备系统的可靠度,但是这种方法应用的前提是将冷备系统的实际结构转化为相应的网络模型,而且对于一般的 N 中取 K 冷备系统,或单元寿命非指数分布时,相应的计算过程也十分复杂。

(4) 解析法。这种方法直接利用解析方法推导冷备系统的可靠度评估公式。李荣[160]给出了单元的寿命为指数分布时 N 中取 K 冷备系统可靠度的解析表达式。Amari 等[174]根据单元的失效数与 N 中取 K 冷备系统可靠度的关系提出了一种解析算法,并在单元的寿命分布为威布尔分布[174]时进行了应用,但由于威布尔分布的复杂性,不能给出冷备系统可靠度的解析表达式。

(5) 失效分布近似法。Levitin 等[175]通过将系统单元的失效分布离散化,提出了一种计算方法。但是正因为其中将失效分布离散化是一种近似的方法,因而使得计算结果的精度不高。

以上介绍的冷备系统可靠度评估方法,都要求单元寿命分布的分布参数是已知的。但是在实际问题中,单元寿命的分布参数往往是未知的。因此,对于一个冷备系统可靠度评估的实际问题,首先需要确定单元的寿命分布及相应的分布参数,继而再选用具体方法来评估冷备系统的可靠度。如果在计算分布参数的估计值时没有利用 Bayes 信息融合方法,那么整个冷备系统的可靠度评估步骤,就是先确定分布参数,再将分布参数代入相应的评估方法中,即可得到冷备系统的可靠度评估值。但是倘若利用 Bayes 信息融合的方法来确定分布参数,根据 Bayes 理论的特点,此时分布参数的存在形式是验后分布,若要在此基础上再来评估冷备系统的可靠度,就需要结合冷备系统的可靠度函数,求得冷备系统可靠度的验后分布再来计算冷备系统可靠度的估计。由于在卫星平台冷备系统的可靠度评估问题中,冷备系统单元的可靠性数据可能存在多种类型,此时就需要利用 Bayes 信息融合的理论方法估计单元的寿命分布参数,这就带来基于 Bayes 信息融合的冷备系统可靠度评估问题。对于这一问题,现有研究在单元寿命服从指数分布时进行了一定的探索,如苏岩等[176]、李玲[177]、Hsu 等[178]、Shi 等[179]、Li[180]、Shi 等[181]和 Barot 等[182]。但是当单元寿命服从威布尔分布时,还未曾发现有关基于 Bayes 信息融合理论来评估冷备系统可靠度的研究。

2. 复杂系统的可靠度评估研究现状

在明确了串联、并联、表决和冷备系统这些常见的可靠性模型的可靠度评估方法后,还需在此基础上根据卫星平台系统的可靠性结构,利用平台系统的可靠性数据特点,探讨平台系统的可靠度评估方法。

现有的复杂系统可靠度评估方法有以下几类。

(1) 基于失效数据的可靠度评估方法。Castet 等[183]收集了 1990 年 1 月至 2008 年 10 月发射的 1584 颗来自不同轨道的卫星的寿命数据,并假定这些数据来自同一总体,通过分布拟合检验认为这些卫星的寿命服从威布尔分布,继而利用极大似然法对卫星及各个分系统的可靠度进行了定量评估。

(2)网络模型。Li 等[184]和 Yontay 等[185]应用 Bayes 网络(Bayesian network)、Wang 等[186]基于 Petri 网、Li 等[187]利用 Agent 理论、Graves 等[188]基于事件树(event tree)等不同的网络模型考虑了系统的可靠性建模和评估问题。

(3)解析法。George 等[189]通过状态转移图,Yu 等[190]利用通用生成函数(universal generating function),Xu[191]基于熵理论、Feng 等[192]利用系统状态穷举法、Zhang 等[193]通过最弱失效模式等分别探讨了系统可靠度的解析求解方法。

(4)蒙特卡罗仿真法。Ramakrishnan[194]利用蒙特卡罗仿真法给出了系统的可靠度评估步骤。

从卫星平台的可靠性数据特点来看,平台的系统级寿命数据很少,而平台的单机层面收集到的可靠性数据相对比较充分,因而不能采用基于失效数据的方法分析平台系统的可靠度。而如果采用其他的系统可靠度评估方法,就无法利用平台单机的可靠性数据来评估平台系统的可靠度。为了融合平台系统不同层级的可靠性数据,现有理论提出了基于 Bayes 信息融合的系统可靠度评估方法,以达到充分利用所有信息、提高评估结果精度的目的,相应的方法有 Mellin 变换方法[195]、多项式逼近法[196]和 Cornish-Fisher 展开法[197]及金字塔模型[198]。从卫星平台系统的可靠性结构特点来看,其单元寿命涉及各种寿命分布,且系统结构有多个层级,为此韩磊[120]利用金字塔模型探讨了卫星平台系统的可靠度评估方法。在该研究中,首先利用单机的所有可靠性数据,计算得到单机可靠度的各阶矩,然后再根据卫星平台系统的可靠性框图,结合串联、并联、表决和冷备系统的可靠度评估方法,将单机可靠度的各阶矩从下层往上层折算[199]到平台系统层级,最后融合平台系统的可靠性数据,计算融合各类可靠性数据后的平台系统可靠度评估结果。该研究提出的方法简单易行,便于工程实践,但是却假定卫星平台可靠性结构中的冷备系统单元寿命都服从指数分布,而事实上,在卫星平台的可靠性结构中,有很多冷备系统的单元服从威布尔分布。此外,在具体计算时,该文献中提出的算法都较为复杂。

从卫星平台系统的可靠度评估现状来看,利用金字塔模型,采用基于 Bayes 信息融合的方法,可以有效结合已有的常见可靠性模型的评估方法,简化卫星平台系统的可靠度评估问题,同时又可以充分利用卫星平台系统的所有可靠性数据,从而提高评估结果的精度。但是在现有研究中,仍然存在一些没有解决的问题。例如,如何根据卫星平台的结构特点,将服从不同寿命分布的、收集到不同可靠性数据的单机可靠度评估结果折算到卫星平台系统级;如何基于 Bayes 信息融合评估单元寿命服从复杂寿命分布时冷备系统的可靠度。

1.3　本 书 概 况

综上所述,本书将基于卫星平台收集到的各类可靠性数据,以可靠度的点估计及置信下限为求解目标,分别探讨平台单机和系统的可靠度评估方法。本书的主要内容和结构安排如下。

第 1 章,绪论。本章叙述了卫星平台的相关概念及其可靠性评估研究的必要性,分类介绍了国内外的研究现状,指明了当前研究工作中存在的问题,列举了本书的主要内容。

第 2 章,卫星平台可靠性的建模。本章从卫星平台数据、寿命分布及可靠性结构 3 个方面依次论述相应的建模方法,支撑后续的可靠度评估研究。

第 3 章,不等定时截尾有失效数据下电子产品型单机的可靠度评估。本章主要针对卫星平台中电子产品型单机,利用指数分布描述单机的寿命,根据单机的在轨运行时间有失效数据,提出分布参数的点估计和置信下限计算方法,等同于给出了可靠度的点估计和置信下限,并借助蒙特卡罗仿真试验验证和比较了这些方法。

第 4 章,不等定时截尾有失效数据下其他类型单机的可靠度评估。本章主要针对除电子产品类型外的其他类型单机,提出了可靠度评估的一般性分析思路,再利用机电产品型单机作为示例,基于威布尔分布建立单机的寿命分布模型,根据在轨运行时间有失效数据,提出可靠度点估计和置信下限的计算方法,并借助蒙特卡罗仿真试验验证和比较了这些方法。

第 5 章,不等定时截尾无失效数据下单机的可靠度评估。本章主要针对那些没有收集到失效数据的单机,提出了可靠度评估的一般性分析思路,再利用机电产品和电子产品型单机作为示例,在威布尔分布和指数分布下,根据在轨运行时间无失效数据,提出可靠度点估计和置信下限的求解方法,并借助蒙特卡罗仿真试验作为对象,验证和比较了这些方法。

第 6 章,融合不等定时截尾数据和其他可靠性数据的单机可靠度评估。本章主要针对那些同时收集到在轨运行时间数据和其他可靠性数据的单机,提出了基于 Bayes 数据融合的可靠度评估一般性分析思路,再利用机电产品和电子产品型单机作为示例,在威布尔分布和指数分布下,提出数据融合后可靠度的 Bayes 点估计和置信下限的求解方法,并借助蒙特卡罗仿真试验验证和比较了这些方法。

第 7 章,融合卫星平台不等定时截尾数据和单机数据的系统可靠度评估。本章主要利用卫星平台的金字塔层级结构模型,通过 Bayes 理论融合卫星平台自身的在轨运行时间数据和单机数据,提出了平台系统的可靠度评估方法。

第 2 章　卫星平台可靠性的建模

卫星平台可靠性的建模是平台可靠性评估的基础工作,涉及平台可靠性数据、寿命分布和可靠性结构的建模,下面依次从这 3 个方面展开论述。

2.1　卫星平台可靠性数据的建模

对于卫星平台可靠性数据的建模问题,分别阐述在轨运行时间数据、在轨遥测性能数据及地面试验时间、相似产品时间和专家数据等其他数据的建模方法。

2.1.1　在轨运行时间数据的建模

卫星平台中的绝大部分单机和平台系统自身都可以收集到在轨运行时间数据,即传统意义上的在轨寿命数据。从这个角度而言,在轨运行时间是非常关键的一类可靠性数据,应重点关注如何利用在轨运行时间评估卫星平台的可靠度。下面将对卫星平台在轨运行时间数据的收集过程进行描述。

一个特定型号系列的卫星一般在不同的时刻发射升空,且每次只发射一颗。在卫星发射后便对卫星平台开始状态监测。在发射型号系列内的所有卫星后,设定一个统一的终止监测时刻,一旦到达该时刻,便停止对所有卫星平台的监测。该终止时刻与每颗卫星的发射时刻之差,即为该颗卫星上卫星平台的最长监测时间。若卫星平台在终止时刻之前失效,则记录其失效时刻,并停止监测。失效时刻与卫星的发射时刻之差,即为失效卫星平台的寿命,此时,卫星平台的寿命小于其最长监测时间。若卫星平台在到达终止时刻仍未失效,也停止监测。而终止时刻与卫星的发射时刻之差,即为未失效卫星平台的截尾时间,等同于该卫星平台的最长监测时间。停止对所有卫星平台的监测后,针对每个卫星平台,或者收集到失效时间,或者收集到截尾时间,统称为试验时间。

为便于分析,需要根据这一实际问题,建立相应的可靠性寿命试验模型。将所有被监测的卫星平台视为试验样品,卫星发射升空后开始监测视为该样品开始进行试验。假定所有样品在同一时刻开始进行试验,针对每个样品,设定其在试验中的截止时间为相应的最长监测时间。由于每个样品的最长监测时间不同,因而每个样品的截止时间也不同。在试验过程中,若样品的试验时间为失效时间,相当于该样品在截止时间之前失效并停止试验,此时收集到失效时间。而试验时间为截尾时间的样品则一直试验到截止时间才停止试验,此时收集到截尾时间。根据这一试验特点,可建立不等定时截尾试验模型。以 3 个卫星平台为例,卫星平台的遥测试验和对应的不等定时截尾试验模型如图 2.1 所示。由此可知,基于在轨运行时间数据的可靠性评估本质上就是基于不等定时截尾数据的可靠性评估。

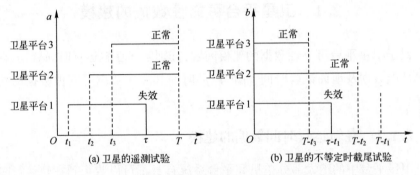

图 2.1　卫星平台遥测试验和转化后的不等定时截尾试验示意图

当前在卫星的发射过程中,出现了"一箭多星"的发射方式,即用一枚运载火箭同时将数颗卫星送入地球轨道。对于这种方式下卫星在轨运行时间数据的建模,其实质上是不等定时截尾数据的一种特殊形式,如图 2.2 所示,即存在一些截止时间相同的情况,因此仍然可以利用不等定时截尾数据的统计方法开展卫星平台的可靠性评估。

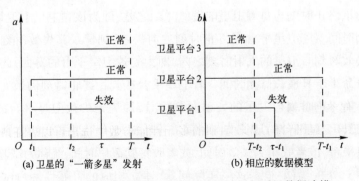

图 2.2　一箭多星发射方式下卫星的在轨运行时间数据建模

2.1.2　在轨遥测性能数据的建模

在轨遥测性能数据主要是针对单机在轨运行阶段采集到的监测数据,而且在实际的卫星平台遥测过程中,并不是所有的单机,包括平台系统自身,都可以收集到性能数据。如果只借助性能数据研究卫星平台的可靠性问题,将无法处理绝大部分单机及卫星平台系统的可靠度评估,因而只能将其作为一个数据源,在基于多源数据融合的单机和平台系统可靠度评估中加以利用。

目前可靠性工程中对于性能数据的分析,主要集中在两种思路上:①基于退化的可靠性评估,这类方法主要通过分析性能参数的退化趋势来评估可靠性,包括退化轨迹模型[200]和 Wiener 过程[201]、Gamma 过程[202]、逆高斯过程[203]等各种随机过程模型以及随机滤波[204]、比例故障[205]和隐马尔可夫[206]等其他模型;②基于人工智能的可靠性评估,这类方法主要是从数据出发,将性能数据作为输入、相关故障信息作为输出,利用机器学习算法,挖掘数据之间隐含的变化规律,常见算法包括支持向量机[207]、相关向量机[208]、神经网络[209]和深度学习[210]等。

这类针对性能数据的可靠性评估方法对数据本身各有要求,其中基于退化的方法要求数据出现一定的退化趋势,而基于人工智能的方法则要求训练数据的样本量不能太少;否则会影响学习训练的效果。由于卫星平台的高可靠性,其收集到的可靠性故障数据不足以支撑智能算法的学习训练,因而采用退化模型来处理性能数据是可行的。基于退化的性能数据处理一般思路如图 2.3 所示,具体过程如下[211]。

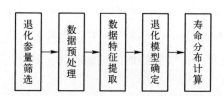

图 2.3　基于退化的性能数据分析过程

1. 退化参量筛选

筛选退化参量是为了从收集到的多元性能参数中选出可以表征产品退化过程的退化量,以便基于该退化量开展后续的退化分析。在筛选退化参量时,首选的原则应是根据工程经验和失效机理来从直接收集到的各类性能参数中选出某个或几个参数作为退化量。但在实际中,用直接测量的性能参数作为退化量往往是不合适的,需要在数据预处理后经过变换从中提取更本质的特征作为退化量。

2. 数据预处理

一般收集到的性能参数数据类型多样,还可能是经不同的采样周期和采样时间收集得到的,存在噪声干扰等,需要进行数据预处理,才能有效支持后续的退化建模和数据分析,通常的处理措施包括异常数据剔除、数据平滑等。

3. 数据特征提取

当直接监测到的性能参数无法作为产品的退化量时,就需要对原始的监测数据进行变换,从中提取特征来作为退化量。目前常用的方法有时频分析、主成分分析、投影寻踪和流形学习等。

4. 退化模型确定

在确定退化量后,就需要根据收集到的实际数据,根据退化量与时间的关系等选择具体模型拟合产品的退化过程,再确定退化模型中的参数。进一步,利用似然比检验、信息准则和拟合精度等方式检验退化模型的优良性。

5. 寿命分布计算

在确定退化过程模型后,依据产品的失效阈值,计算产品的寿命分布。基于这一寿命分布,可以计算产品的可靠性指标估计值,如可靠度、剩余寿命等。

2.1.3 其他数据的建模

对于卫星平台的地面试验时间,如果要加以利用,需要将其折算为平台单机及系统的在轨运行时间。但地面试验过程涉及复杂的温度和热循环试验,通过现有理论,无法将地面试验时间直接折合成卫星平台的寿命。因此,对于地面试验时间的折算,本书采用工业部门的工程化折算处理,通过工程经验判断其折算后的时间。而对于折算后的地面试验时间的利用,则是将其与在轨运行时间数据相加。

类似地,相似产品时间数据也并不能直接反映卫星平台的可靠性信息,同样需要经过数据折算后才能加以利用。为简化运算,本书采用工程中给出的不同产品之间的相似因子[199],对相似产品数据进行折算。在数据融合研究中,将折算后的相似产品数据与在轨运行时间数据直接混合。

专家数据的数据形式是明确的,在开展融合研究前无需再进行建模处理。虽然专家数据直接反映了单机可靠度的信息,但是却不能作为单机可靠度评估的直接结果。

2.2　卫星平台单机和系统寿命的建模

对于产品的可靠性评估问题,产品的寿命分布建模是不可避免的基础环节,特别是对于卫星平台的可靠性评估而言,绝大部分单机和平台系统都收集到了在轨运行时间数据,因而必须要考虑平台单机和系统的寿命分布建模问题。可以利用以下原则进行考虑。

1. 分布拟合检验

这是传统的基于寿命数据确定寿命分布的方法,核心思路是根据产品的寿命数据,利用假设检验的思想,借助各种统计方法,从潜在分布中选出拟合效果最好的分布作为产品的寿命分布。典型的方法包括概率图[5]、最大似然函数[212]、尺度不变法[213]、柯尔莫可洛夫—斯米洛夫(Kolmogorov – Smirnov)检验[214]、Bayes 检验[215]及分布误用分析[216]等,但这类方法对样本数据的要求很高,一般在大样本失效数据下效果较好。

2. 工程经验

当数据条件较差,采用分布拟合检验方法无法确定寿命分布时,可以利用工程经验来确定产品的寿命分布。在可靠性工程中,一般利用指数分布描述电子产品的寿命[217],利用威布尔分布描述机电产品的寿命[218],而对于复杂系统的寿命,通常也利用指数分布进行等效[198]。此外,对于卫星平台中的一些关键单机,也可利用威布尔分布分析其可靠度,如现有研究表明陀螺[219, 220]和镉镍蓄电池[221]的寿命都服从威布尔分布。因此,本书采用指数分布描述卫星平台中电子产品型单机及平台系统自身的寿命,采用威布尔分布对卫星平台中机电产品型单机及部分关键单机的寿命进行建模。

3. 最大熵方法

当在确定寿命分布时引入熵的概念,即可利用最大熵方法[160, 191]来确定产品的寿命分布。记产品寿命的概率密度函数为 $f(t)$,则 $f(t)$ 的熵为

$$E_f = - \int_t f(t) \ln f(t) \, dt \tag{2.1}$$

进一步从产品寿命样本数据中可求得产品寿命 k 阶矩,即

$$E(T^i) = \int_t t^i f(t) \, dt \tag{2.2}$$

的估计 $\hat{E}_t^i$,其中 $i = 1, 2, 3, \cdots, k$。在最大熵法的思想下,通常取 $f(t)$ 的解具备

$$f(t) = \exp\left(- \sum_{i=0}^{k} \lambda_i t^{\alpha_i}\right) \tag{2.3}$$

的一般形式,其中

$$\alpha_0 = 0, \ \lambda_0 = \ln\left[\int_t \exp\left(- \sum_{i=1}^{k} \lambda_i t^{\alpha_i}\right) \mathrm{d}t\right]$$

于是根据式(2.1)至式(2.3),可以将确定 $f(t)$ 转化为一个带约束的优化问题,即

$$\begin{cases} \max \quad E_f = \int_t \left(\sum_{i=0}^{k} \lambda_i t^{\alpha_i}\right) \exp\left(- \sum_{i=0}^{k} \lambda_i t^{\alpha_i}\right) \mathrm{d}t \\ \mathrm{s.t} \quad \hat{E}_t^i = \int_t t^i f(t) \mathrm{d}t, \quad i = 1, 2, 3, \cdots, k \end{cases} \tag{2.4}$$

只需从式(2.4)中求出 λ_i 和 α_i 即可确定式(2.3)中的 $f(t)$,其中 $i = 1, 2, 3, \cdots, k$。

4. 广义威布尔分布

威布尔分布具备良好的特性,且与其他各种典型寿命分布联系紧密,在可靠性工程中应用广泛。双参数威布尔分布是最基础的一种分布类型,其概率密度函数为

$$f(t; m, \eta) = \frac{m}{\eta}\left(\frac{t}{\eta}\right)^{m-1} \exp\left[-\left(\frac{t}{\eta}\right)^m\right] \tag{2.5}$$

但双参数威布尔分布也有一定的不足之处,比如无法拟合整个浴盆曲线,因而当前在此基础上衍生出了各种广义威布尔分布[222],如 q 型威布尔分布[223],其概率密度函数为

$$f_q(t) = (2-q)\frac{m}{\eta}\left(\frac{t}{\eta}\right)^{m-1}\left[1-(1-q)\left(\frac{t}{\eta}\right)^m\right]^{\frac{1}{1-q}}$$

这些分布的适用性比双参数威布尔分布更加广泛,弥补了双参数威布尔分布的一些缺陷。当无法确定单机的寿命分布时,可以假定其为广义威布尔分布,继而开展后续的可靠度评估研究。

2.3 卫星平台可靠性结构的建模

按照系统论的观点,任何事物都可以分解为相互依赖和作用的若干组成部分。

　　卫星平台作为典型的航天装备,其结构也涉及众多产品的复杂组成,需要考虑其可靠性结构的建模问题。

　　总体而言,卫星平台可以分解为"平台系统—分系统—单机"三层可靠性结构。针对"平台系统—分系统"两个层级,整个平台系统一般是几个分系统串联而成,主要涉及结构与机构、热控制、电源、姿态与轨道控制、测控和数据管理等分系统[1],如图 2.4 所示。

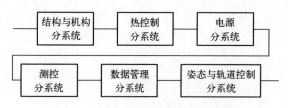

图 2.4　卫星平台系统的可靠性框图

　　针对"分系统—单机"两个层级,众多单机一般通过串联、并联、表决和冷备系统等各种典型的可靠性模型组合而成。例如,针对某型号卫星平台的某分系统,其由单机 A、B、C、D、E、F、G、H、I 及 J 等组成,相应的可靠性框图如图 2.5 所示。为了脱密,可靠性框图中单机没有给出具体名称。从图 2.5 可以看出,单机 A 和 B 先串联再并联构成混联结构 AB,单机 C 和 D 先串联再并联构成混联结构 CD,而混联结构 CD 与单机 E 和单机 F 串联后再与混联结构 AB 并联构成

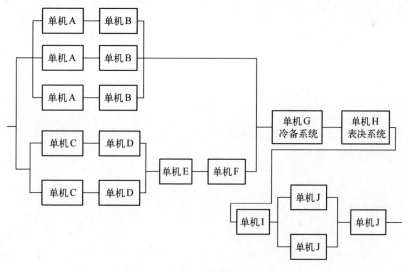

图 2.5　某分系统的可靠性框图

27

一个总的混联结构,两个单机 J 并联后再与一个单机 J 串联构成混联结构 J,单机 G 构成冷备系统,单机 H 构成表决系统,故该分系统就是总的混联结构、单机 G 冷备系统、单机 H 表决系统、混联结构 J 和单机 I 构成的串联系统。

由此可知,利用可靠性框图可足以描述卫星平台"平台系统—分系统—单机"三层可靠性结构,且可以清楚展示层级结构中涉及的典型可靠性模型及其组合。因而,本书采用可靠性框图建立卫星平台的可靠性结构模型。

第3章 不等定时截尾有失效数据下电子产品型单机的可靠度评估

卫星平台中存在一些电子产品类型的单机,并且收集到的在轨运行时间数据,即不等定时截尾数据中包含失效数据。利用指数分布描述电子产品的寿命,这就带来在指数分布下,根据不等定时截尾有失效数据对单机的可靠度进行评估的问题。本章的研究内容就是为了解决这个问题。

假定单机的寿命 T 服从参数为 θ 的指数分布,记为 $T \sim \exp(\theta)$。指数分布的概率密度函数为

$$f(t) = \frac{1}{\theta}\exp\left(-\frac{t}{\theta}\right) \quad t>0, \theta>0 \tag{3.1}$$

式中:参数 θ 为平均寿命。相应地,在任务时刻为 t 时的可靠度如式(1.1)所示。

由于在指数分布场合,式(1.1)中的可靠度函数是分布参数 θ 的单调函数,因此求解可靠度的点估计和置信下限与 θ 的点估计和置信下限是等价的。故本章重点探讨 θ 的点估计和置信下限的求解方法。

3.1 不等定时截尾有失效数据下平均寿命参数的点估计

本章所研究的问题可以描述为:假定在寿命试验中共投入 n 个试验单元,每个单元的寿命 $T_i \sim \exp(\theta)$,其中 $i=1,2,\cdots,n$。依次为每个试验单元给定试验截止时间 $\tau_1 < \tau_2 < \tau_3 < \cdots < \tau_n$。在试验结束后,可收集到不等定时截尾样本。记该样本为 t_i,其中 $t_i = \min(T_i, \tau_i)$,$i=1,2,3,\cdots,n$。另外,引入变量

$$\delta_i = \begin{cases} 1, & T_i \leqslant \tau_i \\ 0, & T_i > \tau_i \end{cases} \quad i=1,2,3,\cdots,n \tag{3.2}$$

即当收集到的样本 t_i 是失效时间时,就令 $\delta_i = 1$;反之,若 t_i 是截尾时间,则 $\delta_i = 0$。为了方便后续的推导,记 $\boldsymbol{\delta} = (\delta_1, \delta_2, \delta_3, \cdots, \delta_n)$。例如,假如试验中共有 6 个试验单元,相应的寿命分别为 $T_1, T_2, T_3, \cdots, T_6$。在试验结束后收集到样本 T_1、τ_2、

29

T_3、T_4、τ_5、T_6,说明单元1、单元3及单元6在时间段$(0,\tau_1]$、$(0,\tau_3]$及$(0,\tau_6]$中失效,并收集到寿命数据T_1、T_3、T_6。剩余的单元则分别在时刻点 τ_2、τ_4、τ_5 处终止试验,并收集到截尾时间。此时,可得$\boldsymbol{\delta}=(1,0,1,0,0,1)$。

在求解指数分布参数的点估计时,常用的方法是极大似然估计法。基于试验后收集到的不等定时截尾样本(t_i,δ_i),其中 $i=1,2,3,\cdots,n$,对应的似然函数为

$$L(t,\boldsymbol{\delta}\mid\theta)=\prod_{i=1}^{n}\frac{1}{\theta^{\delta_i}}\exp\left(-\frac{1}{\theta}t_i\right) \tag{3.3}$$

记 $r=\sum_{i=1}^{n}\delta_i$,代表样本(t_i,δ_i)中的失效数,可根据式(3.3)中的似然函数推得 θ 的极大似然估计$\hat{\theta}$为

$$\hat{\theta}=\frac{\sum\limits_{i=1}^{n}t_i}{\sum\limits_{i=1}^{n}\delta_i}=\frac{\sum\limits_{i=1}^{n}t_i}{r} \tag{3.4}$$

注意到式(3.4)的成立要求 $r\geqslant 1$,也即样本(t_i,δ_i)中至少要有一个失效数据。因此,本章的研究限定样本为不等定时截尾有失效数据,即要求不等定时截尾样本满足 $\sum_{i=1}^{n}\delta_i\geqslant 1$。进一步,记任务时刻 t 处的可靠度点估计为$\hat{R}(t)$,可得

$$\hat{R}(t)=R(t;\hat{\theta})=\exp\left(-\frac{t}{\hat{\theta}}\right) \tag{3.5}$$

式中:$\hat{\theta}$为式(3.4)中的极大似然估计。

3.2 不等定时截尾有失效数据下平均寿命参数的置信下限

本节的主要内容是利用枢轴量、样本空间排序法、Fisher 信息量及改进的 bootstrap 共 4 种方法,推出 θ 的置信下限 θ_L 的 4 个结果。

3.2.1 不等定时截尾有失效数据下基于枢轴量的置信下限

本节将提出一个参数 θ 的枢轴量,并利用该枢轴量建立 θ 的置信下限。

1. 枢轴量的推导

参数 θ 的枢轴量(pivotal quantity)$Q(\hat{\theta};\theta)$,通常是指包含参数 θ 及其点估

计 $\hat{\theta}$ 的一个函数,且其分布已知,并与参数 θ 无关。基于枢轴量构建参数 θ 的置信区间,是常用的方法之一。此处,为了构建枢轴量,首先需要分析极大似然估计 $\hat{\theta}$ 的分布[224]。定理 3.1 给出了 $\hat{\theta}$ 的条件概率密度函数。

定理 3.1　给定失效数 $r \geq 1$,极大似然估计 $\hat{\theta}$ 的条件概率密度函数为

$$f_{\hat{\theta}}(x \mid r \geq 1) = \sum_{r=1}^{n} \sum_{\left\{ \boldsymbol{\delta}, \sum_{i=1}^{n} \delta_i = r \right\}} \sum_{\substack{j_i = 0 \\ i \in S}}^{1} C_{J,S}^{\theta} g\left(x - \frac{T_{J,S}}{r}; r, \frac{\theta}{r} \right) \tag{3.6}$$

其中

$$S = \{ i \mid \delta_i = 1, \quad i = 1, 2, \cdots, n \} \tag{3.7}$$

$$T_{J,S} = \sum_{l \notin S} \tau_l + \sum_{i \in S} j_i \tau_i \tag{3.8}$$

$$C_{J,S}^{\theta} = \frac{(-1)^{\sum_{i \in S} j_i} \exp\left(-\dfrac{T_{J,S}}{\theta} \right)}{1 - \exp\left(-\dfrac{\sum_{i=1}^{n} \tau_i}{\theta} \right)} \tag{3.9}$$

另外

$$g(y; r, \theta) = \begin{cases} \dfrac{1}{\theta^r \Gamma(r)} y^{r-1} e^{-\frac{y}{\theta}}, & y > 0 \\ 0, & y \leq 0 \end{cases} \tag{3.10}$$

是伽马分布 $\Gamma(y; r, \theta)$ 的概率密度函数,其中 r 和 θ 为分布参数,$\Gamma(r)$ 是伽马函数。符号 $\sum\limits_{\left\{ \boldsymbol{\delta}, \sum_{i=1}^{n} \delta_i = r \right\}}$ 为在给定 r 的前提下,对所有满足 $\sum\limits_{i=1}^{n} \delta_i = r$ 的 $\boldsymbol{\delta}$ 下的概率进行求和。

证明:在时间段 $(0, \tau_i]$ 内,如果 $\delta_i = 1$,则进一步限定样本 t_i 是一个服从右截尾指数分布的随机变量,即 t_i 的概率密度函数为

$$f_i(t) = \frac{\exp\left(-\dfrac{t}{\theta} \right)}{\theta \left[1 - \exp\left(-\dfrac{\tau_i}{\theta} \right) \right]} \quad 0 < t < \tau_i$$

记为 $\exp(\theta) I(t < \tau_i)$。同时,可求得相应的矩量母函数(Moment Generating Function,MGF)为

31

$$M_i(w) = E(e^{wt}) = \frac{1}{1-\theta w} \frac{1-\exp\left[\tau_i\left(w-\dfrac{1}{\theta}\right)\right]}{1-\exp\left(-\dfrac{\tau_i}{\theta}\right)}, \quad w \in \mathbf{R}$$

现假定 $t_i \sim \exp(\theta)\boldsymbol{I}(t \leqslant \tau_i)$，其中 $i=1,2,\cdots,r$，且 $t_1,t_2,\cdots,t_r$ 相互独立。根据 MGF 的性质，可求得 $U = \sum\limits_{i=1}^{r} t_i$ 的 MGF 为 $M_U(w) = \sum\limits_{i=1}^{r} M_i(w)$，引入变量 $j_i \in \{0,1\}$，其中 $i=1,2,3,\cdots,r$，并记 $\boldsymbol{J}=(j_1,j_2,j_3,\cdots,j_r)$，可进一步化简 $M_U(w)$ 为

$$M_U(w) = \frac{1}{(1-\theta w)^r} \frac{\sum\limits_{j_1=0}^{1}\sum\limits_{j_2=0}^{1}\sum\limits_{j_3=0}^{1}\cdots\sum\limits_{j_r=0}^{1}\prod\limits_{i=1}^{r}\left\{-\exp\left[\tau_i\left(w-\dfrac{1}{\theta}\right)\right]\right\}^{j_i}}{\prod\limits_{i=1}^{r}\left[1-\exp\left(-\dfrac{\tau_i}{\theta}\right)\right]}$$

$$= \sum\limits_{j_1=0}^{1}\sum\limits_{j_2=0}^{1}\sum\limits_{j_3=0}^{1}\cdots\sum\limits_{j_r=0}^{1} \frac{(-1)^{\sum\limits_{i=1}^{r}j_i}\exp\left(-\dfrac{\sum\limits_{i=1}^{r}j_i\tau_i}{\theta}\right)}{\prod\limits_{i=1}^{r}\left[1-\exp\left(-\dfrac{\tau_i}{\theta}\right)\right]} \frac{\exp\left(w\sum\limits_{i=1}^{r}j_i\tau_i\right)}{(1-\theta w)^r}$$

注意到 $\dfrac{1}{(1-\theta w)^r}$ 是式（3.10）中的伽马分布 $\Gamma(v;r,\theta)$ 的 MGF，而 $\dfrac{\exp\left(w\sum\limits_{i=1}^{r}j_i\tau_i\right)}{(1-\theta w)^r}$ 则是将 $\Gamma(v;r,\theta)$ 平移后的伽马分布 $\Gamma\left(v-\sum\limits_{i=1}^{r}j_i\tau_i;r,\theta\right)$ 的 MGF。由此可得 U 的概率密度函数为

$$f_U(u) = \sum\limits_{j_1=0}^{1}\sum\limits_{j_2=0}^{1}\sum\limits_{j_3=0}^{1}\cdots\sum\limits_{j_r=0}^{1} \frac{(-1)^{\sum\limits_{i=1}^{r}j_i}\exp\left(-\dfrac{\sum\limits_{i=1}^{r}j_i\tau_i}{\theta}\right)}{\prod\limits_{i=1}^{r}\left[1-\exp\left(-\dfrac{\tau_i}{\theta}\right)\right]} \Gamma\left(u-\sum\limits_{i=1}^{r}j_i\tau_i;r,\theta\right)$$

为了简便，将 U 的概率密度函数改写为

$$f_U(u) = \sum\limits_{\substack{j_i=0 \\ i \in \{1,2,3,\cdots,r\}}}^{1} \frac{(-1)^{\sum\limits_{i=1}^{r}j_i}\exp\left(-\dfrac{\sum\limits_{i=1}^{r}j_i\tau_i}{\theta}\right)}{\prod\limits_{i=1}^{r}\left[1-\exp\left(-\dfrac{\tau_i}{\theta}\right)\right]} \Gamma\left(u-\sum\limits_{i=1}^{r}j_i\tau_i;r,\theta\right) \quad (3.11)$$

下面推导式(3.6)中极大似然估计 $\hat{\theta}$ 的概率密度函数 $f_{\hat{\theta}}(x \mid r \geq 1)$。

注意到,在给定 $\boldsymbol{\delta}$ 后,样本 (t_i, δ_i) 中的失效时间、式(3.7)中的集合 S 及失效数 r 都是已知的,因而可将式(3.4)中样本时间之和 $\sum\limits_{i=1}^{n} t_i$ 拆分为

$$\sum_{i=1}^{n} t_i = \sum_{i \in S} t_i + \sum_{l \notin S} t_l = \sum_{i \in S} t_i + \sum_{l \notin S} \tau_l$$

记 $Y = \sum\limits_{i=1}^{n} t_i$,根据式(3.11),可得 Y 在 $\boldsymbol{\delta}$ 已知时的条件概率密度函数为

$$f_Y(y \mid \boldsymbol{\delta}) = \sum_{\substack{j_i = 0 \\ i \in S}}^{1} \frac{(-1)^{\sum\limits_{i \in S} j_i} \exp\left(-\dfrac{\sum\limits_{i \in S} j_i \tau_i}{\theta}\right)}{\prod\limits_{i \in S}\left[1 - \exp\left(-\dfrac{\tau_i}{\theta}\right)\right]} \Gamma\left(y - \sum_{l \notin S} \tau_l - \sum_{i \in S} j_i \tau_i ; r, \theta\right)$$

令 $X = \dfrac{Y}{r}$,根据 X 和 Y 的关系,可得 X 在 $\boldsymbol{\delta}$ 已知时的条件概率密度函数为

$$f_X(x \mid \boldsymbol{\delta}) = \sum_{\substack{j_i = 0 \\ i \in S}}^{1} \frac{(-1)^{\sum\limits_{i \in S} j_i} \exp\left(-\dfrac{\sum\limits_{i \in S} j_i \tau_i}{\theta}\right)}{\prod\limits_{i \in S}\left[1 - \exp\left(-\dfrac{\tau_i}{\theta}\right)\right]} \Gamma\left(x - \dfrac{\sum\limits_{l \notin S} \tau_l + \sum\limits_{i \in S} j_i \tau_i}{r} ; r, \dfrac{\theta}{r}\right)$$

$$(3.12)$$

注意到,式(3.12)中的 $\boldsymbol{\delta}$ 是给定的,根据全概率公式及

$$P(\boldsymbol{\delta}) = \prod_{i \in S}\left[1 - \exp\left(-\frac{\tau_i}{\theta}\right)\right] \prod_{l \notin S} \exp\left(-\frac{\tau_l}{\theta}\right)$$

可将条件概率密度函数 $f_X(x \mid \boldsymbol{\delta})$ 转换为 X 和 r 的联合概率密度函数 $f_X(x, r)$。于是在 $r \geq 1$ 下可得

$$f(x, r) = \sum_{r=1}^{n} \sum_{\left\{\boldsymbol{\delta}, \sum\limits_{i=1}^{n} \delta_i = r\right\}} \sum_{\substack{j_i = 0 \\ i \in S}}^{1} (-1)^{\sum\limits_{i \in S} j_i} \exp\left(-\frac{\sum\limits_{i \in S} j_i \tau_i + \sum\limits_{l \notin S} \tau_l}{\theta}\right)$$

$$\Gamma\left(x - \frac{\sum\limits_{l \notin S} \tau_l + \sum\limits_{i \in S} j_i \tau_i}{r} ; r, \frac{\theta}{r}\right)$$

可进一步改写为

$$f(x,r) = \sum_{r=1}^{n} \sum_{\left\{\delta, \sum_{i=1}^{n} \delta_i = r\right\}} \sum_{\substack{j_i = 0 \\ i \in S}}^{1} (-1)^{\sum_{i \in S} j_i} \exp\left(-\frac{T_{J,S}}{\theta}\right) \Gamma\left(x - \frac{T_{J,S}}{r}; r, \frac{\theta}{r}\right) \quad (3.13)$$

其中 $T_{J,S}$ 见式(3.8)。

为求得 $f(x \mid r \geq 1)$，需将式(3.13)中的 $f(x,r)$ 除以 $P(r \geq 1)$。由于

$$P(r \geq 1) = 1 - P(r = 0) = 1 - \exp\left(-\frac{\sum_{i=1}^{n} \tau_i}{\theta}\right) \quad (3.14)$$

$f(x,r)$ 除以 $P(r \geq 1)$ 即可得到式(3.6)中 $\hat{\theta}$ 的条件概率密度函数 $f_{\hat{\theta}}(x \mid r \geq 1)$。定理3.1证明完毕。

在获得 $f_{\hat{\theta}}(x \mid r \geq 1)$ 后，即可对点估计 $\hat{\theta}$ 的性质进行分析。可得

$$E(\hat{\theta} \mid r \geq 1) = \int_x x f_{\hat{\theta}}(x \mid r \geq 1) \, dx = \theta + \sum_{r=1}^{n} \sum_{\left\{\delta, \sum_{i=1}^{n} \delta_i = r\right\}} \sum_{\substack{j_i = 0 \\ i \in S}}^{1} \frac{C_{J,S}^{\theta} T_{J,S}}{r}$$

$$E(\hat{\theta}^2 \mid r \geq 1) = \int_x x^2 f_{\hat{\theta}}(x \mid r \geq 1) \, dx$$

$$= \frac{\theta^2}{r} + \sum_{r=1}^{n} \sum_{\left\{\delta, \sum_{i=1}^{n} \delta_i = r\right\}} \sum_{\substack{j_i = 0 \\ i \in S}}^{1} C_{J,S}^{\theta}\left(\frac{T_{J,S}}{r}\right)^2 + \theta^2 + 2\theta \sum_{r=1}^{n} \sum_{\left\{\delta, \sum_{i=1}^{n} \delta_i = r\right\}} \sum_{\substack{j_i = 0 \\ i \in S}}^{1} \frac{C_{J,S}^{\theta} T_{J,S}}{r}$$

由此可得 $\hat{\theta}$ 的偏差为

$$\text{Bias}(\hat{\theta}) = E(\hat{\theta} \mid r \geq 1) - \theta = \sum_{r=1}^{n} \sum_{\left\{\delta, \sum_{i=1}^{n} \delta_i = r\right\}} \sum_{\substack{j_i = 0 \\ i \in S}}^{1} \frac{C_{J,S}^{\theta} T_{J,S}}{r} \quad (3.15)$$

均方误差为

$$\text{MSE}(\hat{\theta}) = E[(\hat{\theta} - \theta)^2] = \frac{\theta^2}{r} + \sum_{r=1}^{n} \sum_{\left\{\delta, \sum_{i=1}^{n} \delta_i = r\right\}} \sum_{\substack{j_i = 0 \\ i \in S}}^{1} C_{J,S}^{\theta}\left(\frac{T_{J,S}}{r}\right)^2 \quad (3.16)$$

这两个指标可用于衡量 $\hat{\theta}$ 作为点估计时的优劣。

记 $F_{\hat{\theta}}(x; \theta)$ 为 $\hat{\theta}$ 的分布函数。基于 $f_{\hat{\theta}}(x \mid r \geq 1)$，可求得 $\hat{\theta}$ 的分布函数为

$$F_{\hat{\theta}}(x; \theta) = \int_0^x f_{\hat{\theta}}(x \mid r \geq 1) \, dx$$

$$= \sum_{r=1}^{n} \sum_{\left\{\delta, \sum_{i=1}^{n} \delta_i = r\right\}} \sum_{\substack{j_i = 0 \\ i \in S}}^{1} C_{J,S}^{\theta} G\left(\frac{rx - T_{J,S}}{\theta}; r\right) \quad (3.17)$$

其中 $C_{J,S}^{\theta}$ 见式(3.9)，$T_{J,S}$ 见式(3.8)，有

$$G(x;r) = \int_0^x g(y;r,1)\mathrm{d}y \tag{3.18}$$

即式(3.10)中参数为 r 和 1 的伽马分布 $\Gamma(y;r,1)$ 的分布函数。下面将证明 $F_{\hat{\theta}}(x;\theta)$ 即为建立 θ 的置信下限所需的枢轴量，并指出如何利用 $F_{\hat{\theta}}(x;\theta)$ 来计算 θ 的置信下限。

2. 基于枢轴量的置信下限的求解

对于式(3.17)中 $\hat{\theta}$ 的分布函数 $F_{\hat{\theta}}(x;\theta)$，如果其满足对任意的 x，当 $\theta_1 < \theta_2$ 时，$F_{\hat{\theta}}(x;\theta_1) \geqslant F_{\hat{\theta}}(x;\theta_2)$，也即函数 $F_{\hat{\theta}}(x;\theta)$ 是关于 θ 的单调减函数，则称 $\hat{\theta}$ 关于 θ 随机单调增。在研究 $F_{\hat{\theta}}(x;\theta)$ 关于 θ 的单调性前，先给出两个引理。

引理 3.1　定义 $\boldsymbol{M} = (M_1, M_2, M_3, \cdots, M_n)$，式(3.17)中的 $F_{\hat{\theta}}(x;\theta)$ 为式(3.4)中极大似然估计 $\hat{\theta}$ 的分布函数，假定 $F_{\hat{\theta}}(x;\theta)$ 可表示为

$$F_{\hat{\theta}}(x;\theta) = \sum_{\boldsymbol{m} \in \boldsymbol{M}} P(\boldsymbol{M} = \boldsymbol{m}) P(\hat{\theta} \leqslant x \mid \boldsymbol{M} = \boldsymbol{m})$$

其中 $\boldsymbol{M} \subset \mathbf{R}^n$。如果下列条件成立。

（1）对于任意的 $\boldsymbol{m} = (m_1, m_2, m_3, \cdots, m_n) \in \boldsymbol{M}$，当 $\boldsymbol{M} = \boldsymbol{m}$ 时，$\hat{\theta}$ 关于 θ 随机单调增。

（2）对于任意的 x，当 $\boldsymbol{M} = \boldsymbol{m}$ 时，$\hat{\theta}$ 关于 $\boldsymbol{m}$ 随机单调减。

（3）$\boldsymbol{M}$ 关于 θ 随机单调增。

则可称 $\hat{\theta}$ 关于 θ 随机单调增。

引理 3.1 的证明可以参看 Balakrishnan 等[225]。

引理 3.2　令 $\boldsymbol{X} = (X_1, X_2, X_3, \cdots, X_n)$，$\boldsymbol{Y} = (Y_1, Y_2, Y_3, \cdots, Y_n)$，其中 X_i、Y_i 为随机变量，$i = 1, 2, 3, \cdots, n$。另外，令 $F_{x_i}(t)$ 和 $F_{y_i}(t)$ 分别为随机变量 X_i 和 Y_i 的分布函数，若对于任意的 t，$F_{y_i}(t) \leqslant F_{x_i}(t)$，则记 $X_i \leqslant_{\mathrm{st}} Y_i$。如果 $X_1 \leqslant_{\mathrm{st}} Y_1$ 成立，且对于 $i = 2, 3, 4, \cdots, n$，当 $x_j \leqslant y_j$ 时，其中 $j = 1, 2, 3, \cdots, i-1$，$[X_i \mid X_1 = x_1, x_2, x_3, \cdots, X_{i-1} = x_{i-1}] \leqslant_{\mathrm{st}} [Y_i \mid Y_1 = y_1, y_2, y_3, \cdots, Y_{i-1} = y_{i-1}]$ 也成立，则有 $\boldsymbol{X} \leqslant_{\mathrm{st}} \boldsymbol{Y}$。

引理 3.2 的证明可以参看文献[226]。

关于式(3.4)中的 $\hat{\theta}$，提出定理 3.2。

定理 3.2　式(3.4)中的极大似然估计 $\hat{\theta}$ 关于 θ 随机单调增，即对任意 x，当 $\theta_1 < \theta_2$ 时，$F_{\hat{\theta}}(x;\theta_1) \geqslant F_{\hat{\theta}}(x;\theta_2)$。

下面利用上述两个引理证明定理 3.2。只需——证明式(3.17)中的 $F_{\hat{\theta}}(x;$ $\theta)$ 满足引理 3.1 中的 3 个条件即可。

证明：令 $M_j = \sum\limits_{i=1}^{j} \delta_i$，其中 $j = 1, 2, 3, \cdots, n$。

(1) 给定 $\boldsymbol{m} = (m_1, m_2, m_3, \cdots, m_n)$，也即给定了 $\boldsymbol{\delta} = (\delta_1, \delta_2, \delta_3, \cdots, \delta_n)$。要证明此时 $\hat{\theta}$ 的分布关于 θ 随机单调增，即证明函数 $\phi(\boldsymbol{m}) = P(\hat{\theta} \leq x \mid \boldsymbol{M} = \boldsymbol{m})$ 关于参数 θ 单调减。根据式(3.4)和式(3.2)，此时有

$$\hat{\theta} \mid (\boldsymbol{M} = \boldsymbol{m}) = \frac{\sum\limits_{i=1}^{n} \left[T_i \delta_i + \tau_i(1 - \delta_i) \right]}{\sum\limits_{i=1}^{n} \delta_i} \tag{3.19}$$

由于 $T_i \sim \exp(\theta) \boldsymbol{I}(t \leq \tau_i)$ $(i = 1, 2, 3, \cdots, n)$，根据右截尾指数分布的特点可知 T_i 关于 θ 随机单调增，也即 $\hat{\theta} \mid (\boldsymbol{M} = \boldsymbol{m})$ 关于 θ 随机单调增，于是引理 3.1 中的条件(1)成立。

(2) 要证明 $\hat{\theta}$ 关于 $\boldsymbol{m}$ 随机单调减，也即证明当 $\boldsymbol{m}$ 中的任一元素 m_j 增加时 $\hat{\theta}$ 减小，其中 $j = 1, 2, 3, \cdots, n$。为了简便，假定当 $\boldsymbol{m}$ 中的 m_j 增加时，其余元素保持不变。给定 $\boldsymbol{M} = \boldsymbol{m}$，根据式(3.19)，可将 $\hat{\theta}$ 改写为

$$\hat{\theta} \mid (\boldsymbol{M} = \boldsymbol{m}) = \frac{\sum\limits_{i=1}^{n} \tau_i - \sum\limits_{i=1}^{n} (\tau_i - T_i)\delta_i}{\sum\limits_{i=1}^{n} \delta_i} \tag{3.20}$$

当 δ_j 为 0 时，式(3.20)为

$$\hat{\theta} \mid (\boldsymbol{M} = \boldsymbol{m}) = \frac{\sum\limits_{i=1}^{n} \tau_i - \sum\limits_{i=1}^{j-1} (\tau_i - T_i)\delta_i - \sum\limits_{i=j+1}^{n} (\tau_i - T_i)\delta_i}{\sum\limits_{i=1}^{j-1} \delta_i + \sum\limits_{i=j+1}^{n} \delta_i}$$

如果 δ_j 由 0 变为 1，则此时 $\boldsymbol{M} = \boldsymbol{m} + \boldsymbol{e}_j$，其中 $\boldsymbol{e}_j = (0, \cdots, 0, 1, 0, \cdots, 0)$，即第 j 个元素为 1，其余 $n-1$ 个元素都为 0 的 n 元向量。于是此时的 $\hat{\theta}$ 变为

$$\hat{\theta} \mid (\boldsymbol{M} = \boldsymbol{m} + \boldsymbol{e}_j) = \frac{\sum\limits_{i=1}^{n} \tau_i - \sum\limits_{i=1}^{j-1} (\tau_i - T_i)\delta_i - (\tau_j - T_j) - \sum\limits_{i=j+1}^{n} (\tau_i - T_i)\delta_i}{\sum\limits_{i=1}^{j-1} \delta_i + \sum\limits_{i=j+1}^{n} \delta_i + 1}$$

显然 $\hat{\theta}\,|\,(M=m)>\hat{\theta}\,|\,(M=m+e_j)$，由此可知 $\hat{\theta}\,|\,(M=m)$ 关于 m 中的任一元素 m_j 递减，即 $\hat{\theta}\,|\,(M=m)$ 关于 m 随机单调减，于是引理 3.1 中的条件(2)成立。

(3) 若引理 3.1 中的条件(3)成立，只需证明当 $\theta_1<\theta_2$ 时，$[M;\theta_1]\leqslant_{\mathrm{st}}[M;\theta_2]$。由于 $M_j=\sum_{i=1}^{j}\delta_i$，因此序列 $M_1,M_2,M_3,\cdots,M_n$ 事实上构成了一条马尔可夫链，可利用引理 3.2 证明 $[M;\theta_1]\leqslant_{\mathrm{st}}[M;\theta_2]$。对于任意的 $i=1,2,3,\cdots,n$，根据式(3.2)中 δ_i 的定义可知

$$P(\delta_i)=\left[1-\exp\left(-\frac{\tau_i}{\theta}\right)\right]^{\delta_i}\left[\exp\left(-\frac{\tau_i}{\theta}\right)\right]^{1-\delta_i} \tag{3.21}$$

由于 $M_1=\delta_1$，当 $\delta_1=1$ 时，根据式(3.21)，显然有 $P(\delta_1;\theta_2)\leqslant P(\delta_1;\theta_1)$，于是可得 $[M_1;\theta_1]\leqslant_{\mathrm{st}}[M_1;\theta_2]$。针对任意的 $i=2,3,4,\cdots,n$，当 $m_{i-1}^1\geqslant m_{i-1}^2\geqslant 0$，由于 $\delta_i=m_i-m_{i-1}$，则有

$$\frac{P(M_i=m_i\mid M_{i-1}=m_{i-1}^1;\theta_1)}{P(M_i=m_i\mid M_{i-1}=m_{i-1}^2;\theta_2)}=\frac{P(\delta_i^1=m_i-m_{i-1}^1;\theta_1)}{P(\delta_i^2=m_i-m_{i-1}^2;\theta_2)}$$

满足 $\delta_i^1=m_i-m_{i-1}^1$ 和 $\delta_i^2=m_i-m_{i-1}^2$ 且 $m_{i-1}^1\geqslant m_{i-1}^2\geqslant 0$ 的可能取值为 $\delta_i^1=\delta_i^2=1$。根据式(3.21)，由于 $\theta_1<\theta_2$，则有

$$\frac{P(M_j=m_j\mid M_{j-1}=m_{j-1}^1;\theta_1)}{P(M_j=m_j\mid M_{j-1}=m_{j-1}^2;\theta_2)}=\frac{1-\exp\left(-\dfrac{\tau_i}{\theta_1}\right)}{1-\exp\left(-\dfrac{\tau_i}{\theta_2}\right)}>1$$

因而存在 $[M_i\mid M_{i-1}=m_{i-1}^1;\theta_1]\leqslant_{\mathrm{st}}[M_i\mid M_{i-1}=m_{i-1}^2;\theta_2]$，其中 $m_{i-1}^1\geqslant m_{i-1}^2\geqslant 0$，$\theta_1<\theta_2$，$i=2,3,4,\cdots,n$。根据引理 3.2，可得 $[M;\theta_1]\leqslant_{\mathrm{st}}[M;\theta_2]$，于是引理 3.1 中的条件(3)成立。

定理 3.2 证明完毕。

根据 Balakrishnan 等[227]的论述，定理 3.2 的提出表明式(3.17)中的 $F_{\hat{\theta}}(x;\theta)$ 可以作为枢轴量来构建 θ 的置信下限。记利用 $F_{\hat{\theta}}(x;\theta)$ 构建的参数 θ 的置信下限为 θ_{L}^p。则在置信水平 $1-\alpha$ 下，θ_{L}^p 满足方程

$$F_{\hat{\theta}}(\hat{\theta}_{\mathrm{obs}};\theta_{\mathrm{L}}^p)=1-\alpha \tag{3.22}$$

式中：$\hat{\theta}_{\mathrm{obs}}$ 为根据具体样本计算得到的 $\hat{\theta}$ 的观测值；$F_{\hat{\theta}}(\hat{\theta}_{\mathrm{obs}};\theta_{\mathrm{L}}^p)$ 见式(3.17)。由

于函数 $F_{\hat{\theta}}(\hat{\theta}_{obs};\theta)$ 是关于 θ 的单调减函数,因此可以利用牛顿迭代法或者二分法来求解置信下限 θ_{L}^{p}。

3. 置信下限的存在性讨论

至此已严格证明并提出了基于枢轴量 $F_{\hat{\theta}}(x;\theta)$ 的置信下限构建方法。但 Balakrishnan 等[227]指出,若利用分布函数作为枢轴量建立参数的置信下限,除了分布函数关于分布参数的单调性外,还需要考虑基于任意的 $\hat{\theta}_{obs}$ 是否都可以求得 θ_{L}^{p},即式(3.22)的解的存在性。根据定理3.2可知,$F_{\hat{\theta}}(x;\theta)$ 是关于 θ 的单调减函数。为此,式(3.22)中解的存在性证明实际上就是比较 $1-\alpha$ 与给定 x 后,$F_{\hat{\theta}}(x;\theta)$ 在 θ 的定义域 $(0,+\infty)$ 中的值域。而确定函数 $F_{\hat{\theta}}(x;\theta)$ 的值域又等同于求解当 $\theta\to0^{+}$ 和 $\theta\to+\infty$ 时,函数 $F_{\hat{\theta}}(x;\theta)$ 的极限,见定理3.3。

定理 3.3 对于任意的 $x>0$,当 $\theta\to0^{+}$ 时,式(3.17)中的 $F_{\hat{\theta}}(x;\theta)$ 的极限为

$$\lim_{\theta\to0^{+}}F_{\hat{\theta}}(x;\theta)=1$$

当 $\theta\to+\infty$ 时,$F_{\hat{\theta}}(x;\theta)$ 的极限为

$$\lim_{\theta\to+\infty}F_{\hat{\theta}}(x;\theta)=\begin{cases}0, & 0<x\leqslant\sum\limits_{i=1}^{n-1}\tau_{i}\\[2mm]\max\left\{\sum\limits_{k=1}^{n}\sum\limits_{j_{k}=0}^{1}\left[(-1)^{j_{k}}\dfrac{x+(1-j_{k})\tau_{k}}{\sum\limits_{i=1}^{n}\tau_{i}}-1\right],0\right\}, & \sum\limits_{i=1}^{n-1}\tau_{i}<x<\sum\limits_{i=1}^{n}\tau_{i}\end{cases}$$

$$(3.23)$$

证明: 首先证明 $\lim\limits_{\theta\to0^{+}}F_{\hat{\theta}}(x;\theta)=1$。

对于式(3.17)中的 $F_{\hat{\theta}}(x;\theta)$,当 $T_{J,S}\neq0$ 时,显然有

$$\lim_{\theta\to0^{+}}C_{J,S}^{\theta}G\left(\frac{rx-T_{J,S}}{\theta};r\right)=\lim_{\theta\to0^{+}}\frac{(-1)^{\sum\limits_{i\in S}j_{i}}\exp\left(-\dfrac{T_{J,S}}{\theta}\right)}{1-\exp\left(-\dfrac{\sum\limits_{i=1}^{n}\tau_{i}}{\theta}\right)}G\left(\frac{rx-T_{J,S}}{\theta};r\right)$$

$$=(-1)^{\sum\limits_{i\in S}j_{i}}\cdot\lim_{\theta\to0^{+}}\exp\left(-\frac{T_{J,S}}{\theta}\right)$$

$$=0$$

其中 $G\left(\dfrac{rx-T_{J,S}}{\theta};r\right)$ 见式(3.18)。故在求解 $\lim\limits_{\theta\to0^+}F_{\hat\theta}(x;\theta)$ 时只需考虑 $T_{J,S}=0$ 这种情况。当 $T_{J,S}=0$ 时,根据式(3.8),意味着此时失效数 $r=n$, $j_i=0$,其中 $i=1,2,3,\cdots,n$,于是有

$$\lim_{\theta\to0^+}F_{\hat\theta}(x;\theta)=\lim_{\theta\to0^+}\sum_{r=1}^{n}\sum_{\left\{\delta,\sum\limits_{i=1}^{n}\delta_i=r\right\}}\sum_{j_i=0}^{1}C_{J,S}^{\theta}G\left(\frac{rx-T_{J,S}}{\theta};r\right)$$

$$=\lim_{\theta\to0^+}\frac{G\left(\dfrac{nx}{\theta};n\right)}{1-\exp\left(-\dfrac{\sum\limits_{i=1}^{n}\tau_i}{\theta}\right)}$$

$$=1$$

接下来求解 $\lim\limits_{\theta\to+\infty}F_{\hat\theta}(x;\theta)$。

先分析其中的 $\lim\limits_{\theta\to+\infty}C_{J,S}^{\theta}G\left(\dfrac{rx-T_{J,S}}{\theta};r\right)$,其中 $C_{J,S}^{\theta}$ 见式(3.9), $G\left(\dfrac{rx-T_{J,S}}{\theta};r\right)$ 见式(3.18)。可知

$$\lim_{\theta\to+\infty}C_{J,S}^{\theta}G\left(\frac{rx-T_{J,S}}{\theta};r\right)=\lim_{\theta\to+\infty}\frac{(-1)^{\sum_{i\in S}j_i}\exp\left(-\dfrac{T_{J,S}}{\theta}\right)}{1-\exp\left(-\dfrac{\sum\limits_{i=1}^{n}\tau_i}{\theta}\right)}G\left(\frac{rx-T_{J,S}}{\theta};r\right)$$

$$=(-1)^{\sum_{i\in S}j_i}\lim_{\theta\to+\infty}\frac{G\left(\dfrac{rx-T_{J,S}}{\theta};r\right)}{1-\exp\left(-\dfrac{\sum\limits_{i=1}^{n}\tau_i}{\theta}\right)}$$

如果 $rx-T_{J,S}\leqslant0$,由于 $G\left(\dfrac{rx-T_{J,S}}{\theta};r\right)=0$,因此该极限也为 0。而当 $rx-T_{J,S}>0$ 时,对于式(3.18)中的 $G(y;r)$,根据 Balakrishnan 等[227],有

$$G(y;r)=\sum_{i=r}^{+\infty}\frac{y^i}{i!}\exp(-y)=\frac{y^r}{r!}\exp(-y)+o(y^r)\tag{3.24}$$

再根据泰勒公式,可得

$$1 - \exp\left(-\frac{\sum_{i=1}^{n} \tau_i}{\theta}\right) = \frac{\sum_{i=1}^{n} \tau_i}{\theta} + o(\theta^{-1}) \qquad (3.25)$$

于是根据式(3.24)和式(3.25)，可得

$$\lim_{\theta \to +\infty} C_{J,S}^{\theta} G\left(\frac{rx - T_{J,S}}{\theta}; r\right) = (-1)^{\sum_{i \in S^{j_i}}} \lim_{\theta \to +\infty} \frac{\exp\left(-\frac{rx - T_{J,S}}{\theta}\right) \cdot \frac{(rx - T_{J,S})^r}{\theta^r \cdot r!} + o(\theta^{-r})}{\frac{\sum_{i=1}^{n} \tau_i}{\theta} + o(\theta^{-1})}$$

由此可知当 $r > 1$ 时，该极限为 0。而当 $r = 1$ 时，该极限可进一步化简为

$$\lim_{\theta \to +\infty} C_{J,S}^{\theta} G\left(\frac{rx - T_{J,S}}{\theta}; r\right) = (-1)^{\sum_{i \in S^{j_i}}} \frac{x - T_{J,S}}{\sum_{i=1}^{n} \tau_i},$$

总结可得

$$\lim_{\theta \to +\infty} C_{J,S}^{\theta} G\left(\frac{rx - T_{J,S}}{\theta}; r\right) = \begin{cases} 0, & r > 1 \\ (-1)^{\sum_{i \in S^{j_i}}} \dfrac{x - T_{J,S}}{\sum_{i=1}^{n} \tau_i}, & r = 1 \end{cases} \qquad (3.26)$$

由式(3.26)可知，当 $r > 1$ 时，$\lim\limits_{\theta \to +\infty} F_{\hat{\theta}}(x;\theta) = 0$，而当 $r = 1$ 时，有

$$\lim_{\theta \to +\infty} F_{\hat{\theta}}(x;\theta) = \lim_{\theta \to +\infty} \sum_{r=1}^{n} \sum_{\left\{\boldsymbol{\delta}, \sum_{i=1}^{n} \delta_i = r\right\}} \sum_{j_1 = 0}^{1} \prod_{i \in S} C_{J,S}^{\theta} G\left(\frac{rx - T_{J,S}}{\theta}; r\right)$$

$$= \lim_{\theta \to +\infty} \sum_{\left\{\boldsymbol{\delta}, \sum_{i=1}^{n} \delta_i = 1\right\}} \sum_{j_1 = 0}^{1} \prod_{i \in S} C_{J,S}^{\theta} G\left(\frac{x - T_{J,S}}{\theta}; r\right)$$

$$= \sum_{k=1}^{n} \sum_{j_k = 0}^{1} \lim_{\theta \to +\infty} C_{J,S}^{\theta} G\left(\frac{x - T_{J,S}}{\theta}; r\right)$$

当 $r = 1$ 时，根据式(3.8)可知 $T_{J,S}$ 的最小值为 $\sum_{i=1}^{n-1} \tau_i$。因此当 $x \leqslant \sum_{i=1}^{n-1} \tau_i$ 时，必有 $x - T_{J,S} \leqslant 0$，则此时可得 $\lim\limits_{\theta \to +\infty} F_{\hat{\theta}}(x;\theta) = 0$。另外，注意到 x 的最大值为 $\sum_{i=1}^{n} \tau_i$，因此当 $\sum_{i=1}^{n-1} \tau_i < x < \sum_{i=1}^{n} \tau_i$ 时，根据式(3.26)，即可得

$$\lim_{\theta \to +\infty} F_{\hat\theta}(x;\theta) = \max \left(\sum_{k=1}^{n} \sum_{j_k=0}^{1} (-1)^{j_k} \frac{x - T_{J,S}}{\sum_{i=1}^{n} \tau_i}, 0 \right) \qquad (3.27)$$

而当 $\sum_{i=1}^{n-1} \tau_i < x < \sum_{i=1}^{n} \tau_i$ 时，由于 $r=1$，根据式（3.8），此时有 $T_{J,S} = \sum_{i=1}^{n} \tau_i - (1 - j_k)\tau_k$，代入式（3.27）经过化简，即可得式（3.23）。定理3.3证明完毕。

由于 $\lim_{\theta \to 0^+} F_{\hat\theta}(x;\theta) = 1$，因此当 $\lim_{\theta \to +\infty} F_{\hat\theta}(x;\theta) = 0$ 时，式（3.22）总是有解的。但是根据式（3.23）可知，极限 $\lim_{\theta \to +\infty} F_{\hat\theta}(x;\theta)$ 不一定恒为0。当 $\lim_{\theta \to +\infty} F_{\hat\theta}(x;\theta) \neq 0$ 时，式（3.22）的解是否存在，取决于式（3.23）中的 $\lim_{\theta \to +\infty} F_{\hat\theta}(x;\theta)$ 与置信水平 $(1-\alpha)$ 的大小关系。若 $\lim_{\theta \to +\infty} F_{\hat\theta}(x;\theta) < (1-\alpha)$，式（3.22）有解，即可以利用基于枢轴量的方法算得置信下限 θ_L^P；反之，式（3.22）无解，此时不能利用基于枢轴量的方法算得置信下限。

3.2.2　不等定时截尾有失效数据下基于样本空间排序法的置信下限

在这一节中，将基于样本空间排序法建立 θ 的置信下限。

1. 样本空间排序法

样本空间排序法的核心思想是：引入序这一概念，使得整个样本空间中的元素具有可比性，继而通过在样本空间中搜索满足条件的元素，从而达到求解参数置信限的目的。陈家鼎[7]对样本空间排序法进行了较为详细的介绍。他指出，记随机变量 X 的取值空间为非空集合 E，x_1、x_2 和 x_3 为 X 的任意取值，若存在一个二元关系 $\geq$，满足以下3个条件：①针对任意的 x_1 和 x_2，或者 $x_1 \geq x_2$，或者 $x_2 \geq x_1$；②对于任意的 x_1，存在 $x_2 \geq x_1$；③针对任意的 x_1、x_2 和 x_3，如果 $x_1 \geq x_2, x_2 \geq x_3$，则有 $x_1 \geq x_3$，那么可称 E 是关于该二元关系 $\geq$ 的全序集。现定义一个关于 X 的统计量 $\varphi(X)$，并规定当 $x_1 \geq x_2$ 时，$\varphi(x_1) \geq \varphi(x_2)$，这样就引入了一个针对 E 的序。设随机变量 X 的分布函数为 $F(x;\theta)$，其中 θ 为来自于样本空间 Θ 的待估参数，记

$$H(u,\theta) = P(\varphi(X) \geq u;\theta) \qquad (3.28)$$

$$\theta_L = \inf\{\theta : H(u,\theta) > \alpha, \theta \in \Theta\} \qquad (3.29)$$

此时有

$$P(\theta \geq \theta_L) \geq 1-\alpha$$

则 θ_L 为待估参数 θ 在置信水平 $1-\alpha$ 下的置信下限。

这就是利用样本空间排序法构建参数置信下限的思路,它提供了一个一般化的处理框架。但针对具体的问题,还需具体分析。根据以上的分析可知,利用样本空间排序法处理具体问题时,首先要选好统计量 $\varphi(X)$,继而确定式 (3.28) 中的函数 $H(u,\theta)$,最后再根据式 (3.29) 来求解置信下限。

2. 基于样本空间排序法的置信下限的求解

指数分布场合,在不等定时截尾有失效数据下,此处选择式 (3.4) 中参数 θ 的极大似然估计 $\hat{\theta}$ 作为统计量 $\varphi(X)$[228]。

首先根据式 (3.28) 推导 $H(u,\theta)$。根据 $\hat{\theta}$ 的表达式 (3.4),及要求失效数 $r \geqslant 1$,可知 $H(u,\theta)$ 为

$$H(u,\theta) = P\left(\sum_{i=1}^{n} t_i \geqslant ru \mid r \geqslant 1 \right) \qquad (3.30)$$

根据条件概率的定义及全概率公式,可将式 (3.30) 分解为

$$H(u,\theta) = \frac{\sum\limits_{r=1}^{n} \sum\limits_{\left\{ \delta,\sum\limits_{i=1}^{n}\delta_i=r \right\}} P\left(\sum\limits_{i=1}^{n} t_i \geqslant ru \mid \boldsymbol{\delta} \right) P(\boldsymbol{\delta})}{P(r \geqslant 1)} \qquad (3.31)$$

其中符号 $\sum\limits_{\left\{ \delta,\sum\limits_{i=1}^{n}\delta_i=r \right\}}$ 见式 (3.6)。接下来需分别确定 $P(\boldsymbol{\delta})$ 和 $P\left(\sum\limits_{i=1}^{n} t_i \geqslant ru \mid \boldsymbol{\delta} \right)$。

当 $\delta_i = 0$ 时,意味着此时样本 t_i 为截尾时间,则有

$$P(\delta_i = 0) = P(T_i > \tau_i) = \exp\left(-\frac{\tau_i}{\theta} \right)$$

记 $P(\delta_i = 0) = p_i$;反之 $P(\delta_i = 1) = 1 - p_i$。于是可确定 $P(\boldsymbol{\delta})$ 为

$$P(\boldsymbol{\delta}) = \prod_{i=1}^{n} (1 - p_i)^{\delta_i} (p_i)^{1-\delta_i} \qquad (3.32)$$

关于 $P\left(\sum\limits_{i=1}^{n} t_i \geqslant ru \mid \boldsymbol{\delta} \right)$,考虑到试验时间总和为截尾时间与失效时间之和,故可将试验时间之和 $\sum\limits_{i=1}^{n} t_i$ 改写为 $\sum\limits_{i=1}^{n} t_i = \sum\limits_{i=1}^{n} \tau_i(1-\delta_i) + \sum\limits_{i=1}^{n} T_i\delta_i$,其中 $\sum\limits_{i=1}^{n} \tau_i(1-\delta_i)$ 为截尾时间之和,$\sum\limits_{i=1}^{n} T_i\delta_i$ 则为失效时间之和。根据指数分布和伽马分布的

关系,可知若 $T_i \sim \exp(\theta)$,则 $\sum\limits_{i=1}^{r} T_i$ 服从式(3.10)中的伽马分布 $\Gamma(y;r,\theta)$,其中分布参数为 r 和 θ。由于此时 $\boldsymbol{\delta}$ 已知,可得 $\sum\limits_{i=1}^{n} T_i\delta_i \sim \Gamma(y;r,\theta)$,继而可确定 $P\left(\sum\limits_{i=1}^{n} t_i \geq ru \mid \boldsymbol{\delta}\right)$ 为

$$P\left(\sum_{i=1}^{n} t_i \geq ru \mid \boldsymbol{\delta}\right) = 1 - G\left(\frac{ru - \sum\limits_{i=1}^{n} \tau_i(1-\delta_i)}{\theta};r\right) \tag{3.33}$$

其中 $G(y;r)$ 见式(3.18)。

进一步,根据式(3.14)中的 $P(r \geq 1)$,结合式(3.31)至式(3.33),可得 $H(u,\theta)$ 为

$$H(u,\theta) = \frac{\sum\limits_{r=1}^{n} \sum\limits_{\left\{\boldsymbol{\delta}, \sum\limits_{i=1}^{n} \delta_i = r\right\}} \left[1 - G\left(\frac{ru - \sum\limits_{i=1}^{n} \tau_i(1-\delta_i)}{\theta};r\right)\right] \prod\limits_{i=1}^{n} (1-p_i)^{\delta_i}(p_i)^{1-\delta_i}}{1 - \exp\left(-\frac{\sum\limits_{i=1}^{n} \tau_i}{\theta}\right)} \tag{3.34}$$

其中 $p_i = \exp\left(-\dfrac{\tau_i}{\theta}\right)$。下面研究函数 $H(u,\theta)$ 的数学性质。

(1) 函数 $H(u,\theta)$ 的单调性。

根据式(3.2)及式(3.4),可将式(3.30)改写为

$$H(u,\theta) = P\left(\frac{\sum\limits_{i=1}^{n} \min(T_i,\tau_i)}{\sum\limits_{i=1}^{n} \boldsymbol{I}(T_i \leq \tau_i)} \geq u \mid r \geq 1\right)$$

式中:$\boldsymbol{I}(\cdot)$ 为示性函数。随着分布参数 θ 的增加,分子 $\sum\limits_{i=1}^{n} \min(T_i,\tau_i)$ 随之增加,但分母 $\sum\limits_{i=1}^{n} \boldsymbol{I}(T_i \leq \tau_i)$ 减小,因此可认为 $H(u,\theta)$ 是关于 θ 的增函数。事实上 $H(u,\theta)$ 是关于 θ 的严格单调增函数,相关证明可参看荆广珠等[17]。

(2) 函数 $H(u,\theta)$ 的值域。

根据函数 $H(u,\theta)$ 的单调性,确定函数 $H(u,\theta)$ 的值域就转化求解当 $\theta\to 0^+$ 和 $\theta\to +\infty$ 时 $H(u,\theta)$ 的极限。

当 $\theta\to 0^+$ 时,由于

$$\lim_{\theta\to 0^+} P\left(\sum_{i=1}^{n} t_i \geq ru \mid \boldsymbol{\delta}\right) = \lim_{\theta\to 0^+}\left[1 - G\left(\frac{ru - \sum_{i=1}^{n}\tau_i(1-\delta_i)}{\theta};r\right)\right] = 0$$

且

$$\lim_{\theta\to 0^+}\left[1 - \exp\left(-\frac{\sum_{i=1}^{n}\tau_i}{\theta}\right)\right] = 1$$

故可得 $\lim\limits_{\theta\to 0^+} H(u,\theta) = 0$。

当 $\theta\to +\infty$ 时,由于

$$\lim_{\theta\to +\infty} P\left(\sum_{i=1}^{n} t_i \geq ru \mid \boldsymbol{\delta}\right) = \lim_{\theta\to +\infty}\left[1 - G\left(\frac{ru - \sum_{i=1}^{n}\tau_i(1-\delta_i)}{\theta};r\right)\right] = 1$$

则 $\lim\limits_{\theta\to +\infty} H(u,\theta) = 1$。

于是在 θ 的定义域 $(0,+\infty)$ 上,$H(u,\theta)$ 的值域为 $[0,1]$。

在求得 $H(u,\theta)$ 后,如果令 $u = \hat{\theta}_{\mathrm{obs}}$,即根据具体样本确定的 $\hat{\theta}$ 的观测值,就可利用式 (3.29) 确定参数 θ 的置信下限。记 θ_{L}^s 为根据样本空间排序法构建的参数 θ 的置信下限。由于 $H(\hat{\theta}_{\mathrm{obs}},\theta)$ 是关于 θ 的单调增函数,于是在置信水平 $1-\alpha$ 下,置信下限 θ_{L}^s 满足方程

$$H(\hat{\theta}_{\mathrm{obs}},\theta_{\mathrm{L}}^s) = \alpha \tag{3.35}$$

其中 $H(\hat{\theta}_{\mathrm{obs}},\theta_{\mathrm{L}}^s)$ 见式 (3.34)。由于 $H(\hat{\theta}_{\mathrm{obs}},\theta)$ 是关于 θ 的严格单调增函数,因此按照式 (3.35) 求解 θ_{L}^s 时,同样可以按照二分法或者牛顿迭代法。又因为 $H(\hat{\theta}_{\mathrm{obs}},\theta)$ 的值域为 $[0,1]$,因此式 (3.35) 恒有解。

在现有研究中,严广松等[18]也基于样本空间排序法给出了函数 $H(u,\theta)$,但书中式 (3.34) 中提出的 $H(u,\theta)$ 在形式上比现有研究简单。

3.2.3 不等定时截尾有失效数据下基于 Fisher 信息量的置信下限

在这一节中,将利用极大似然估计的渐进正态性,基于 Fisher 信息量构建

参数 θ 的置信下限。一般情况下，设待估参数为 θ，对应的极大似然估计为 $\hat{\theta}$。根据极大似然估计的性质可知，$\hat{\theta}$ 渐进服从于均值为参数真值 θ，方差为 $\boldsymbol{I}^{-1}$ 的正态分布，即有

$$\hat{\theta} \sim N(\theta, \boldsymbol{I}^{-1}) \tag{3.36}$$

其中

$$\boldsymbol{I}^{-1} = \left[E\left(-\frac{\partial^2 \ln L}{\partial \theta^2} \right) \right]^{-1}$$

即 Fisher 信息矩阵 $\boldsymbol{I}$ 的逆，其中 $\ln L$ 为对数似然函数。若未知参数 θ 只有一个，即为 Fisher 信息量 $\boldsymbol{I}$ 的倒数。极大似然估计具备的渐进正态性，使得极大似然法在参数估计中的应用非常广泛，这是因为极大似然估计本身可以作为点估计，若进一步利用渐进正态性，又可以构建待估参数的置信区间。根据式 (3.36) 中的正态分布，可得待估参数 θ 在置信水平 $1-\alpha$ 下的置信下限为 $\hat{\theta} + U_{\alpha}$ $\sqrt{\boldsymbol{I}^{-1}}$，其中 U_{α} 是标准正态分布的 α 分位数。但需要指明的是，极大似然估计的渐进正态性往往限定在大样本条件下，而且在某些情况下，信息量的推导非常复杂，在运算中所用的信息量本身就是近似的。因此，根据这个思路推得的置信区间往往也是一个近似的结果。

利用式 (3.36) 中的渐进正态分布构建参数的置信下限的关键在于信息量的求解。在指数分布场合，对式 (3.3) 中的似然函数取对数，并进一步推导 Fisher 信息量，可知参数 θ 的信息量为

$$\begin{aligned} \boldsymbol{I}(\theta) &= E\left(-\frac{d^2 \ln L(t, \boldsymbol{\delta} \mid \theta)}{d\theta^2} \right) \\ &= E\left(\frac{2}{\theta^3} \sum_{i=1}^{n} t_i - \frac{1}{\theta^2} \sum_{i=1}^{n} \delta_i \right) \end{aligned}$$

不便于得到 $\boldsymbol{I}(\theta)$ 的解析表达式。为此，引入失效率参数 $\lambda = 1/\theta$，此时式 (3.1) 中的指数分布的概率密度函数变为

$$f(t) = \lambda \exp(-\lambda t) \tag{3.37}$$

基于式 (3.37) 的概率密度函数，可将式 (3.3) 中的似然函数改写为

$$L(t, \boldsymbol{\delta} \mid \lambda) = \prod_{i=1}^{n} \lambda^{\delta_i} \exp(-\lambda t_i)$$

可得 λ 的极大似然估计 $\hat{\lambda}$ 为

$$\hat{\lambda} = \frac{1}{\hat{\theta}} = \frac{\sum\limits_{i=1}^{n} \delta_i}{\sum\limits_{i=1}^{n} t_i} \tag{3.38}$$

进一步可得 λ 的信息量为[228]

$$\begin{aligned} I(\lambda) &= E\left(- \frac{d^2 \ln L(t, \boldsymbol{\delta} \mid \lambda)}{d\lambda^2} \right) \\ &= E\left[- \frac{d^2}{d\lambda^2} \left(r \ln \lambda - \lambda \sum_{i=1}^{n} t_i \right) \right] \\ &= \frac{1}{\lambda^2} \sum_{i=1}^{n} \delta_i \end{aligned}$$

$I(\lambda)$ 中包含未知的参数 λ，在实际应用时常用式(3.38)中的极大似然估计 $\hat{\lambda}$ 来替代。根据式(3.36)，$\hat{\lambda}$ 渐进服从于式(3.39)中的正态分布，即

$$\hat{\lambda} \sim N\left(\lambda, \frac{\hat{\lambda}^2}{\sum\limits_{i=1}^{n} \delta_i} \right) \tag{3.39}$$

由于 $\lambda = 1/\theta$，可通过求解 λ 的置信上限从而构建 θ 的置信下限。根据式(3.39)可得参数 λ 在置信水平 $1-\alpha$ 下的置信上限为

$$\lambda_U = \hat{\lambda}\left(1 - \frac{U_\alpha}{\sqrt{\sum\limits_{i=1}^{n} \delta_i}} \right)$$

记基于 Fisher 信息量构建的参数 θ 的置信下限为 θ_L^I，由此推得在置信水平 $1-\alpha$ 下，置信下限 θ_L^I 为

$$\theta_L^I = \frac{\sum\limits_{i=1}^{n} t_i}{\left(\sum\limits_{i=1}^{n} \delta_i - U_\alpha \sqrt{\sum\limits_{i=1}^{n} \delta_i} \right)} \tag{3.40}$$

3.2.4 不等定时截尾有失效数据下基于改进的 bootstrap 法的置信下限

在这一节中，将基于 bootstrap 法构建参数 θ 的置信下限。bootstrap 法也称自助法，是由 Efron[10] 提出并广泛应用于建立未知参数置信区间的一种方法。

该方法可分为参数化的 bootstrap 法和非参数化的 bootstrap 法,其中前者应用更广泛。参数化的 bootstrap 法基本思想是:假定 θ 是随机变量 X 的分布函数中的未知参数,基于原始样本,获取参数 θ 的估计 $\hat{\theta}$,如极大似然估计,再通过自助抽样进一步获得估计量 $\hat{\theta}$ 的分布函数 W。于是得到参数 θ 在置信水平 $1-\alpha$ 下的置信区间为

$$\left[W^{-1}\left(\frac{\alpha}{2}\right), W^{-1}\left(1-\frac{\alpha}{2}\right) \right]$$

式中:$W^{-1}(\cdot)$ 为分布函数 W 的反函数。在应用中常常假定 W 是以真值 θ 为均值的正态分布。根据中心极限定理,假设 $\hat{\theta}$ 的分布为正态分布是合理的,但这个正态分布的均值并不一定是真值。为此,Efron[229] 提出了加速和修正的 bootstrap 算法(Bias-Corrected and accelerated bootstrap method, BCa bootstrap),假设

$$\frac{\hat{\theta}-\theta}{1+a\theta} \sim N(-Z_0, 1)$$

式中:Z_0 用于修正正态分布的均值与真值之间的偏差;a 为加速系数。通过一些变量代换和运算后,得到参数 θ 的 BCa bootstrap 置信区间为

$$\left[W^{-1}(\Phi(Z_{\alpha/2})), W^{-1}(\Phi(Z_{1-\alpha/2})) \right]$$

其中

$$Z_{\alpha/2}=Z_0+\frac{Z_0+U_{\alpha/2}}{1-a(Z_0+U_{\alpha/2})}, Z_0=\Phi^{-1}(\theta), a=\frac{E(X^3)}{6\left[E(X^2) \right]^{\frac{3}{2}}}$$

式中:$U_{\alpha/2}$ 为标准正态分布的 $\alpha/2$ 分位数;$\Phi^{-1}(\cdot)$ 为标准正态分布的分布函数;$E(\cdot)$ 为随机变量的期望。

事实上,目前在应用中,普遍通过抽样的方式,根据抽取的样本来近似理论上的连续分布函数 W,继而确定置信区间。由此,在指数分布场合,设计算法 3.1 来获取 W 的抽样,继而构建参数 θ 的 BCa bootstrap 置信下限。

算法 3.1

给定样本量 n,原始的不等定时截尾样本 $(t_i, \delta_i)(i=1,2,3,\cdots,n)$,相应的 n 个截止时间 $\tau_1<\tau_2<\tau_3<\cdots<\tau_n$,并设定抽样的样本量为 B。

步骤 1:根据原始样本,利用式(3.4),计算参数 θ 的极大似然估计 $\hat{\theta}$。

步骤 2:令 $T_i \sim \exp(\hat{\theta})$,其中 $i=1,2,3,\cdots,n$,并生成 n 个随机数,然后升序排列为 $T_1<T_2<T_3\cdots<T_n$。进一步,令 $t_i=\min(T_i, \tau_i)$,若 $t_i=T_i$,则赋值 $\delta_i^b=1$;反

之则赋值 $\delta_i^b = 0$。

步骤 3：若 $r_b = \sum_{i=1}^{n} \delta_i^b > 0$，则认为 (t_i^b, δ_i^b) $(i = 1, 2, 3, \cdots, n)$ 为所需的 bootstrap 样本，否则返回步骤 2。

步骤 4：根据 bootstrap 样本 (t_i^b, δ_i^b) $(i = 1, 2, 3, \cdots, n)$，利用式(3.4)计算得到一个 bootstrap 估计值 $\hat{\theta}^b$。

步骤 5：重复步骤 2~4，直到获得了 B 个 bootstrap 估计值，随后将这些估计值升序排列，记为 $\hat{\theta}_1^b < \hat{\theta}_2^b < \hat{\theta}_3^b < \cdots < \hat{\theta}_B^b$。

记参数 θ 的 BCa bootstrap 置信下限为 θ_L^B。基于 bootstrap 估计值 $\hat{\theta}_1^b < \hat{\theta}_2^b < \hat{\theta}_3^b < \cdots < \hat{\theta}_B^b$，在置信水平 $1-\alpha$ 下，可求得 θ_L^B 为

$$\theta_L^B = \hat{\theta}_{\lceil \xi B \rceil}^b \tag{3.41}$$

式中：$[y]$ 为不大于 y 的正整数。

$$\xi = \Phi\left(Z_0 + \frac{Z_0 + U_\alpha}{1 - a(Z_0 + U_\alpha)}\right)$$

$$Z_0 = \Phi^{-1}\left[\frac{\sum_{i=1}^{B} \boldsymbol{I}(\hat{\theta}_i^b \leq \hat{\theta})}{B}\right]$$

$$a = \frac{\frac{1}{B}\sum_{i=1}^{B}(\hat{\theta}_i^b - \overline{\theta})^3}{6\left[\frac{1}{B}\sum_{i=1}^{B}(\hat{\theta}_i^b - \overline{\theta})^2\right]^{\frac{3}{2}}}$$

式中：U_α 为标准正态分布的 α 分位数；$\boldsymbol{I}(\cdot)$ 为示性函数；$\overline{\theta} = \frac{1}{B}\sum_{i=1}^{B}\hat{\theta}_i^b$。

3.3 方法验证和对比

本节的内容是开展蒙特卡罗仿真试验。在试验中，将基于指数分布生成大量的不等定时截尾有失效样本，利用每一个样本，依次计算 4 种置信下限，继而再对置信下限进行统计和分析。仿真试验的目的，既是为了检验和比较不同置信下限的效果，也是为了考察不同方法的适用性，从而明确在何种数据条件下，采用何种置信下限，可以达到最佳的效果。

3.3.1　试验过程

仿真试验的重点是仿真样本的生成,核心是对获取的大量置信下限的统计和分析。为了生成大量的仿真样本,需要明确相关参数的设置。在这个仿真试验中,需要设置参数 θ,样本量 n,截止时间 $\tau_1 < \tau_2 < \tau_3 < \cdots < \tau_n$ 及置信水平 $1-\alpha$。

（1）不失一般性,设平均寿命参数为 $\theta = 10$。

（2）将样本量 n 设为 8、10、20 和 30,其中 n 为 8 和 10 时代表样本量较少的情况,n 为 20 时代表样本量适中的情况,n 为 30 时代表样本量较大的情况。

（3）关于截止时间 $\tau_1 < \tau_2 < \tau_3 < \cdots < \tau_n$ 的设置,考虑到 τ_i 普遍越小时,样本中的失效数就会越少;反之失效数就越多。为此,在本试验中,将提出两种 $\tau_1 < \tau_2 < \tau_3 < \cdots < \tau_n$ 的设置方式,一是设置 $\tau_1 < \tau_2 < \tau_3 < \cdots < \tau_n$ 为普遍较小的值,称为短时截尾方式;二是普遍设置 $\tau_1 < \tau_2 < \tau_3 < \cdots < \tau_n$ 为较大的值,称为长时截尾方式。为了简便,设定截止时间之间的间隔 $\Delta = \tau_i - \tau_{i-1}$ 是相等的,其中 $i = 2, 3, 4, \cdots, n$。由此可知,只需设定 τ_1 或 τ_n 及 Δ,即可确定一组 $\tau_1 < \tau_2 < \tau_3 < \cdots < \tau_n$。在短时截尾中,设定 $\tau_n = \theta, \Delta = 0.2$。在长时截尾中,设定 $\tau_1 = \theta, \Delta = 0.4$。例如,当 $n = 8$ 时,关于 $\tau_1 < \tau_2 < \tau_3 < \cdots < \tau_n$ 的数值,短时截尾下为 8.6、8.8、9.0、9.2、9.4、9.6、9.8 和 10,长时截尾中为 10、10.4、10.8、11.2、11.6、12.0、12.4 和 12.8。

（4）设定置信水平为 0.9,即 $\alpha = 0.1$。

依据上述原则分别设置参数 θ、n 及 $\tau_1 < \tau_2 < \tau_3 < \cdots < \tau_n$ 后,可得表 3.1 中的参数设置组合。

表 3.1　指数分布场合不等定时截尾有失效数据下的仿真试验参数设置

编　　号	1	2	3	4
n	8	8	10	10
截尾方式	短时截尾	长时截尾	短时截尾	长时截尾
编　　号	5	6	7	8
n	20	20	30	30
截尾方式	短时截尾	长时截尾	短时截尾	长时截尾

试验所用计算机 CPU 为 Intel i5 芯片,主频为 3.20GHz,内存为 16GB,操作系统为 Windows 7,64 位,所用软件为 Matlab R2014a。若无特别说明,后续试验中所用计算机配置及软件与此相同。在表 3.1 中任意一组参数组合下,试验过

程如下。

（1）令 $T_i \sim \exp(\theta)$（$i,=1,2,3,\cdots,n$），生成 n 个随机数，并升序排列为 $T_1 < T_2 < T_3 < \cdots < T_n$。

（2）依次令 $t_i = \min(T_i, \tau_i)$（$i=1,2,3,\cdots,n$），若 $t_i = T_i$，则赋值 $\delta_i = 1$；反之赋值 $\delta_i = 0$。

（3）若 $r = \sum_{i=1}^{n} \delta_i > 1$，则认为得到的样本 (t_i, δ_i) 为所需的不等定时截尾有失效样本，其中 $i = 1,2,3,\cdots,n$；反之，则返回（1）。这是由于考虑到当 $r = 1$ 时，基于枢轴量法算得的置信下限 θ_L 可能无解，为了仿真试验的连贯性，要求 $r>1$。

（4）基于样本 (t_i, δ_i)，根据式（3.4），算得参数 θ 的极大似然估计 $\hat{\theta}_{\mathrm{obs}}$。

（5）基于样本 (t_i, δ_i) 和 $\hat{\theta}_{\mathrm{obs}}$，根据式（3.17）确定 $F_{\hat{\theta}}(\hat{\theta}_{\mathrm{obs}}; \theta)$，并继而利用式（3.22）算得置信下限 θ_L^p。

（6）基于样本 (t_i, δ_i) 和 $\hat{\theta}_{\mathrm{obs}}$，根据式（3.34）确定 $H(\hat{\theta}_{\mathrm{obs}}, \theta)$，并继而利用式（3.35）算得置信下限 θ_L^s。

（7）基于样本 (t_i, δ_i)，根据式（3.40）算得置信下限 θ_L^I。

（8）基于样本 (t_i, δ_i)，设定样本量为 $B = 5000$，运行算法 3.1，利用式（3.41）算得置信下限 θ_L^B。

（9）返回（1）并重复步骤（1）～（8）10000 次。

当试验结束后，在表 3.1 中任意一组参数组合下，各收集到 10000 组不等定时截尾有失效样本 (t_i, δ_i) 及置信下限 θ_L^p、θ_L^s、θ_L^I 和 θ_L^B。

3.3.2　试验结果分析

下面将分别对仿真样本和不同的置信下限进行统计和分析。

1. 针对仿真样本的分析

首先分析仿真生成的不等定时截尾有失效样本。在表 3.1 中每组参数组合下，统计 10000 组仿真样本中的平均失效数，再计算平均失效数和样本量的比值，得到相对失效数 r_m，计算公式如式（3.42）所示，计算结果见表 3.2，其中的编号所对应的样本量 n 及截尾方式见表 3.1。

$$r_m = \frac{1}{n} \sum_{i=1}^{10000} \frac{r_i}{10000} \qquad (3.42)$$

表 3.2 指数分布场合仿真试验中不等定时截尾有失效样本的相对失效数

编 号	1	3	5	7
r_m	0.6	0.6	0.56	0.51
编 号	2	4	6	8
r_m	0.7	0.71	0.8	0.86

分析指标 r_m 是为了检验每组参数组合下的失效数情况,继而判断短时截尾和长时截尾的设置是否能够分别代表失效数较少和较多这两种情况,同时消除样本量 n 不同所带来的影响。如表 3.2 所示,在编号 1、3、5、7 所代表的短时截尾方式下,平均失效数与样本量的比值大约为 0.5,而在编号 2、4、6、8 所代表的长时截尾方式下,这一比值超过 0.7。这说明,短时截尾方式的设置可以代表实际应用中失效数较少的情况,长时截尾方式可以代表失效数较多的情况。

2. 针对置信下限的分析

针对置信下限 θ_L 的统计分析,通常采用覆盖率和平均置信下限这两个指标。覆盖是指构造出的置信区间包含了参数真值。特别地,当采用置信下限时,意味着置信下限在数值上小于参数真值。覆盖率正是在仿真试验中经大样本统计出的 10000 组置信下限包含参数真值的概率,计算公式见式(3.43),即

$$c = \frac{1}{10000} \sum_{i=1}^{10000} \boldsymbol{I} \quad (\theta_L^i \leqslant \theta) \tag{3.43}$$

式中:$\boldsymbol{I}(\cdot)$ 为示性函数;θ_L 代表不同的置信下限。通过覆盖率,可以观察与对应的置信水平的吻合情况。平均置信下限是仿真试验中所求得的 10000 组置信下限的平均值,即

$$l = \frac{1}{10000} \sum_{i=1}^{10000} \theta_L^i \tag{3.44}$$

一个理想的构建参数置信下限的方法,首先应保证覆盖率吻合于对应的置信水平,在此基础上,平均置信下限应更大或更接近于参数真值。

在表 3.1 中,每组参数组合下,对仿真试验中得到的 10000 组不同的置信下限 θ_L^p、θ_L^s、θ_L^I 及 θ_L^B,分别利用式(3.43)和式(3.44)计算覆盖率和平均置信下限,相应地得到覆盖率 c_p、c_s、c_I 及 c_B 和平均置信下限 l_p、l_s、l_I 及 l_B 等结果。当 $n = 8$ 和 $n = 10$ 时,θ_L^p、θ_L^s、θ_L^I 及 θ_L^B 的覆盖率和平均置信下限见表 3.3 和表 3.4。当 $n = 20$ 和 $n = 30$ 时,由于 θ_L^p 和 θ_L^s 的求解需要太长时间,只展示了 θ_L^I 及 θ_L^B 的覆盖率和平均置信下限,见表 3.5。表 3.3 至表 3.5 中的编号所对应的样本量 n 及截尾方式见表 3.1。

表 3.3　指数分布场合不等定时截尾有失效数据下 $n=8$ 和 $n=10$ 时的覆盖率 c_p、c_s、c_I 和 c_B

编　号	1	2	3	4
c_p	0.8903	0.884	0.8728	0.8776
c_s	0.9569	0.9657	0.9665	0.9674
c_I	0.8429	0.8401	0.8245	0.8419
c_B	0.8323	0.7988	0.7672	0.7599

表 3.4　指数分布场合不等定时截尾有失效数据下 $n=8$ 和 $n=10$ 时的平均置信下限 l_p、l_s、l_I 和 l_B

编　号	1	2	3	4
l_p	6.4853	6.7568	6.9297	7.0142
l_s	5.16	5.4691	5.4171	5.6421
l_I	7.04	7.2662	7.4578	7.4574
l_B	7.5957	7.8833	8.1263	8.1629

表 3.5　指数分布场合不等定时截尾有失效数据下 $n=20$ 和 $n=30$ 时的覆盖率 c_I 和 c_B 及平均置信下限 l_I 和 l_B

编　号	覆　盖　率		平均置信下限	
	c_I	c_B	l_I	l_B
5	0.8009	0.6993	8.2252	8.8308
6	0.8469	0.8193	7.952	8.185
7	0.7082	0.6223	9.1484	9.5216
8	0.8585	0.8571	8.2398	8.2586

下面从运算耗时、覆盖率和平均置信下限 3 个方面对置信下限的仿真结果进行分析。

1）关于运算耗时

在基于枢轴量和样本空间排序法构建置信下限 $\theta_{\rm L}^{p}$ 及 $\theta_{\rm L}^{s}$ 时，都运用到了全概率公式，这实际上涉及状态的穷举，造成运算耗时随着样本量 n 的增加而剧烈增长，如图 3.1 所示。从图 3.1 中也可以看出，求解 $\theta_{\rm L}^{p}$ 所耗费的时间随着 n 的增加而增长的幅度更远远超过 $\theta_{\rm L}^{s}$。但在基于信息量和 BCa bootstrap 方法构建置信下限时，运算耗时与 n 关系不大。因此，当 $n=20$ 和 $n=30$ 时，在表 3.5

中只展示了 θ_{L}^I 和 θ_{L}^B 的覆盖率和平均置信下限。

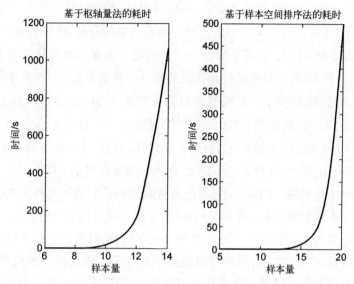

图 3.1　指数分布场合不等定时截尾有失效数据下基于枢轴量和
样本空间排序法构建置信下限时的运算耗时与样本量的关系

2) 关于覆盖率

根据表 3.3 可观察到, c_p 更接近于相应的置信水平 0.9, 而且吻合度最高; c_I 稍小于 c_p, 与置信水平的吻合度不如 c_p; c_s 和 c_B 与置信水平相差较大, 其中 c_s 远大于置信水平, 说明基于样本空间排序法求得的置信下限 θ_{L}^I 偏保守, 而 c_B 远小于置信水平, 说明基于 BCa bootstrap 法求得的置信下限 θ_{L}^B 偏激进。因此, 从覆盖率的角度而言, 在 $n=8$ 和 $n=10$ 时, 应选择置信下限 θ_{L}^I 作为参数 θ 的置信下限。

再观察表 3.5 中样本量 n 比较大时的结果。注意到, 在短时截尾模式下 (编号 5 和 7), 即样本中失效数比较少时, c_I 和 c_B 效果都不理想, 但相比之下, c_I 更好些。而在长时截尾模式下 (编号 6 和 8), 此时样本中失效数比较多, c_I 和 c_B 的差距在减小。总体而言, c_I 比 c_B 更接近置信水平。因此, 从覆盖率的角度而言, 在 $n=20$ 和 $n=30$ 时, 应选择置信下限 θ_{L}^I 作为参数 θ 的置信下限。

在同一个 n 的取值下, 对比短时截尾和长时截尾下的覆盖率发现, 当 $n=8$ 和 $n=10$ 时, 两种截尾方式下的覆盖率变化不大, 而当 $n=20$ 和 $n=30$ 时, 显然长时截尾下的覆盖率优于短时截尾下的覆盖率。

3）关于平均置信下限

从表3.4中可发现,平均置信下限 l_s 最小, l_B 最大,而 l_p 与 l_I 介于二者之间,且 l_I 稍大于 l_p,即有 $l_s<l_p<l_I<l_B$。通过对覆盖率的分析,已知 $c_B<c_I<c_p<c_s$,由此可知正是 $l_s<l_p<l_I<l_B$ 造成了覆盖率之间的这一关系。虽然从数值大小关系来看, l_p 不是最大的,但是也已经很接近参数 θ 的真值10。因此,从平均置信下限的角度,结合覆盖率的结果,应选择置信下限 θ_L^p 作为参数 θ 的置信下限。

从表3.5中可知,显然有 $l_I<l_B$。同时注意到 $c_B<c_I$,这与 $l_I<l_B$ 是吻合的。从平均置信下限的角度,虽然 $l_I<l_B$,但是 l_I 已经比较接近于参数 θ 的真值。因此,结合覆盖率的结果,应选择置信下限 θ_L^I 作为参数 θ 的置信下限。

在同一个样本量 n 的取值下,对比短时截尾和长时截尾两种模式下的同一种平均置信下限发现,当 $n=8$ 和 $n=10$ 时,在覆盖率变化不大的前提下,长时截尾下的平均置信下限更大。当 $n=20$ 和 $n=30$ 时,长时截尾下的平均置信下限稍小于短时截尾下的结果,但同时也提高了覆盖率。若在同一种截尾模式下,对比 n 的不同取值下的同一种平均置信下限可发现,在保证覆盖率的前提下, n 越大,平均置信下限也越大。

3.3.3 试验结论

通过以上对仿真结果的分析,对比书中提出的 4 种构建置信下限的方法及现有研究中的方法,可总结出以下结论。

（1）基于枢轴量求得的置信下限 θ_L^p 对应的覆盖率与相应的置信水平吻合程度最高,而且平均置信下限也非常接近参数真值。此外,在短时和长时两种截尾模式下, θ_L^p 的优良性保持稳定,这也说明了 θ_L^p 的稳健性。但该方法有两个缺点:一是当样本失效数 $r=1$ 时,在某些情况下,求解特定置信水平的置信下限可能无解;二是当样本量 n 比较大时,运算耗费的时间太长。

（2）对于剩余的 3 种置信下限,从覆盖率的角度而言,基于信息量求得的置信下限 θ_L^I 是最接近相应的置信水平的,而且 θ_L^I 的平均下限也比较理想。

（3）在设计截尾试验收集样本时,应尽可能地增大试验中的截止时间及样本量,这样可以保证构建的置信下限的覆盖率。

（4）现有研究中已存在的基于样本空间排序法的置信下限构建方法,在数学形式上比本书基于样本空间排序法所提出的方法更复杂,但本书基于样本空间排序法所构建的置信下限又劣于基于枢轴量和 Fisher 信息量所构建的置信下限。因此,本书所提出的置信下限构建方法优于现有研究。

结合以上试验结论,在采用具体方法解决工程实际问题时,提出以下建议。

（1）当不等定时截尾有失效数据样本量比较少,如 $n<20$,且式(3.22)有解时,可利用基于枢轴量的方法构建参数 θ 的置信下限。

（2）当不等定时截尾有失效数据样本量比较大,如 $n \geqslant 20$ 时,或者虽然 $n<20$,但式(3.22)无解时,可利用基于信息量的方法构建 θ 的置信下限。

（3）在寿命试验中,应尽可能地多投入样品以增大样品量,且设置更长的截止时间,用来提高点估计和置信下限求解结果的精度。

3.4　本章小结

本章在指数分布场合,根据不等定时截尾有失效数据,通过研究平均寿命参数 θ 的点估计及置信下限,探讨了单机的可靠度评估方法,具体开展了以下工作。

（1）基于 θ 的极大似然估计 $\hat{\theta}$,推导出 $\hat{\theta}$ 的分布函数 $F_{\hat{\theta}}(x;\theta)$,并证明了 $F_{\hat{\theta}}(x;\theta)$ 的单调性。据此以 $F_{\hat{\theta}}(x;\theta)$ 为枢轴量,提出了基于枢轴量的构建 θ 的置信下限的方法。结合 $F_{\hat{\theta}}(x;\theta)$ 的值域,分析了置信下限的存在性。

（2）根据样本空间排序法,提出了另一种构建 θ 的置信下限的方法。该方法比现有研究中已存在的方法形式更简单,计算更便捷。

（3）作为对比,根据常用的 Fisher 信息量及 BCa bootstrap 方法,给出了不等定时截尾有失效数据下构建 θ 的置信下限的方法。

（4）通过仿真试验的分析,比较了 4 种置信下限的结果。

研究表明,对于实践中的应用问题,应采用基于枢轴量的方法构建 θ 的置信下限,但当该方法不适用时,可采用基于 Fisher 信息量的方法构建 θ 的置信下限。而这两种方法都优于现有研究,从而提高了可靠度评估结果的精度。

第4章　不等定时截尾有失效数据下其他类型单机的可靠度评估

除了电子产品类型的单机外,卫星平台中还存在其他类型的单机,比如机电产品型单机,并且其中有单机收集到的在轨运行时间数据,即不等定时截尾数据中也包含失效数据。本章的研究就是针对不等定时截尾有失效数据下,其他类型单机的可靠度评估问题。

本章所研究的问题可以描述为:假定共投入 n 个试验单元进行寿命试验,而每个单元的寿命 $T_i \sim f(t;\theta)$,其中 $\theta \in \Theta$ 为分布参数,$i = 1,2,3,\cdots,n$。相应的可靠度为 $R(t;\theta)$。依次为每个单元设定试验截止时间 $\tau_1 < \tau_2 < \tau_3 < \cdots < \tau_n$,在试验结束后,可收集到不等定时截尾样本,记该样本为 (t_i,δ_i),其中 $t_i = \min(T_i,\tau_i)$,δ_i 的定义如式(3.2)所示,$i = 1,2,3,\cdots,n$。进一步记 $\boldsymbol{\delta} = (\delta_1,\delta_2,\delta_3,\cdots,\delta_n)$。

为了便于后续的统计分析,记 $t_i(i = 1,2,3,\cdots,n)$ 升序排列后的样本为 $t_{(1)} \leqslant t_{(2)} \leqslant t_{(3)} \leqslant \cdots \leqslant t_{(n)}$,称下标 i 为样本 $t_{(i)}$ 的秩。相应地,若 $t_{(i)}$ 为失效数据,则对应的 $\delta_{(i)}$ 设为 1,反之令其为 0,如此可以获得排序后的样本 $(t_{(i)},\delta_{(i)})$,其中 $i = 1,2,3,\cdots,n$,并记 $\boldsymbol{\delta}_\circ = (\delta_{(1)},\delta_{(2)},\delta_{(3)},\cdots,\delta_{(n)})$。例如,一组样本量为 6 的不等定时截尾样本 35、41、12、57、23 和 64,其中 41、12 和 57 为失效数据,其余为截尾数据。按照 (t_i,δ_i) 的表示方法,则该样本为 $(35,0)$、$(41,1)$、$(12,1)$、$(57,1)$、$(23,0)$ 和 $(64,0)$。若用 $(t_{(i)},\delta_{(i)})$ 的方法进行表示,则样本为 $(12,1)$、$(23,0)$、$(35,0)$、$(41,1)$、$(57,1)$ 和 $(64,0)$。

本章提出的方法所考虑的数据类型为有失效样本,即依旧限定 $\sum_{i=1}^{n} \delta_i \geqslant 1$。针对电子产品型单机外的其他类型单机,下面将在不等定时截尾有失效数据场合,探讨求解可靠度 $R(t;\theta)$ 的点估计 $\hat{R}(t)$ 和置信下限 $R_L(t)$ 的一般思路,具体如下。

(1) 根据不等定时截尾有失效数据,求得分布参数 θ 的点估计 $\hat{\theta}$。

(2) 将点估计 $\hat{\theta}$ 代入可靠度函数 $R(t;\theta)$ 中,可得可靠度的点估计 $\hat{R}(t)$ 为

$R(t;\hat{\theta})$。

（3）研究可靠度点估计 $\hat{R}(t)$ 的数学性质，明确 $\hat{R}(t)$ 所服从的分布，从该分布中构建 $R(t;\theta)$ 的置信下限 $R_{\mathrm{L}}(t)$。

接下来以机电产品型单机为例，基于威布尔分布这一寿命分布模型，说明上述思路的研究过程，探讨机电产品型单机可靠度的评估方法。

4.1　不等定时截尾有失效数据下机电产品型单机可靠度的点估计

本节讨论机电产品型单机可靠度点估计的研究方法。对于机电产品型单机，其寿命 T 可以用威布尔分布进行建模。假定 T 服从参数为 m 和 η 的威布尔分布，记为 $T \sim WE(m,\eta)$。威布尔分布的概率密度函数如式（2.5）所示，其中 $m>0$ 为形状参数，$\eta>0$ 为尺度参数。相应地，其分布函数为

$$F(t;m,\eta) = 1-\exp\left[-\left(\frac{t}{\eta}\right)^{m}\right] \tag{4.1}$$

可靠度函数则见式（1.2）。由于极大似然估计和最小二乘估计是应用最为普遍的点估计求解方法，故接下来分别利用最小二乘法和极大似然法求解可靠度的点估计。

4.1.1　不等定时截尾有失效数据下基于最小二乘估计的可靠度点估计

对式（4.1）中威布尔分布的分布函数 $F(t)$ 进行两次取对数运算，可得线性形式，即

$$\ln[-\ln(1-F(t))] = m\ln t-m\ln\eta \tag{4.2}$$

令 $y=\ln[-\ln(1-F(t))]$，$x=\ln t$，$a=m$，$b=-m\ln\eta$，可得线性关系式 $y=ax+b$。

在线性回归理论中，若要拟合直线 $y=ax+b$，通常是给出 y 的估计 $\hat{y}$，然后根据点 $(x_i,\hat{y}_i)(i=1,2,3,\cdots,n)$，利用最小二乘法确定参数 a 和 b。当要求拟合误差的平方和 $\sum_{i=1}^{n}(\hat{y}_i-ax_i-b)^2$ 最小时，可得参数 a 和 b 的估计为

$$\begin{cases} \hat{a}^p = \dfrac{n\sum\limits_{i=1}^{n}x_i\hat{y}_i - \sum\limits_{i=1}^{n}\hat{y}_i\sum\limits_{i=1}^{n}x_i}{n\sum\limits_{i=1}^{n}x_i^2 - \left(\sum\limits_{i=1}^{n}x_i\right)^2} \\[4mm] \hat{b}^p = \dfrac{1}{n}\left(\sum\limits_{i=1}^{n}\hat{y}_i - \hat{a}^p\sum\limits_{i=1}^{n}x_i\right) \end{cases} \tag{4.3}$$

若以误差平方和 $\sum\limits_{i=1}^{n}[x_i - (\hat{y}_i - b)/a]^2$ 最小为目标,可得参数 a 和 b 的另一种估计为

$$\begin{cases} \hat{a}^t = \dfrac{n\sum\limits_{i=1}^{n}\hat{y}_i^2 - \left(\sum\limits_{i=1}^{n}\hat{y}_i\right)^2}{n\sum\limits_{i=1}^{n}x_i\hat{y}_i - \sum\limits_{i=1}^{n}\hat{y}\sum\limits_{i=1}^{n}x_i} \\[4mm] \hat{b}^t = \dfrac{1}{n}\left(\sum\limits_{i=1}^{n}\hat{y}_i - \hat{a}^t\sum\limits_{i=1}^{n}x_i\right) \end{cases} \tag{4.4}$$

这是最小二乘估计的两种结果,其中式(4.3)的结果更为普遍。由此可知,若要应用最小二乘法求得 m 和 η 的最小二乘估计,应先给出 $y = \ln[-\ln(1-F(t))]$ 的估计,即样本时间 t 处失效概率 $F(t)$ 的估计。

不等定时截尾有失效样本中既包含失效时间,也包含截尾时间。针对这种情况,采纳 Zhang 等[37]的建议,利用 Herd-Johnson 方法[35]估计失效概率。记样本时间 $t_{(i)}$ 处的失效概率 $F(t_{(i)})$ 的估计为 $\hat{F}_i$。该方法主要基于 $t_{(i)}$ 的秩求解 $\hat{F}_i$。针对排序后的样本 $(t_{(i)}, \delta_{(i)})$,其中 $i = 1,2,3,\cdots,n$,当 $\delta_{(i)} = 1$ 时,得 $\hat{F}_i$ 为

$$\hat{F}_i = 1 - \frac{n-i+1}{n-i+2}(1-\hat{F}_{i-1}) \qquad \hat{F}_0 = 0 \tag{4.5}$$

这里需要强调,若利用 $t_{(i)}$ 的秩估计 $\hat{F}_i$,一般只能得到对应失效时间的 $\hat{F}_i$。根据式(4.5),可依次算得 $\delta_{(i)} = 1$ 时的 $\hat{F}_i$,继而可得 $\hat{y}_i = \ln[-\ln(1-\hat{F}_i)]$。

令 $x_i = \ln t_{(i)}$,根据点 $(x_i, \hat{y}_i)$,若拟合时令 $\sum\limits_{i=1}^{n}\delta_{(i)}(\hat{y}_i - mx_i + m\ln\eta)^2$ 最小,记此时 m 和 η 的最小二乘估计为 $\hat{m}_l^p$ 和 $\hat{\eta}_l^p$。根据式(4.3),可得 $\hat{m}_l^p$ 和 $\hat{\eta}_l^p$ 为

$$
\begin{cases}
\hat{m}_l^p = \dfrac{\left(\sum\limits_{i=1}^{n} \delta_{(i)} \right) \left(\sum\limits_{i=1}^{n} x_i \hat{y}_i \delta_{(i)} \right) - \left(\sum\limits_{i=1}^{n} \hat{y}_i \delta_{(i)} \right) \left(\sum\limits_{i=1}^{n} x_i \delta_{(i)} \right)}{\left(\sum\limits_{i=1}^{n} \delta_{(i)} \right) \left[\sum\limits_{i=1}^{n} (x_i \delta_{(i)})^2 \right] - \left(\sum\limits_{i=1}^{n} x_i \delta_{(i)} \right)^2} \\[4mm]
\hat{\eta}_l^p = \exp\left(\dfrac{\sum\limits_{i=1}^{n} x_i \delta_{(i)}}{\sum\limits_{i=1}^{n} \delta_{(i)}} - \dfrac{\sum\limits_{i=1}^{n} \hat{y}_i \delta_{(i)}}{\hat{m}_l^p \sum\limits_{i=1}^{n} \delta_{(i)}} \right)
\end{cases}
\tag{4.6}
$$

但当以 $\sum\limits_{i=1}^{n} \delta_{(i)} (x_i - \hat{y}_i/m - \ln\eta)^2$ 最小为优化目标时,记此时 m 和 η 的最小二乘估计为 $\hat{m}_l^t$ 和 $\hat{\eta}_l^t$。根据式(4.4),可得 $\hat{m}_l^t$ 和 $\hat{\eta}_l^t$ 为

$$
\begin{cases}
\hat{m}_l^t = \dfrac{\left(\sum\limits_{i=1}^{n} \delta_{(i)} \right) \left[\sum\limits_{i=1}^{n} (\hat{y}_i \delta_{(i)})^2 \right] - \left(\sum\limits_{i=1}^{n} \hat{y}_i \delta_{(i)} \right)^2}{\left(\sum\limits_{i=1}^{n} \delta_{(i)} \right) \left(\sum\limits_{i=1}^{n} x_i \hat{y}_i \delta_{(i)} \right) - \left(\sum\limits_{i=1}^{n} \hat{y}_i \delta_{(i)} \right) \left(\sum\limits_{i=1}^{n} x_i \delta_{(i)} \right)} \\[4mm]
\hat{\eta}_l^t = \exp\left(\dfrac{\sum\limits_{i=1}^{n} x_i \delta_{(i)}}{\sum\limits_{i=1}^{n} \delta_{(i)}} - \dfrac{\sum\limits_{i=1}^{n} \hat{y}_i \delta_{(i)}}{\hat{m}_l^t \sum\limits_{i=1}^{n} \delta_{(i)}} \right)
\end{cases}
\tag{4.7}
$$

注意到,当 $\delta_{(i)} = 0$ 时,无法估计得到 $\hat{F}_i$,因此也就没有 $\hat{y}_i$。故在式(4.6)和式(4.7)中,都含有 $\delta_{(i)}$ 项。

关于 m 和 η 的两种最小二乘估计方式,目前文献中普遍运用的形式是式(4.6),但 Zhang 等[37]在完全样本和截尾样本下总结并对比了两种最小二乘估计结果后,发现这两种结果各有优劣。因此,在不等定时截尾有失效数据下,本书在式(4.6)和式(4.7)中提出 m 和 η 的两种最小二乘估计结果,继而产生 $R(t)$ 的两种点估计,并会在仿真试验中对其进行比较。另外需要强调的是,无论是式(4.6)还是式(4.7)中的何种最小二乘估计,都要求 $\sum\limits_{i=1}^{n} \delta_i \geqslant 2$,即不等定时截尾样本中至少包含两个失效数据。

根据 m 和 η 的最小二乘估计,可得 $R(t)$ 的点估计。记基于最小二乘估计 $\hat{m}_l^p$ 和 $\hat{\eta}_l^p$ 所得的点估计为 $\hat{R}_l^p(t)$,即

$$\hat{R}_l^p(t) = R(t; \hat{m}_l^p, \hat{\eta}_l^p) = \exp\left[-\left(\frac{t}{\hat{\eta}_l^p}\right)^{\hat{m}_l^p}\right] \tag{4.8}$$

记基于最小二乘估计$\hat{m}_l^t$和$\hat{\eta}_l^t$所得的点估计为$\hat{R}_l^t(t)$，即

$$\hat{R}_l^t(t) = R(t; \hat{m}_l^t, \hat{\eta}_l^t) = \exp\left[-\left(\frac{t}{\hat{\eta}_l^t}\right)^{\hat{m}_l^t}\right] \tag{4.9}$$

4.1.2 不等定时截尾有失效数据下基于极大似然估计的可靠度点估计

得到极大似然估计的前提是给出样本的似然函数。不等定时截尾有失效样本$(t_i, \delta_i)(i=1,2,3,\cdots,n)$的似然函数为

$$L(t, \delta \mid m, \eta) = \prod_{i=1}^{n} \left[f(t_i; m, \eta)\right]^{\delta_i}\left[R(t_i; m, \eta)\right]^{1-\delta_i} \tag{4.10}$$

其中$f(t)$和$R(t)$的定义如式(2.5)和式(1.2)所示。进一步可得对数似然函数为

$$\ln L(t, \sigma; m, \eta) = \sum_{i=1}^{n} \delta_i \ln m + (m-1)\sum_{i=1}^{n} \delta_i \ln t_i - m\sum_{i=1}^{n} \delta_i \ln \eta - \sum_{i=1}^{n}\left(\frac{t_i}{\eta}\right)^m$$
$$\tag{4.11}$$

当参数m和η的取值令$\ln L(t, \sigma; m, \eta)$最大时，就得到了参数$m$和$\eta$的极大似然估计。为了求$\ln L(t, \sigma; m, \eta)$的最大值，首先求其关于$m$和$\eta$的偏导数，并令偏导数为0，即

$$\frac{\partial \ln L(t, \sigma; m, \eta)}{\partial m} = \frac{\sum_{i=1}^{n} \delta_i}{m} + \sum_{i=1}^{n} \delta_i \ln t_i - \sum_{i=1}^{n} \delta_i \ln \eta - \sum_{i=1}^{n}\left(\frac{t_i}{\eta}\right)^m \ln \frac{t_i}{\eta} = 0$$

$$\frac{\partial \ln L(t, \sigma; m, \eta)}{\partial \eta} = \frac{m}{\eta}\sum_{i=1}^{n} \delta_i + \frac{m}{\eta}\sum_{i=1}^{n}\left(\frac{t_i}{\eta}\right)^m = 0$$

记分布参数m和η的极大似然估计分别为$\hat{m}_m$和$\hat{\eta}_m$。通过化简运算之后，可得$\hat{m}_m$是函数

$$g(m) = \frac{1}{m} - \frac{\sum_{i=1}^{n} t_i^m \ln t_i}{\sum_{i=1}^{n} t_i^m} + \frac{\sum_{i=1}^{n} \delta_i \ln t_i}{\sum_{i=1}^{n} \delta_i} \tag{4.12}$$

的零点，而$\hat{\eta}_m$则为

$$\hat{\eta}_m = \left(\frac{\sum\limits_{i=1}^{n} t_i^{\hat{m}_m}}{\sum\limits_{i=1}^{n} \delta_i} \right)^{\frac{1}{\hat{m}_m}} \tag{4.13}$$

基于极大似然估计 $\hat{m}_m$ 和 $\hat{\eta}_m$ 可得可靠度 $R(t)$ 的点估计,记其为 $\hat{R}_m(t)$。可得 $\hat{R}_m(t)$ 为

$$\hat{R}_m(t) = R(t; \hat{m}_m, \hat{\eta}_m) = \exp\left[-\left(\frac{t}{\hat{\eta}_m} \right)^{\hat{m}_m} \right] \tag{4.14}$$

由此可知,获得 $\hat{R}_m(t)$ 的关键在于极大似然估计 $\hat{m}_m$ 的求解,这是因为当得到 $\hat{m}_m$ 后,就可根据式(4.13)和式(4.14)求得 $\hat{R}_m(t)$。下面讨论 $\hat{m}_m$ 的存在性及求解方法。

1. 极大似然估计的存在性

根据式(4.12)很难获得 $\hat{m}_m$ 的解析表达式。于是求解 $\hat{m}_m$ 的问题就转化为如何求方程 $g(m) = 0$ 的根。为了探讨如何求得 $g(m) = 0$ 的根及根的存在性,首先分析函数 $g(m)$ 的数学性质。

1) 函数 $g(m)$ 的单调性

求得函数 $g(m)$ 的一阶导数为

$$g'(m) = -\frac{1}{m^2} - \frac{\left[\sum\limits_{i=1}^{n} t_i^m (\ln t_i)^2 \right] \left(\sum\limits_{i=1}^{n} t_i^m \right) - \left(\sum\limits_{i=1}^{n} t_i^m \ln t_i \right)^2}{\left(\sum\limits_{i=1}^{n} t_i^m \right)^2} \tag{4.15}$$

根据柯西不等式 $\left(\sum\limits_{i=1}^{n} a_i^2 \right) \left(\sum\limits_{i=1}^{n} b_i^2 \right) \geqslant \left(\sum\limits_{i=1}^{n} a_i b_i \right)^2$,若令 $a_i = \sqrt{t_i^m} \ln t_i$,$b_i = \sqrt{t_i^m}$,其中 $i = 1, 2, 3, \cdots, n$,可得

$$\left[\sum\limits_{i=1}^{n} t_i^m (\ln t_i)^2 \right] \left(\sum\limits_{i=1}^{n} t_i^m \right) \geqslant \left(\sum\limits_{i=1}^{n} t_i^m \ln t_i \right)^2$$

于是有 $g'(m) < 0$,可知函数 $g(m)$ 是关于 m 的严格单调减函数。

2) 函数 $g(m)$ 的值域

已得函数 $g(m)$ 是关于 m 的严格单调减函数,则确定 $g(m)$ 的值域就等同于求解当 $m \to 0^+$ 和 $m \to +\infty$ 时,函数 $g(m)$ 的极限。显然,当 $m \to 0^+$ 时,有 $\lim\limits_{m \to 0^+} g(m) = +\infty$。

而当 $m \to +\infty$ 时,可得

$$
\lim_{m \to +\infty} g(m) = \lim_{m \to +\infty} \left[\frac{1}{m} - \frac{\sum\limits_{i=1}^{n} \left(\dfrac{t_i}{t_{(n)}} \right)^m \ln t_i}{\sum\limits_{i=1}^{n} \left(\dfrac{t_i}{t_{(n)}} \right)^m} \right] + \frac{\sum\limits_{i=1}^{n} \delta_i \ln t_i}{\sum\limits_{i=1}^{n} \delta_i}
$$

(4.16)

$$
= \frac{\sum\limits_{i=1}^{n} \delta_i \ln t_i}{\sum\limits_{i=1}^{n} \delta_i} - \ln t_{(n)}
$$

其中由于 $t_{(1)} \leqslant t_{(2)} \leqslant t_{(3)} \leqslant \cdots \leqslant t_{(n)}$,可知 $t_{(n)} = \max(t_1, t_2, t_3, \cdots, t_n)$。

当 $\sum\limits_{i=1}^{n} \delta_i \geqslant 2$ 时,显而易见,必有

$$
\lim_{m \to +\infty} g(m) = \frac{\sum\limits_{i=1}^{n} \delta_i \ln t_i}{\sum\limits_{i=1}^{n} \delta_i} - \ln t_{(n)} < 0
$$

当 $\sum\limits_{i=1}^{n} \delta_i = 1$,即样本中只有一个失效数据时,则有 $\sum\limits_{i=1}^{n} \delta_i \ln t_i - \ln t_{(n)} \leqslant 0$,其

中等号成立的前提是样本中唯一的失效数据恰好为样本中的最大值,即 $\sum\limits_{i=1}^{n} \delta_i = 1$,且 $\delta_{(n)} = 1$。综合有 $\lim\limits_{m \to +\infty} g(m) \leqslant 0$。

根据函数 $g(m)$ 的单调性和值域分析可知,当 $\lim\limits_{m \to +\infty} g(m) < 0$ 时,方程 $g(m) = 0$ 的根,即极大似然估计 $\hat{m}_m$ 必然存在,且唯一。但当 $\lim\limits_{m \to +\infty} g(m) = 0$ 时,此时方程 $g(m) = 0$ 无解,即 $\sum\limits_{i=1}^{n} \delta_i = 1$ 且 $\delta_{(n)} = 1$ 时,此时 $\hat{m}_m$ 不存在[230]。

关于极大似然估计 $\hat{m}_m$ 的存在性,也可以利用轮廓似然函数进行说明。将式(4.13)中的 $\hat{\eta}_m$ 代入对数似然函数式(4.11)中,消去 η 并得到关于单参数 m 的对数轮廓似然函数为

$$
\ln L(t, \delta; m) = (m-1) \sum_{i=1}^{n} \delta_i \ln t_i + \left(\sum_{i=1}^{n} \delta_i \right)
$$

(4.17)

$$
\left[\ln m + \ln \left(\sum_{i=1}^{n} \delta_i \right) - 1 - \ln \left(\sum_{i=1}^{n} t_i^m \right) \right]
$$

化简 $\ln L(t, \delta; m)$ 关于 m 的一阶导数也可以得到式(4.12)中的 $g(m)$。而 $\hat{m}_m$ 事

实上就是令 $\ln L(t,\delta;m)$ 取值最大的点。当 $\hat{m}$ 不存在时,说明此时 $\ln L(t,\delta;m)$ 没有最大值。

2. 极大似然估计的求解

可利用牛顿迭代法或者二分法求解函数 $g(m)$ 的零点 $\hat{m}_m$,本书选择牛顿迭代法求解方程 $g(m)=0$ 的根。根据牛顿迭代法,接下来还需要提供一个迭代的初值。根据 Menon[231] 的建议,此处取

$$m_0 = \frac{\pi}{\sqrt{6}}\left[\frac{\sum_{i=1}^{n}(\ln t_i - \overline{\ln t})^2}{n-1}\right]^{\frac{1}{2}} \tag{4.18}$$

为迭代的初值,其中 $\overline{\ln t} = \sum_{i=1}^{n}\ln t_i / n$,这是由于 Menon 指出式(4.18)是 m 在完全样本下的近似无偏估计。综合以上分析,提出 $\hat{m}_m$ 的求解算法。

算法 4.1

给定不等定时截尾有失效样本为 $(t_i,\delta_i)(i=1,2,3,\cdots,n)$,误差上限 ε 及迭代最大步数 ϕ,求 m 的极大似然估计,步骤如下。

步骤 1:根据式(4.16)计算 $\lim_{m\to+\infty}g(m)$,即函数 $g(m)$ 的最小值。

步骤 2:根据式(4.18)计算初值 m_0,并进一步根据式(4.12)计算 $g(m_0)$ 。若可得 $g(m_0)>0$,则继续下一步;反之则重新赋初值 m_0,并要求其小于式(4.18)中的数值,以保证 $g(m_0)>0$ 。

步骤 3:根据

$$m_{j+1}=h(m_j)=m_j-\frac{g(m_j)}{g'(m_j)}$$

进行迭代计算,其中 $g(m_j)$ 见式(4.12),$g'(m_j)$ 见式(4.15)。

步骤 4:若 $\lim_{m\to+\infty}g(m)<0$,则当 $|m_{j+1}-m_j|\leqslant\varepsilon$ 时终止迭代;反之,若 $\lim_{m\to+\infty}g(m)=0$,则当 $j=\phi$ 时终止迭代。

最终得到参数 m 的极大似然估计为 $\hat{m}_m=m_j$ 。

这里需要对算法 4.1 说明如下。

(1) 为了保证通过牛顿迭代求得 $\hat{m}_m$,必须要使初值 m_0 满足 $g(m_0)>0$,但式(4.18)中的初值 m_0 在某些具体数据下可能无法满足这一条件,因此需要在步骤 2 中进行判断。

(2) 当 $\lim_{m\to+\infty}g(m)<0$ 时,由于函数 $g(m)$ 的零点必然存在且唯一,根据牛顿迭代法一定可以算得函数 $g(m)$ 的零点,故根据误差上限 ε 设定迭代终止条件。

而当 $\lim\limits_{m\to+\infty} g(m)=0$ 时,由于零点不存在,为了保证算法 4.1 的完整性,则根据迭代最大步数 ϕ 设定迭代终止条件,即当迭代步数达到设定值后就终止迭代,将获得的结果近似为零点。

(3) 若选择二分法,则需要给出 $\hat{m}_m$ 的取值区间,并将区间的左右端点设为二分法的初值。当 $\lim\limits_{m\to+\infty} g(m)<0$ 时,只需将 $\hat{m}_m$ 的取值区间确定得足够大即可。但是若 $\lim\limits_{m\to+\infty} g(m)=0$,此时 $\hat{m}_m$ 实际上是不存在的,因此无法定义 $\hat{m}_m$ 的取值区间,也就不便于二分法的应用。基于这种考虑,本书选择牛顿迭代法,而不是二分法来设计算法 4.1。

3. 极大似然估计的解析表达式

以上探讨了极大似然估计的存在性及计算方法,但并不能给出极大似然估计 $\hat{m}_m$ 和 $\hat{\eta}_m$ 的解析表达式。下面将解决这个问题。

当随机变量 $T \sim WE(m,\eta)$ 时,若令 $X=\ln T$,$\sigma=1/m$ 及 $\mu=\ln\eta$,则随机变量 X 服从位置参数为 μ 和尺度参数为 σ 的极值分布,而极值分布的概率密度函数为

$$f(x;\mu,\sigma) = \frac{1}{\sigma}\exp\left[\frac{x-\mu}{\sigma}-\exp\left(\frac{x-\mu}{\sigma}\right)\right] \qquad (4.19)$$

基于原始的不等定时截尾有失效样本 $(t_{(i)},\delta_{(i)})$,其中 $i=1,2,3,\cdots,n$,进一步令 $x_i=\ln t_{(i)}$,$z_i=(x_i-\mu)/\sigma$,在式(4.19)中的概率密度函数下,可将式(4.10)中的似然函数改写为

$$L(x,\delta;\mu,\sigma) = \prod_{i=1}^{n}\left[\frac{1}{\sigma}\exp(z_i-\mathrm{e}^{z_i})\right]^{\delta_{(i)}}\left[\exp(-\mathrm{e}^{z_i})\right]^{1-\delta_{(i)}} \qquad (4.20)$$

需要说明的是,这里之所以采用次序统计量 $(t_{(i)},\delta_{(i)})$,只是为了借用样本 $t_{(i)}$ 的秩在后续运算中计算一个关键参数,因此式(4.20)中的似然函数没有利用次序统计量的分布。

如果利用式(4.20)中的似然函数 $L(x,\delta;\mu,\sigma)$ 求得分布参数 μ 和 σ 的极大似然估计,并给出相应的解析表达式,就可给出分布参数 m 和 η 的解析表达式。为此,对 $L(x,\delta;\mu,\sigma)$ 取对数得对数似然函数 $\ln L(x,\delta;\mu,\sigma)$,并令 $\ln L(x,\delta;\mu,\sigma)$ 关于 μ 和 σ 的一阶偏导数为 0,即

$$\begin{cases} \dfrac{\partial \ln L(x,\delta;\mu,\sigma)}{\partial \mu} = \displaystyle\sum_{i=1}^{n}\delta_{(i)} - \sum_{i=1}^{n}\exp(z_i) = 0 \\[4mm] \dfrac{\partial \ln L(x,\delta;\mu,\sigma)}{\partial \sigma} = \displaystyle\sum_{i=1}^{n}\delta_{(i)} + \sum_{i=1}^{n}z_i\delta_{(i)} - \sum_{i=1}^{n}z_i\exp(z_i) = 0 \end{cases} \qquad (4.21)$$

根据式(4.21),仍不能直接得到 μ 和 σ 的极大似然估计的解析式。为此,

考虑对式(4.21)中的指数项 $\exp(z_i)$ 进行泰勒级数展开,从而可将指数项转化为多项式,达到化简式(4.21)的目的。函数 $\exp(z)$ 在 $z=u$ 处的一阶泰勒多项式为

$$\exp(z) \approx \exp(u) + \exp(u)(z-u) \qquad (4.22)$$

接下来需要针对每个 $\exp(z_i)$ 项,其中 $i=1,2,3,\cdots,n$,确定 u_i。

关于 u_i 的选择,考虑到根据式(4.19)可得 $F(z)=1-\exp(-e^z)$,故利用 z_i 处的失效概率估计值来确定 u_i,而 z_i 处的失效概率估计值就等同于 $t_{(i)}$ 处的失效概率估计值 $\hat{F}_i$。当 $\delta_{(i)}=1$ 时,可利用式(4.5)确定 $\hat{F}_i$,继而可得

$$u_i = \ln\left[-\ln(1-\hat{F}_i)\right] \qquad (4.23)$$

而当 $\delta_{(i)}=0$ 时,由于无法确定 $\hat{F}_i$,于是无法按照式(4.23)确定 u_i。为此,取经过式(4.23)计算后的最大值,即

$$u_{\max} = \max_{\delta_{(i)}=1} u_i \qquad (4.24)$$

作为 u_i。通过式(4.23)和式(4.24),针对 $z_i(i=1,2,3,\cdots,n)$,即可逐个确定 u_i。随后,根据式(4.22),就有

$$\exp(z_i) \approx \alpha_i - \beta_i z_i \quad i=1,2,3,\cdots,n \qquad (4.25)$$

其中

$$\alpha_i = \exp(u_i) - u_i\exp(u_i), \quad \beta_i = -\exp(u_i)$$

将式(4.25)代入式(4.21)中,通过化简进一步可得

$$\sigma \sum_{i=1}^{n}(\delta_i - \alpha_i) - \mu \sum_{i=1}^{n}\beta_i + \sum_{i=1}^{n}\beta_i x_i = 0 \qquad (4.26)$$

$$A\sigma^2 + B\sigma + C = 0 \qquad (4.27)$$

其中

$$A = \left(\sum_{i=1}^{n}\delta_{(i)}\right)\left(\sum_{i=1}^{n}\beta_i\right)$$

$$B = \left(\sum_{i=1}^{n}x_i\delta_{(i)}\right)\left(\sum_{i=1}^{n}\beta_i\right) - \left(\sum_{i=1}^{n}x_i\alpha_i\right)\left(\sum_{i=1}^{n}\beta_i\right)$$

$$- \left(\sum_{i=1}^{n}\delta_{(i)}\right)\left(\sum_{i=1}^{n}\beta_i x_i\right) + \left(\sum_{i=1}^{n}\alpha_i\right)\left(\sum_{i=1}^{n}\beta_i x_i\right)$$

$$C = \left(\sum_{i=1}^{n}\beta_i\right)\left(\sum_{i=1}^{n}\beta_i x_i^2\right) - \left(\sum_{i=1}^{n}\beta_i x_i\right)^2$$

根据式(4.27)可求得参数 σ 的极大似然估计。由于 $\beta_i < 0$,故 $A < 0$。此外,

利用柯西不等式可知 $C>0$，因而基于式（4.27）算得的 σ 的两个根必一正一负，取其中的正数作为参数 σ 的极大似然估计。记 σ 的极大似然估计为 $\hat{\sigma}$，可得 $\hat{\sigma}$ 为

$$\hat{\sigma} = \max\left(\frac{-B+\sqrt{B^2-4AC}}{2A}, \frac{-B-\sqrt{B^2-4AC}}{2A}\right) \tag{4.28}$$

记 μ 的极大似然估计为 $\hat{\mu}$，将式（4.28）代入式（4.26）中，即得 $\hat{\mu}$ 为

$$\hat{\mu} = \frac{\hat{\sigma}\sum_{i=1}^{n}(\delta_{(i)} - \alpha_i)}{\sum_{i=1}^{n}\beta_i} + \frac{\sum_{i=1}^{n}\beta_i x_i}{\sum_{i=1}^{n}\beta_i} \tag{4.29}$$

关于式（4.28）和式（4.29）中的 $\hat{\sigma}$ 和 $\hat{\mu}$，都给出了解析表达式。记分布参数 m 和 η 带有解析表达式的极大似然估计为 $\hat{m}_m^a$ 和 $\hat{\eta}_m^a$。根据 $\sigma=1/m$ 及 $\mu=\ln\eta$，可得 $\hat{m}_m^a$ 和 $\hat{\eta}_m^a$ 为

$$\begin{cases} \hat{m}_m^a = \dfrac{1}{\hat{\sigma}} \\[2ex] \hat{\eta}_m^a = \exp(\hat{\mu}) \end{cases} \tag{4.30}$$

虽然式（4.30）给出了极大似然估计的解析式，但在求解过程中用到了一阶泰勒多项式，因此称式（4.30）中的 $\hat{m}_m^a$ 和 $\hat{\eta}_m^a$ 为近似极大似然估计[232]。

通过以上分析可知，当 $\sum_{i=1}^{n}\delta_i = 1$ 且 $\delta_{(n)} = 1$ 时，极大似然估计 $\hat{m}_m$ 和 $\hat{\eta}_m$ 不存在。在这种情况下，根据式（4.23）和式（4.24）确定 u_i 后，虽然对 $n-1$ 个截尾时间而言，u_i 都是相同的，但相应的 z_i 仍是不同的。因此，近似极大似然估计 $\hat{m}_m^a$ 和 $\hat{\eta}_m^a$ 仍存在。换言之，近似极大似然估计的提出，不仅解决了极大似然估计不能给出解析表达式的弊端，而且保证了存在性。

基于近似极大似然估计 $\hat{m}_m^a$ 和 $\hat{\eta}_m^a$ 也可得可靠度 $R(t)$ 的点估计，记其为 $\hat{R}_m^a(t)$。可得 $\hat{R}_m^a(t)$ 为

$$\hat{R}_m^a(t) = R(t; \hat{m}_m^a; \hat{\eta}_m^a) = \exp\left[-\left(\frac{t}{\hat{\eta}_m^a}\right)^{\hat{m}_m^a}\right] \tag{4.31}$$

4.2　不等定时截尾有失效数据下机电产品型单机可靠度的置信下限

本节讨论机电产品型单机可靠度置信下限的研究方法。式（1.2）中威布尔

分布的可靠度函数表明,求解可靠度 $R(t;m,\eta)$ 的点估计与分布参数 m 和 η 的点估计是等价的,但二者的置信区间并不相同。因此,通过求解 m 和 η 的点估计即可得到 $R(t;m,\eta)$ 的点估计,但求得 m 和 η 的置信区间,并不能直接得到 $R(t;m,\eta)$ 的置信区间。为此本节按照 4.1 节中提出的一般思路,分别利用枢轴量、Fisher 信息矩阵及 BCa bootstrap 这 3 种方法,构建可靠度 $R(t)$ 的置信下限 $R_L(t)$。

4.2.1　不等定时截尾有失效数据下基于枢轴量的可靠度置信下限

根据 m 和 η 的极大似然估计 $\hat{m}_m$ 和 $\hat{\eta}_m$,可给出 m 和 η 的枢轴量,进一步可建立 m 和 η 的置信区间及 $R(t)$ 的置信下限,这种思路在完全样本[46]和定数截尾样本[50]下都是成立的,却不适用于定时截尾样本[50]。但根据这种思路,在定时截尾样本下,发现可以利用最小二乘估计提出相应的枢轴量。

1. 枢轴量的建立

对于原始的不等定时截尾样本 $(t_{(i)},\delta_{(i)})$,其中 $i=1,2,3,\cdots,n$,$\boldsymbol{\delta}_o=(\delta_{(1)},\delta_{(2)},\delta_{(3)},\cdots,\delta_{(n)})$,认为其来自于威布尔分布 $WE(m,\eta)$。根据式(4.6)和式(4.7)可分别得到 m 和 η 的两种最小二乘估计 $\hat{m}_l^p$ 和 $\hat{\eta}_l^p$ 及 $\hat{m}_l^t$ 和 $\hat{\eta}_l^t$。另外,设来自于威布尔分布 $WE(1,1)$ 的不等定时截尾样本 $(t_{(i)}^1,\delta_{(i)}^1)$,其中 $i=1,2,3,\cdots,n$,$\boldsymbol{\delta}_o^1=(\delta_{(1)}^1,\delta_{(2)}^1,\delta_{(3)}^1,\cdots,\delta_{(n)}^1)$。类似地,记样本时间 $t_{(i)}^1$ 处的失效概率 $F(t_{(i)}^1)$ 的估计为 $\hat{F}_i^1$,并令 $x_i^1=\ln t_{(i)}^1$,$\hat{y}_i^1=\ln[-\ln(1-\hat{F}_i^1)]$,根据式(4.6),可得 $m=1$ 和 $\eta=1$ 的最小二乘估计 $\hat{m}_l^{p1}$ 和 $\hat{\eta}_l^{p1}$ 为

$$\begin{cases} \hat{m}_l^{p1} = \dfrac{\left(\sum\limits_{i=1}^{n}\delta_{(i)}^1\right)\left(\sum\limits_{i=1}^{n}x_i^1\hat{y}_i^1\delta_{(i)}^1\right) - \left(\sum\limits_{i=1}^{n}\hat{y}_i^1\delta_{(i)}^1\right)\left(\sum\limits_{i=1}^{n}x_i^1\delta_{(i)}^1\right)}{\left(\sum\limits_{i=1}^{n}\delta_{(i)}^1\right)\left[\sum\limits_{i=1}^{n}(x_i^1\delta_{(i)}^1)^2\right] - \left(\sum\limits_{i=1}^{n}x_i^1\delta_{(i)}^1\right)^2} \\[3em] \hat{\eta}_l^{p1} = \exp\left(\dfrac{\sum\limits_{i=1}^{n}x_i^1\delta_{(i)}^1}{\sum\limits_{i=1}^{n}\delta_{(i)}^1} - \dfrac{\sum\limits_{i=1}^{n}\hat{y}_i^1\delta_{(i)}^1}{\hat{m}_l^{p1}\sum\limits_{i=1}^{n}\delta_{(i)}^1}\right) \end{cases} \tag{4.32}$$

根据式(4.7),可得 $m=1$ 和 $\eta=1$ 的另一种最小二乘估计 $\hat{m}_l^{t1}$ 和 $\hat{\eta}_l^{t1}$ 为

$$\begin{cases} \hat{m}_l^{t1} = \dfrac{\left(\sum\limits_{i=1}^{n}\delta_{(i)}^1\right)\left[\sum\limits_{i=1}^{n}\left(\hat{y}_i^1\delta_{(i)}^1\right)^2\right] - \left(\sum\limits_{i=1}^{n}\hat{y}_i^1\delta_{(i)}^1\right)^2}{\left(\sum\limits_{i=1}^{n}\delta_{(i)}^1\right)\left(\sum\limits_{i=1}^{n}x_i^1\hat{y}_i^1\delta_{(i)}^1\right) - \left(\sum\limits_{i=1}^{n}\hat{y}_i^1\delta_{(i)}^1\right)\left(\sum\limits_{i=1}^{n}x_i^1\delta_{(i)}^1\right)} \\[4mm] \hat{\eta}_l^{t1} = \exp\left(\dfrac{\sum\limits_{i=1}^{n}x_i^1\delta_{(i)}^1}{\sum\limits_{i=1}^{n}\delta_{(i)}^1} - \dfrac{\sum\limits_{i=1}^{n}\hat{y}_i^1\delta_{(i)}^1}{\hat{m}_l^{t1}\sum\limits_{i=1}^{n}\delta_{(i)}^1}\right) \end{cases} \tag{4.33}$$

在提出 m 和 η 的枢轴量前先给出定理 4.1。

定理 4.1 在分别来自威布尔分布 $WE(m,\eta)$ 和 $WE(1,1)$ 的不等定时截尾有失效样本 $(t_{(i)},\delta_{(i)})$ 和 $(t_{(i)}^1,\delta_{(i)}^1)$ 下，其中 $i=1,2,3,\cdots,n$，令 $\hat{y}_i=\ln\left[-\ln(1-\hat{F}_i)\right]$，$x_i=\ln t_{(i)}$，$\hat{y}_i^1=\ln\left[-\ln(1-\hat{F}_i^1)\right]$，$x_i^1=\ln t_{(i)}^1$。当 $\delta_o=\delta_o^1$，且 $\sum\limits_{i=1}^{n}\delta_{(i)}\geqslant 2$ 或 $\sum\limits_{i=1}^{n}\delta_{(i)}^1\geqslant 2$ 时，则有

$$\hat{m}_l^p = m\,\hat{m}_l^{p1}, \quad \hat{m}_l^p\ln\frac{\hat{\eta}_l^p}{\eta} = \hat{m}_l^{p1}\ln\hat{\eta}_l^{p1} \tag{4.34}$$

和

$$\hat{m}_l^t = m\,\hat{m}_l^{t1}, \quad \hat{m}_l^t\ln\frac{\hat{\eta}_l^t}{\eta} = \hat{m}_l^{t1}\ln\hat{\eta}_l^{t1} \tag{4.35}$$

其中 $\hat{m}_l^p$ 和 $\hat{\eta}_l^p$ 见式 (4.6)，$\hat{m}_l^{p1}$ 和 $\hat{\eta}_l^{p1}$ 见式 (4.32)，$\hat{m}_l^t$ 和 $\hat{\eta}_l^t$ 见式 (4.7)，$\hat{m}_l^{t1}$ 和 $\hat{\eta}_l^{t1}$ 见式 (4.33)。

下面给出定理 4.1 的证明。

证明： 若 $\delta_o=\delta_o^1$，则根据式 (4.5) 可知，当 $\delta_{(i)}=\delta_{(i)}^1=1$ 时，可得 $\hat{F}_i=\hat{F}_i^1$，进一步有 $\hat{y}_i=\hat{y}_i^1$。当 $\delta_{(i)}=1$ 时，已知 $t_{(i)}\sim WE(m,\eta)$，而当 $\delta_{(i)}^1=1$ 时，则有 $t_{(i)}^1\sim WE(1,1)$。根据 $WE(m,\eta)$ 和 $WE(1,1)$ 的关系可知，存在 $t_{(i)}=\eta(t_{(i)}^1)^{\frac{1}{m}}$，进一步可得 $x_i=\ln\eta+\dfrac{x_i^1}{m}$。当 $\sum\limits_{i=1}^{n}\delta_{(i)}\geqslant 2$ 或 $\sum\limits_{i=1}^{n}\delta_{(i)}^1\geqslant 2$ 时，可保证 $\hat{m}_l^p$、$\hat{\eta}_l^p$、$\hat{m}_l^{p1}$、$\hat{\eta}_l^{p1}$、$\hat{m}_l^t$、$\hat{\eta}_l^t$、$\hat{m}_l^{t1}$ 和 $\hat{\eta}_l^{t1}$ 都存在。

将 $x_i=\ln\eta+\dfrac{x_i^1}{m}$ 及 $\hat{y}_i=\hat{y}_i^1$ 代入式 (4.6) 可得

$$\hat{m}_l^p = \frac{\left(\sum\limits_{i=1}^{n}\delta_{(i)}^1\right)\left[\sum\limits_{i=1}^{n}\hat{y}_i^1\delta_{(i)}^1\left(\ln\eta + \dfrac{x_i^1}{m}\right)\right] - \left(\sum\limits_{i=1}^{n}\hat{y}_i^1\delta_{(i)}^1\right)\left[\sum\limits_{i=1}^{n}\delta_{(i)}^1\left(\ln\eta + \dfrac{x_i^1}{m}\right)\right]}{\left(\sum\limits_{i=1}^{n}\delta_{(i)}^1\right)\left\{\sum\limits_{i=1}^{n}\left[\delta_{(i)}^1\left(\ln\eta + \dfrac{x_i^1}{m}\right)\right]^2\right\} - \left[\sum\limits_{i=1}^{n}\delta_{(i)}^1\left(\ln\eta + \dfrac{x_i^1}{m}\right)\right]^2}$$

$$\ln\hat{\eta}_l^p = \frac{\sum\limits_{i=1}^{n}\delta_{(i)}^1\left(\ln\eta + \dfrac{x_i^1}{m}\right)}{\sum\limits_{i=1}^{n}\delta_{(i)}^1} - \frac{\sum\limits_{i=1}^{n}\hat{y}_i^1\delta_{(i)}^1}{\hat{m}_l^p\sum\limits_{i=1}^{n}\delta_{(i)}^1}$$

化简后得

$$\hat{m}_l^p = \frac{\dfrac{1}{m}\left(\sum\limits_{i=1}^{n}\delta_{(i)}^1\right)\left(\sum\limits_{i=1}^{n}\hat{y}_i^1 x_i^1\delta_{(i)}^1\right) - \dfrac{1}{m}\left(\sum\limits_{i=1}^{n}\hat{y}_i^1\delta_{(i)}^1\right)\left(\sum\limits_{i=1}^{n}\delta_{(i)}^1 x_i^1\right)}{\dfrac{1}{m^2}\left(\sum\limits_{i=1}^{n}\delta_{(i)}^1\right)\left[\sum\limits_{i=1}^{n}(\delta_{(i)}^1 x_i^1)^2\right] - \dfrac{1}{m^2}\left(\sum\limits_{i=1}^{n}\delta_{(i)}^1 x_i^1\right)^2}$$

$$\ln\hat{\eta}_l^p = \ln\eta + \frac{\sum\limits_{i=1}^{n}\delta_{(i)}^1 x_i^1}{m\sum\limits_{i=1}^{n}\delta_{(i)}^1} - \frac{\sum\limits_{i=1}^{n}\hat{y}_i^1\delta_{(i)}^1}{\hat{m}_l^p\sum\limits_{i=1}^{n}\delta_{(i)}^1}$$

根据式(4.32),可得 $\hat{m}_l^p = m \cdot \hat{m}_1^{p1}$,进一步可得

$$\ln\hat{\eta}_l^p = \ln\eta + \frac{\sum\limits_{i=1}^{n}\delta_{(i)}^1 x_i^1}{m\sum\limits_{i=1}^{n}\delta_{(i)}^1} - \frac{\sum\limits_{i=1}^{n}\hat{y}_i^1\delta_{(i)}^1}{m\hat{m}_l^{p1}\sum\limits_{i=1}^{n}\delta_{(i)}^1}$$

$$= \ln\eta + \frac{\ln\hat{\eta}_l^{p1}}{m}$$

$$= \ln\eta + \frac{\hat{m}_l^{p1}\ln\hat{\eta}_l^{p1}}{\hat{m}_l^p}$$

进一步即得 $\hat{m}_l^p\ln\dfrac{\hat{\eta}_l^p}{\eta} = \hat{m}_l^{p1}\ln\hat{\eta}_l^{p1}$。于是式(4.34)得证。

类似地,将 $x_i = \ln\eta + \dfrac{x_i^1}{m}$ 及 $\hat{y}_i = \hat{y}_i^1$ 代入式(4.7)得

$$\hat{m}_l^t = \frac{\left(\sum\limits_{i=1}^{n}\delta_{(i)}^1\right)\left[\sum\limits_{i=1}^{n}(\hat{y}_i^1\delta_{(i)}^1)^2\right] - \left(\sum\limits_{i=1}^{n}\hat{y}_i^1\delta_{(i)}^1\right)^2}{\left(\sum\limits_{i=1}^{n}\delta_{(i)}^1\right)\left[\sum\limits_{i=1}^{n}\hat{y}_i^1\delta_{(i)}^1\left(\ln\eta+\dfrac{x_i^1}{m}\right)\right] - \left(\sum\limits_{i=1}^{n}\hat{y}_i^1\delta_{(i)}^1\right)\left[\sum\limits_{i=1}^{n}\delta_{(i)}^1\left(\ln\eta+\dfrac{x_i^1}{m}\right)\right]}$$

$$\ln\hat{\eta}_l^t = \frac{\sum\limits_{i=1}^{n}\left(\ln\eta+\dfrac{x_i^1}{m}\right)\delta_{(i)}^1}{\sum\limits_{i=1}^{n}\delta_{(i)}^1} - \frac{\sum\limits_{i=1}^{n}\hat{y}_i^1\delta_{(i)}^1}{\hat{m}_l^t\sum\limits_{i=1}^{n}\delta_{(i)}^1}$$

化简后得

$$\hat{m}_l^t = \frac{\left(\sum\limits_{i=1}^{n}\delta_{(i)}^1\right)\left[\sum\limits_{i=1}^{n}(\hat{y}_i^1\delta_{(i)}^1)^2\right] - \left(\sum\limits_{i=1}^{n}\hat{y}_i^1\delta_{(i)}^1\right)^2}{\dfrac{1}{m}\left(\sum\limits_{i=1}^{n}\delta_{(i)}^1\right)\left(\sum\limits_{i=1}^{n}\hat{y}_i^1\delta_{(i)}^1 x_i^1\right) - \dfrac{1}{m}\left(\sum\limits_{i=1}^{n}\hat{y}_i^1\delta_{(i)}^1\right)\left(\sum\limits_{i=1}^{n}\delta_{(i)}^1 x_i^1\right)}$$

$$\ln\hat{\eta}_l^t = \ln\eta + \frac{\sum\limits_{i=1}^{n}x_i^1\delta_{(i)}^1}{m\sum\limits_{i=1}^{n}\delta_{(i)}^1} - \frac{\sum\limits_{i=1}^{n}\hat{y}_i^1\delta_{(i)}^1}{\hat{m}_l^t\sum\limits_{i=1}^{n}\delta_{(i)}^1}$$

根据式(4.33),可得$\hat{m}_l^t = m\,\hat{m}_l^{t1}$,进一步得

$$\ln\hat{\eta}_l^t = \ln\eta + \frac{\sum\limits_{i=1}^{n}x_i^1\delta_{(i)}^1}{m\sum\limits_{i=1}^{n}\delta_{(i)}^1} - \frac{\sum\limits_{i=1}^{n}\hat{y}_i^1\delta_{(i)}^1}{m\hat{m}_l^{t1}\sum\limits_{i=1}^{n}\delta_{(i)}^1}$$

$$= \ln\eta + \frac{\hat{m}_l^{t1}\ln\hat{\eta}_l^{t1}}{\hat{m}_l^t}$$

化简后得$\hat{m}_l^t\ln\dfrac{\hat{\eta}_l^t}{\eta} = \hat{m}_l^{t1}\ln\hat{\eta}_l^{t1}$。于是式(4.35)得证。定理4.1证明完毕。

　　根据定理4.1可给出分布参数 m 和 η 的枢轴量[232]。根据式(4.34)可知,$\hat{m}_l^p/m$ 的分布与 m 无关,且等价于 $\hat{m}_l^{p1}$ 的分布,而 $\hat{m}_l^p\ln(\hat{\eta}_l^p/\eta)$ 的分布与 η 无关,等价于 $\hat{m}_l^{p1}\ln\hat{\eta}_l^{p1}$ 的分布,故 $\hat{m}_l^p/m$ 和 $\hat{m}_l^p\ln(\hat{\eta}_l^p/\eta)$ 即为 m 和 η 的枢轴量[233]。根据式(4.8)中的点估计 $\hat{R}_l^p(t)$,结合定理4.1可变换为

$$-\ln \hat{R}_l^p(t) = \left(\frac{t}{\hat{\eta}_l^p}\right)^{\hat{m}_l^p}$$

$$= \left(\frac{t}{\eta}\right)^{\hat{m}_l^p} \left(\frac{\hat{\eta}_l^p}{\eta}\right)^{-\hat{m}_l^p}$$

$$= \left(\frac{t}{\eta}\right)^{m\hat{m}_l^{p1}} \left(\hat{\eta}_l^{p1}\right)^{-\hat{m}_l^{p1}}$$

$$= \left[-\ln R(t)\right]^{\hat{m}_l^{p1}} \left(\hat{\eta}_l^{p1}\right)^{-\hat{m}_l^{p1}}$$

继而可得

$$\ln\left[-\ln\hat{R}_l^p(t)\right] = \hat{m}_l^{p1}\ln\left[-\ln R(t)\right] - \hat{m}_l^{p1}\ln\left(\hat{\eta}_l^{p1}\right) \tag{4.36}$$

式(4.36)给出了 $\hat{R}_l^p(t)$ 的分布,易知该分布与 $R(t)$ 有关,因此可由该分布建立 $R(t)$ 的置信下限。

类似地,$\hat{m}_l^l/m$ 及 $\hat{m}_l^l\ln(\hat{\eta}_l^l/\eta)$ 也分别是 m 及 η 的枢轴量。另外,也可推出 $\hat{R}_l^l(t)$ 的分布。

2. 基于枢轴量的可靠度置信下限的求解

根据给出的 m 和 η 的枢轴量及可靠度点估计的分布,即可建立相应参数的置信下限。但是发现提出的枢轴量的分布难以给出确定的形式,因此关于 $R(t)$ 的置信下限的构建,将利用点估计的分布,提出一个基于抽样的计算方法,见算法 4.2。

算法 4.2

基于原始的不等定时截尾有失效样本 $(t_{(i)},\delta_{(i)})$,其中 $i=1,2,3,\cdots,n$,设定样本量 N。

步骤 1:根据样本 $(t_{(i)},\delta_{(i)})$ 及式(4.6),计算 m 和 η 的最小二乘估计 $\hat{m}_l^p$ 和 $\hat{\eta}_l^p$。

步骤 2:令 $T_i^1 \sim WE(1,1)$,生成 n 个随机数,并升序排列为 $T_{(1)}^1 < T_{(2)}^1 < T_{(3)}^2 < \cdots < T_{(n)}^1$。

步骤 3:根据 $\boldsymbol{\delta}_0 = (\delta_{(1)},\delta_{(2)},\delta_{(3)},\cdots,\delta_{(n)})$,令 $T_{(i)}^1$ 与 $\delta_{(i)}$ 相乘,构成样本 $(T_{(i)}^1\delta_{(i)},\delta_{(i)})$,其中 $i=1,2,3,\cdots,n$。

步骤 4:根据样本 $(T_{(i)}^1\delta_{(i)},\delta_{(i)})$ 及式(4.6),计算 $m=1$ 和 $\eta=1$ 的最小二乘估计 $\hat{m}_l^{p1}$ 和 $\hat{\eta}_l^{p1}$。

步骤 5：利用式(4.37)计算 $R(t)$ 的一个估计值 $\hat{R}^p(t)$ ，即

$$\hat{R}^p(t) = \exp\left[-\hat{\eta}_l^{p1}\left(\frac{t}{\hat{\eta}_l^p} \right)^{\frac{\hat{m}_l^p}{\hat{m}_l^{p1}}} \right] \qquad (4.37)$$

步骤 6：重复步骤 2～5 共 N 次，直到获得了 N 个估计值 $\hat{R}^p(t)$ ，随后将这些估计值升序排列，记为 $\hat{R}_1^p(t) < \hat{R}_2^p(t) < \hat{R}_3^p < \cdots < \hat{R}_N^p(t)$ 。

记基于点估计 $\hat{R}_l^p(t)$ 和枢轴量构建的 $R(t)$ 的置信下限为 $R_L^{pp}(t)$ 。基于升序样本 $\hat{R}_1^p(t) < \hat{R}_2^p(t) < \hat{R}_3^p(t) < \cdots < \hat{R}_N^p(t)$ ，在置信水平 $1-\alpha$ 下，可确定 $R_L^{pp}(t)$ 为

$$R_L^{pp}(t) = \hat{R}_{N\alpha}^p(t) \qquad (4.38)$$

关于算法 4.2 的说明如下。

(1) 步骤 3 中令 $T_{(i)}^1$ 与 $\delta_{(i)}$ 相乘后构成的样本 $(T_{(i)}^1\delta_{(i)}, \delta_{(i)})$ ，其中 $i = 1, 2, 3, \cdots, n$ ，就代表定理 4.1 中来自 $WE(1,1)$ 的不等定时截尾有失效样本 $(t_{(i)}^1, \delta_{(i)}^1)$ ，且可以保证 $\boldsymbol{\delta}_o^1 = \boldsymbol{\delta}_o$ 。

(2) 关于步骤 4，虽然在样本 $(T_{(i)}^1\delta_{(i)}, \delta_{(i)})$ 中，若 $\delta_{(i)} = 0$ ， $T_{(i)}^1\delta_{(i)} = 0$ ，但根据式(4.6)计算最小二乘估计时，实质上只用到了失效时间，故 $(T_{(i)}^1\delta_{(i)}, \delta_{(i)})$ 截尾时间为 0 并不影响 $\hat{m}_l^{p1}$ 和 $\hat{\eta}_l^{p1}$ 的计算。

(3) 式(4.37)是基于

$$-\ln R(t) = \left(\frac{t}{\hat{\eta}_l^p} \cdot \frac{\hat{\eta}_l^p}{\eta} \right)^{\frac{\hat{m}_l^p}{\hat{m}_l^{p1}}} = \hat{\eta}_l^{p1}\left(\frac{t}{\hat{\eta}_l^p} \right)^{\frac{\hat{m}_l^p}{\hat{m}_l^{p1}}}$$

给出的。

(4) 根据算法 4.2 求得的样本量为 N 的估计值 $\hat{R}^p(t)$ 可视为从 $\hat{R}_l^p(t)$ 的分布中抽取的样本。

式(4.38)中的置信下限 $R_L^{pp}(t)$ 是基于最小二乘估计 $\hat{m}_l^p$ 和 $\hat{\eta}_l^p$ 获得的。类似地，将算法 4.2 的 $\hat{m}_l^p$ 和 $\hat{\eta}_l^p$ 更换为 $\hat{m}_l^t$ 和 $\hat{\eta}_l^t$ ，并在后续步骤中相应地改动，即可基于最小二乘估计 $\hat{m}_l^t$ 和 $\hat{\eta}_l^t$ 获得 $R(t)$ 的置信下限，记该置信下限为 $R_L^{pt}(t)$ 。在置信水平 $1-\alpha$ 下，可得 $R_L^{pt}(t)$ 为

$$R_L^{pt}(t) = \hat{R}_{N\alpha}^t(t) \qquad (4.39)$$

4.2.2　不等定时截尾有失效数据下基于观测信息矩阵的可靠度置信下限

下面将基于观测信息矩阵构建 $R(t)$ 的置信下限。首先推导分布参数 m 和 η 的观测信息矩阵并求得其极大似然估计的协方差矩阵,随后将协方差矩阵转化为 $R(t)$ 的点估计的方差,最后构建 $R(t)$ 的置信下限。

1. 观测信息矩阵的推导

根据信息矩阵的定义,可知分布参数 m 和 η 的信息矩阵为

$$\boldsymbol{I}(m,\eta)=E\begin{bmatrix} -\dfrac{\partial^2\ln L}{\partial m^2} & -\dfrac{\partial\ln L}{\partial m\,\partial\eta} \\[4mm] -\dfrac{\partial^2\ln L}{\partial m\,\partial\eta} & -\dfrac{\partial^2\ln L}{\partial\eta^2} \end{bmatrix} \tag{4.40}$$

其中对数似然函数 $\ln L$ 见式(4.11),进一步可得

$$\frac{\partial^2\ln L}{\partial m^2}=-\frac{1}{m^2}\sum_{i=1}^{n}\delta_i-\sum_{i=1}^{n}\left(\frac{t_i}{\eta}\right)^m\left(\ln\frac{t_i}{\eta}\right)^2$$

$$\frac{\partial^2\ln L}{\partial m\,\partial\eta}=-\frac{1}{\eta}\sum_{i=1}^{n}\delta_i+\frac{1}{\eta}\sum_{i=1}^{n}\left(\frac{t_i}{\eta}\right)^m+\frac{m}{\eta}\sum_{i=1}^{n}\left(\frac{t_i}{\eta}\right)^m\left(\ln\frac{t_i}{\eta}\right)$$

$$\frac{\partial^2\ln L}{\partial\eta^2}=\frac{m}{\eta^2}\sum_{i=1}^{n}\delta_i-\frac{m(m+1)}{\eta^2}\sum_{i=1}^{n}\left(\frac{t_i}{\eta}\right)^m$$

目前通用的做法是利用 m 和 η 的极大似然估计近似式(4.40)中的期望值,得到近似的信息矩阵 $\boldsymbol{I}_a$。若用来自式(4.12)和式(4.13)的极大似然估计 $\hat{m}_m$ 和 $\hat{\eta}_m$,可得近似信息矩阵为

$$\boldsymbol{I}_a^m=\begin{bmatrix} \dfrac{\sum\limits_{i=1}^{n}\delta_i}{\hat{m}_m^2}+\sum\limits_{i=1}^{n}\left(\dfrac{t_i}{\hat{\eta}_m}\right)^{\hat{m}_m}\left(\ln\dfrac{t_i}{\hat{\eta}_m}\right)^2 & \dfrac{\sum\limits_{i=1}^{n}\left[\delta_i-\left(\dfrac{t_i}{\hat{\eta}_m}\right)^{\hat{m}_m}-\hat{m}_m\left(\dfrac{t_i}{\hat{\eta}_m}\right)^{\hat{m}_m}\left(\ln\dfrac{t_i}{\hat{\eta}_m}\right)\right]}{\hat{\eta}_m} \\[8mm] \dfrac{\sum\limits_{i=1}^{n}\left[\delta_i-\left(\dfrac{t_i}{\hat{\eta}_m}\right)^{\hat{m}_m}-\hat{m}_m\left(\dfrac{t_i}{\hat{\eta}_m}\right)^{\hat{m}_m}\left(\ln\dfrac{t_i}{\hat{\eta}_m}\right)\right]}{\hat{\eta}_m} & \dfrac{\hat{m}_m(\hat{m}_m+1)\sum\limits_{i=1}^{n}\left(\dfrac{t_i}{\hat{\eta}_m}\right)^{\hat{m}_m}-\hat{m}_m\sum\limits_{i=1}^{n}\delta_i}{\hat{\eta}_m^2} \end{bmatrix}$$

$$\tag{4.41}$$

若用来自式(4.30)的近似极大似然估计 $\hat{m}_m^a$ 和 $\hat{\eta}_m^a$,可得近似信息矩阵为

$$
\boldsymbol{I}_a^a = \left[\begin{array}{cc}
\dfrac{\sum\limits_{i=1}^{n}\delta_i}{(\hat{m}_m^a)^2} + \sum\limits_{i=1}^{n}\left(\dfrac{t_i}{\hat{\eta}_m^a}\right)^{\hat{m}_m^a}\left(\ln\dfrac{t_i}{\hat{\eta}_m^a}\right)^2 & \dfrac{\sum\limits_{i=1}^{n}\left[\delta_i - \left(\dfrac{t_i}{\hat{\eta}_m^a}\right)^{\hat{m}_m^a} - \hat{m}_m^a\left(\dfrac{t_i}{\hat{\eta}_m^a}\right)^{\hat{m}_m^a}\left(\ln\dfrac{t_i}{\hat{\eta}_m^a}\right)\right]}{\hat{\eta}_m^a} \\[3ex]
\dfrac{\sum\limits_{i=1}^{n}\left[\delta_i - \left(\dfrac{t_i}{\hat{\eta}_m^a}\right)^{\hat{m}_m^a} - \hat{m}_m^a\left(\dfrac{t_i}{\hat{\eta}_m^a}\right)^{\hat{m}_m^a}\left(\ln\dfrac{t_i}{\hat{\eta}_m^a}\right)\right]}{\hat{\eta}_m^a} & \dfrac{\hat{m}_m^a(\hat{m}_m^a + 1)\sum\limits_{i=1}^{n}\left(\dfrac{t_i}{\hat{\eta}_m^a}\right)^{\hat{m}_m^a} - \hat{m}_m^a\sum\limits_{i=1}^{n}\delta_i}{(\hat{\eta}_m^a)^2}
\end{array}\right]
$$

$$(4.42)$$

采用这种近似做法是由于认为式(4.40)中的期望值难以计算。事实上,利用 Louis[234] 提出的算法,可以给出期望值,并得到观测信息矩阵。

Louis 算法通常与 EM 算法配合使用[235],其中用 EM 算法得到参数的点估计,用 Louis 算法得到参数的信息矩阵,继而建立参数的置信区间。这是因为,EM 算法和 Louis 算法的运用都是将样本中的截尾时间视为缺少失效时间的缺失信息,通过补充缺失的失效时间构成完全样本,并认为完全样本的信息矩阵 $\boldsymbol{I}_c$ 与补充的缺失数据的信息矩阵 $\boldsymbol{I}_m$ 之差就是所需的观测信息矩阵,可以总结为

$$\boldsymbol{I}_o = \boldsymbol{I}_c - \boldsymbol{I}_m$$

定理 4.2 给出了基于 Louis 算法求得的观测信息矩阵[232]。

定理 4.2 根据不等定时截尾有失效样本 (t_i,δ_i),其中 $i = 1,2,3,\cdots,n$ 及 n 个截止时间 $\tau_1 < \tau_2 < \tau_3 < \cdots < \tau_n$,记 m 和 η 的观测信息矩阵为 $\boldsymbol{I}_o$。根据 Louis 算法可得 $\boldsymbol{I}_o$ 为

$$
\boldsymbol{I}_o = n\left[\begin{array}{cc}
\dfrac{1}{m^2}\left[1 + \varphi^{(2)}(2) + (\varphi^{(1)}(2))^2\right] & -\dfrac{\varphi^{(1)}(2)}{\eta} \\[2ex]
-\dfrac{\varphi^{(1)}(2)}{\eta} & \dfrac{m^2}{\eta^2}
\end{array}\right] - \sum_{i=1}^{n}(1-\delta_i)\left[\begin{array}{cc} E_{11}^i & E_{12}^i \\ E_{12}^i & E_{22}^i \end{array}\right]
$$

$$(4.43)$$

其中

$$\varphi^{(k)}(x) = \frac{\mathrm{d}^k}{\mathrm{d}x^k}\ln\Gamma(x) = \frac{\mathrm{d}^k}{\mathrm{d}x^k}\ln\left[\int_0^{+\infty} y^{x-1}\exp(-y)\,\mathrm{d}y\right] \quad (4.44)$$

$$
E_{11}^i = \frac{1 + \left[\Gamma(2,w_i)\exp(w_i) - w_i\right]\ln^2 w_i}{m^2} +
$$

$$
\frac{2w_i\exp(w_i)}{m^2}\left[G_{2,3}^{3,0}\left(\begin{array}{c} 0,0 \\ 1,-1,-1 \end{array}\middle|\, w_i\right)\ln w_i + G_{3,4}^{4,0}\left(\begin{array}{c} 0,0,0 \\ 1,-1,-1,-1 \end{array}\middle|\, w_i\right)\right]
$$

$$E_{12}^i = E_{21}^i = \frac{1}{\eta}\left\{1+(1+\ln w_i)\left[w_i-\Gamma(2,w_i)\exp(w_i)\right]-w_iG_{2,3}^{3,0}\left(\begin{matrix}0,0\\1,-1,-1\end{matrix}\middle|w_i\right)\exp(w_i)\right\}$$

$$E_{22}^i = \frac{m}{\eta^2}\left\{(m+1)\left[\Gamma(2,w_i)\exp(w_i)-w_i\right]-1\right\}$$

$$\Gamma(s,x)=\int_x^{+\infty}y^{s-1}\exp(-y)\mathrm{d}y$$

$$w_i=\left(\frac{\tau_i}{\eta}\right)^m$$

$$G_{p,q}^{k,h}\left(\begin{matrix}a_1,\cdots,a_p\\b_1,\cdots,b_q\end{matrix}\middle|x\right)=\frac{1}{2\pi i}\int_C\frac{\prod_{j=1}^k\Gamma(b_j-s)\prod_{j=1}^h\Gamma(1-a_j+s)}{\prod_{j=k+1}^q\Gamma(1-b_j+s)\prod_{j=h+1}^p\Gamma(a_j-s)}x^s\mathrm{d}s$$

为定义在复数域 C 内的 Meijer G 函数[236]。

定理 4.2 的证明见附录。式(4.43)中的观测信息矩阵含有未知参数 m 和 η，在实际运用中，通常利用极大似然估计代替。若代入极大似然估计 $\hat{m}_m$ 和 $\hat{\eta}_m$，可得信息矩阵 $\boldsymbol{I}_o^m$。若利用近似极大似然估计 $\hat{m}_m^a$ 和 $\hat{\eta}_m^a$，则得信息矩阵 $\boldsymbol{I}_o^a$。

信息矩阵的逆即为 m 和 η 的极大似然估计的协方差矩阵。如根据信息矩阵 $\boldsymbol{I}_o^a$，可得协方差为

$$\boldsymbol{C}_o^a=(\boldsymbol{I}_o^a)^{-1}=\begin{bmatrix}\mathrm{var}(\hat{m}_m^a)&\mathrm{cov}(\hat{m}_m^a,\hat{\eta}_m^a)\\\mathrm{cov}(\hat{m}_m^a,\hat{\eta}_m^a)&\mathrm{var}(\hat{\eta}_m^a)\end{bmatrix}\tag{4.45}$$

若根据其余 3 种信息矩阵，即式(4.41)中的 $\boldsymbol{I}_a^m$、式(4.42)中的 $\boldsymbol{I}_a^a$ 及将极大似然估计 $\hat{m}_m$ 和 $\hat{\eta}_m$ 代入式(4.43)中得到的 $\boldsymbol{I}_o^m$，可相应得到协方差矩阵 $\boldsymbol{C}_a^m$、$\boldsymbol{C}_a^a$ 及 $\boldsymbol{C}_o^m$。

2. 基于观测信息矩阵的可靠度置信下限的求解

当利用极大似然估计的渐进正态性构建可靠度的置信下限时，根据渐进正态分布的要求，需要给出可靠度的估计方差。根据 m 和 η 的观测信息矩阵只能求得 m 和 η 的极大似然估计的协方差，为了将求得的协方差转化为所需的方差，此处借助增量方法(delta method)[237]。基于增量法和式(4.45)中的协方差 $\boldsymbol{C}_o^a$，可得

$$\mathrm{var}(\hat{R}_m^a(t))=\mathrm{var}(\hat{m}_m^a)\left(\frac{\partial R}{\partial m}\bigg|_{\hat{m}_m^a,\hat{\eta}_m^a}\right)^2+2\mathrm{cov}(\hat{m}_m^a,\hat{\eta}_m^a)\left(\frac{\partial R}{\partial m}\bigg|_{\hat{m}_m^a,\hat{\eta}_m^a}\right)\left(\frac{\partial R}{\partial \eta}\bigg|_{\hat{m}_m^a,\hat{\eta}_m^a}\right)$$

$$+\mathrm{var}(\hat{\eta}_m^a)\left(\frac{\partial R}{\partial \eta}\bigg|_{\hat{m}_m^a,\hat{\eta}_m^a}\right)^2$$

$$\tag{4.46}$$

其中

$$\left(\frac{\partial R}{\partial m}\bigg|_{\hat{m}_m^a,\hat{\eta}_m^a}\right)=\left(\ln\hat{R}_m^a(t)\right)\left(\ln\frac{t}{\hat{\eta}_m^a}\right)\hat{R}_m^a(t),\quad\left(\frac{\partial R}{\partial\eta}\bigg|_{\hat{m}_m^a,\hat{\eta}_m^a}\right)=\frac{\hat{m}_m^a}{\hat{\eta}_m^a}\left(\frac{t}{\hat{\eta}_m^a}\right)^{\hat{m}_m^a}\hat{R}_m^a(t)$$

$\hat{R}_m^a(t)$ 见式(4.31)。

考虑到 $\hat{R}_m^a(t)$ 的估计值限定在区间 $[0,1]$，故认为 $\ln\hat{R}_m^a(t)$ 的分布更接近于正态分布[230]，即

$$\frac{\ln\hat{R}_m^a(t)-\ln R(t)}{\sqrt{\mathrm{var}(\ln\hat{R}_m^a(t))}}\sim N(0,1)$$

其中

$$\mathrm{var}\left[\ln\hat{R}_m^a(t)\right]=\frac{\mathrm{var}\left[\hat{R}_m^a(t)\right]}{\left[\hat{R}_m^a(t)\right]^2}\tag{4.47}$$

$\mathrm{var}\left[\hat{R}_m^a(t)\right]$ 见式(4.46)。记根据观测信息矩阵 $\boldsymbol{I}_o^a$ 构建的可靠度 $R(t)$ 的置信下限为 $R_L^{La}(t)$。在置信水平 $1-\alpha$ 下，可得 $R_L^{La}(t)$ 为

$$R_L^{La}(t)=\exp\left\{\left[\ln\hat{R}_m^a(t)\right]-U_{1-\alpha}\sqrt{\mathrm{var}\left[\ln\hat{R}_m^a(t)\right]}\right\}\tag{4.48}$$

式中：$U_{1-\alpha}$ 为标准正态分布的 $1-\alpha$ 分位数；$\mathrm{var}\left[\ln\hat{R}_m^a(t)\right]$ 见式(4.47)。

若将式(4.46)中的协方差 $\boldsymbol{C}_o^a$ 依次替换为 $\boldsymbol{C}_a^m$、$\boldsymbol{C}_a^a$ 及 $\boldsymbol{C}_o^m$，并在后续步骤中相应地改动，可依次建立置信下限的其他结果 $R_L^{am}(t)$、$R_L^{aa}(t)$ 及 $R_L^{Lm}(t)$。

4.2.3　不等定时截尾有失效数据下基于改进的 bootstrap 法的可靠度置信下限

本节利用 BCa bootstrap 算法构建可靠度 $R(t)$ 的置信下限，核心思想与算法 3.1 类似，但不同之处在于，算法 3.1 给出了分布参数的估计 bootstrap 样本，用来描述分布参数的估计分布，而此处需要给出可靠度的估计 bootstrap 样本。由此，设计算法 4.3 获取所需的 bootstrap 样本，继而构建 $R(t)$ 的 BCa bootstrap 置信下限[230]。

算法 4.3

给定原始的不等定时截尾有失效样本 (t_i,δ_i)，其中 $i=1,2,3,\cdots,n$，相应地 n 个截止时间 $\tau_1<\tau_2<\tau_3<\cdots<\tau_n$，并设定抽样的样本量 B。

步骤1：根据原始样本，给出分布参数 m 和 η 的某个点估计 $\hat{m}$ 和 $\hat{\eta}$，相应地计算 $R(t)$ 的点估计 $\hat{R}(t)$。

步骤2:令 $T_i \sim WE(\hat{m}, \hat{\eta})$,其中 $i = 1, 2, 3, \cdots, n$,生成 n 个随机数,并升序排列为 $T_1 < T_2 < T_3 < \cdots < T_n$。进一步,令 $t_i^b = \min(T_i, \tau_i)$,若 $t_i^b = T_i$,则赋值 $\delta_i^b = 1$;反之则赋值 $\delta_i^b = 0$。

步骤3:若 $r_b = \sum\limits_{i=1}^{n} \delta_i^b > 1$,则认为 (t_i^b, δ_i^b) $(i = 1, 2, 3, \cdots, n)$ 为所需的 bootstrap 样本;否则返回步骤2。

步骤4:根据 bootstrap 样本 (t_i^b, δ_i^b) $(i = 1, 2, 3, \cdots, n)$,按照计算 $\hat{m}$ 和 $\hat{\eta}$ 的相同方式,算得一组 bootstrap 估计值 $\hat{m}^b$ 和 $\hat{\eta}^b$。

步骤5:根据 m 和 η 的 bootstrap 估计值 $\hat{m}^b$ 和 $\hat{\eta}^b$,利用式(1.2)算得一个 $R(t)$ 的 bootstrap 估计值 $\hat{R}^b(t)$。

步骤6:重复步骤2~5共 B 次,直到获得 B 个 $R(t)$ 的 bootstrap 估计值,随后将这些估计值升序排列,记为 $\hat{R}_1^b(t) < \hat{R}_2^b(t) < \hat{R}_3^b(t) < \cdots < \hat{R}_B^b(t)$。

在算法4.3中,步骤3要求 $r_b = \sum\limits_{i=1}^{n} \delta_i^b > 1$,这是由于如果利用最小二乘法计算 $\hat{m}$ 和 $\hat{\eta}$ 时,失效数须不少于2个。而步骤5正是将 m 和 η 的估计的 bootstrap 样本转化为 $R(t)$ 的估计的 bootstrap 样本的关键。

记基于 BCa bootstrap 方法构建的 $R(t)$ 的置信下限为 $R_L^B(t)$。基于 bootstrap 估计值 $\hat{R}_1^b(t) < \hat{R}_2^b(t) < \hat{R}_3^b(t) < \cdots < \hat{R}_B^b(t)$,在置信水平 $1-\alpha$ 下,可得 $R_L^B(t)$ 为

$$R_L^B(t) = \hat{R}_{\lceil \zeta B \rceil}^b(t) \tag{4.49}$$

其中

$$\zeta = \Phi\left(Z_0 + \frac{Z_0 - U_{1-\alpha}}{1 - a(Z_0 - U_{1-\alpha})} \right)$$

$$Z_0 = \Phi^{-1}\left[\frac{\sum\limits_{j=1}^{B} \boldsymbol{I}(\hat{R}_j^b(t) \leqslant \hat{R}(t))}{B} \right]$$

$$a = \frac{\dfrac{1}{B}\sum\limits_{j=1}^{B} (\hat{R}_j^b(t) - \bar{R}(t))^3}{6\left[\dfrac{1}{B}\sum\limits_{j=1}^{B} (\hat{R}_j^b(t) - \bar{R}(t))^2 \right]^{3/2}}$$

式中:$\lceil y \rceil$ 为不大于 y 的正整数;$\boldsymbol{I}(\cdot)$ 为示性函数;$\bar{R}(t) = \sum\limits_{j=1}^{B} \hat{R}_j^b(t)/B$。

在应用算法4.3时,在步骤1中若利用式(4.8)中 $R(t)$ 的点估计 $\hat{R}_l^p(t)$ 构建

置信下限,则式(4.49)中的置信下限 $R_\mathrm{L}^B(t)$ 记为 $R_\mathrm{L}^{Bp}(t)$。类似地,若在步骤 1 中分别用式(4.9)的 $\hat{R}_i'(t)$、式(4.14)的 $\hat{R}_m(t)$ 及式(4.31)的 $\hat{R}_m^a(t)$,则式(4.49)中的 $R_\mathrm{L}^B(t)$ 就分别记为 $R_\mathrm{L}^{Bi}(t)$、$R_\mathrm{L}^{Bm}(t)$ 及 $R_\mathrm{L}^{Ba}(t)$。

4.3　方法验证和对比

本节的内容是开展蒙特卡罗仿真试验,基于威布尔分布生成大量的不等定时截尾有失效样本,利用每个样本,依次得到不同的点估计及置信下限,并对得到的点估计和置信下限进行统计分析,从而比较不同点估计和置信下限的精度,继而考察不同方法的适用性。

4.3.1　试验过程

为了生成仿真样本,需要明确相关参数的设置。在这个仿真试验中,需要设定分布参数 m 和 η、样本量 n,截止时间 $\tau_1<\tau_2<\tau_3<\cdots<\tau_n$、置信水平 $1-\alpha$ 及可靠度任务时刻 t。

(1) 不失一般性,设尺度参数 $\eta=1$。

(2) 关于分布参数的 m 的设置,考虑到 $m<1$、$m=1$ 及 $m>1$ 分别对应浴盆曲线 3 段中的某一段,代表 3 种不同的失效机理。故针对这 3 种情况,都有必要设定某个数值,开展相应的试验。但 $m=1$ 实际上代表指数分布,已在第 2 章中单独进行了研究。故在这个试验中,只考虑 $m<1$ 及 $m>1$ 两种情况。根据 Olteanu[238] 的建议,设定 $m=0.5$ 及 $m=3$,分别开展试验。

(3) 依次将样本量 n 设为 10、20 和 30,其中取 n 为 10 时指代样本量较少的情况,取 n 为 20 时指代样本量适中的情况,取 n 为 30 时指代样本量较大的情况。

(4) 关于截止时间 $\tau_1<\tau_2<\tau_3<\cdots<\tau_n$ 的设置,类似于 3.3 节,提出两种方式:一是短时截尾方式,即设置 $\tau_1<\tau_2<\tau_3<\cdots<\tau_n$ 为较小的值;二是长时截尾方式,即设置 $\tau_1<\tau_2<\tau_3<\cdots<\tau_n$ 为较大的值,分别代表失效数较少和较多两种情况。进一步,设截止时间之间的间隔 $\Delta=\tau_i-\tau_{i-1}$ 是相等的,其中 $i=2,3,4,\cdots,n$。在短时截尾中,设定 $\tau_n=\eta\Gamma(1+1/m)$,即服从 $WE(m,\eta)$ 的寿命 T 的期望 $E(T)$。在长时截尾中,设定 $\tau_1=\eta\Gamma(1+1/m)$。另外,长时截尾的 Δ 为短时截尾的 2 倍。

(5) 设定置信水平为 0.9,即 $\alpha=0.1$。

（6）可靠度任务时刻 t 依次取为 0.1、0.2、0.3、0.4 和 0.5。

根据上述原则依次设置相关参数，可得表 4.1 中的参数设置组合。

表 4.1　威布尔分布场合不等定时截尾有失效数据下的仿真试验参数设置

编　　号	1	2	3	4
m	0.5	0.5	0.5	0.5
n	10	10	20	20
Δ	0.2	0.4	0.1	0.2
截尾方式	短时截尾	长时截尾	短时截尾	长时截尾
编　　号	5	6	7	8
m	0.5	0.5	3	3
n	30	30	10	10
Δ	0.05	0.1	0.01	0.02
截尾方式	短时截尾	长时截尾	短时截尾	长时截尾
编　　号	9	10	11	12
m	3	3	3	3
n	20	20	30	30
Δ	0.01	0.02	0.005	0.01
截尾方式	短时截尾	长时截尾	短时截尾	长时截尾

例如，当 $n=10$、$m=0.5$ 时，由于 $E(T)=2$，关于 $\tau_1<\tau_2<\tau_3<\cdots<\tau_n$ 的数值，短时截尾下为 0.2，0.4，0.6，$\cdots$，1.8 和 2，长时截尾中为 2，2.4，$\cdots$，5.2 和 5.6。

在表 4.1 中任意一组参数组合下，试验过程如下。

（1）令 $T_i \sim WE(m,\eta)$，其中 $i=1,2,3,\cdots,n$，生成 n 个随机数，并升序排列为 $T_1<T_2<T_3<\cdots<T_n$。

（2）依次令 $t_i = \min(T_i,\tau_i)$，其中 $i=1,2,3,\cdots,n$，若 $t_i=T_i$，则令 $\delta_i=1$；反之令 $\delta_i=0$。

（3）若 $r=\sum_{i=1}^{n}\delta_i>1$，则认为得到的样本 (t_i,δ_i)，其中 $i=1,2,3,\cdots,n$，为所需的不等定时截尾有失效样本；反之，则返回（1）。考虑到当 $r=1$ 时，不能得到 m 和 η

的最小二乘估计,为了仿真试验的连贯性,因此要求 $r>1$。

(4)基于样本 (t_i,δ_i),根据式(4.6),求得 m 和 η 的最小二乘估计 $\hat{m}_l^p$ 和 $\hat{\eta}_l^p$,随后利用式(4.8)得到 $R(t)$ 的点估计 $\hat{R}_l^p(t)$;类似地,根据式(4.7)和式(4.9),基于另一种最小二乘估计,求得 $R(t)$ 的点估计 $\hat{R}_l^t(t)$。

(5)基于样本 (t_i,δ_i),运行算法4.1求得 m 的极大似然估计 $\hat{m}_m$,随后根据式(4.13)得到 η 的极大似然估计 $\hat{\eta}_m$,再利用式(4.14)给出 $R(t)$ 的点估计 $\hat{R}_m(t)$。

(6)基于样本 (t_i,δ_i),根据式(4.30)求得 m 和 η 的近似极大似然估计 $\hat{m}_m^a$ 和 $\hat{\eta}_m^a$,再利用式(4.31)得到 $R(t)$ 的点估计 $\hat{R}_m^a(t)$。

(7)基于样本 (t_i,δ_i),设定 $N=5000$,运行算法4.2,并根据式(4.38)求得 $R(t)$ 的置信下限 $R_L^{pp}(t)$;类似地,再利用式(4.39)得到 $R(t)$ 的另一个置信下限 $R_L^{pt}(t)$。

(8)基于样本 (t_i,δ_i),根据式(4.48)算得 $R(t)$ 的置信下限 $R_L^{La}(t)$;类似地,按照同样的方式,求解置信下限 $R_L^{am}(t)$、$R_L^{aa}(t)$ 及 $R_L^{Lm}(t)$。

(9)基于样本 (t_i,δ_i),设定 $B=5000$,利用式(4.8)中 $R(t)$ 的点估计 $\hat{R}_l^p(t)$,运行算法4.3,并根据式(4.49)求得 $R(t)$ 的置信下限 $R_L^{Bp}(t)$;类似地,按照同样的方式,求解置信下限 $R_L^{Bt}(t)$、$R_L^{Bm}(t)$ 及 $R_L^{Ba}(t)$。

(10)返回(1)并重复(1)~(9)10000次。

当试验结束后,在表4.1中任意一组参数组合下,各收集到10000组不等定时截尾有失效样本 (t_i,δ_i),10000组可靠度 $R(t)$ 的不同点估计 $\hat{R}_l^p(t)$、$\hat{R}_l^t(t)$、$\hat{R}_m(t)$ 和 $\hat{R}_m^a(t)$,以及10000组 $R(t)$ 的不同置信下限 $R_L^{pp}(t)$、$R_L^{pt}(t)$、$R_L^{Lm}(t)$、$R_L^{am}(t)$、$R_L^{aa}(t)$、$R_L^{La}(t)$、$R_L^{Bp}(t)$、$R_L^{Bt}(t)$、$R_L^{Bm}(t)$ 及 $R_L^{Ba}(t)$。

4.3.2 试验结果分析

下面分别对仿真样本和不同的点估计及置信下限进行统计和分析。

1. 针对仿真样本的分析

首先分析仿真生成的不等定时截尾有失效样本。在表4.1中每组参数组合下,统计10000组仿真样本中的平均失效数,再根据式(3.42)计算相对失效数 r_m,即平均失效数和样本量的比值,结果如表4.2所列,其中的编号所对应的相关参数见表4.1。从中发现基于表4.1的参数设置,可以认为短时截尾方式代表实际应用中失效数较少这种情况,长时截尾方式代表失效数较多的情况。

表 4.2　威布尔分布场合仿真试验中不等定时截尾有失效样本的相对失效数

编号	1	3	5	7	9	11
r_m	0.69	0.69	0.71	0.46	0.37	0.41
编号	2	4	6	8	10	12
r_m	0.9	0.9	0.88	0.64	0.82	0.74

2. 针对点估计结果的分析

针对可靠度 $R(t)$ 的点估计的统计分析,采用偏差和均方误差这两个常用指标,其中偏差反映了点估计的准确性,均方误差反映了点估计的稳健性。为了消除量纲的影响以便于比较,进一步计算偏差和均方误差与相应的 $R(t)$ 真值的比值,得到相对偏差 b_r 和相对均方误差 M_r,即

$$\begin{cases} b_r = \dfrac{1}{R(t)}\left(\sum_{i=1}^{10000} \dfrac{\hat{R}_i(t)}{10000}\right) - 1 \\ M_r = \dfrac{\sum_{i=1}^{10000}(\hat{R}_i(t) - R(t))^2}{10000 \cdot R(t)} \end{cases} \quad (4.50)$$

式中: $\hat{R}(t)$ 为不同的点估计。将不同的点估计 $\hat{R}_l^p(t)$、$\hat{R}_l^i(t)$、$\hat{R}_m(t)$ 和 $\hat{R}_m^a(t)$ 分别代入式(4.50)中,可得相应的相对偏差和相对均方误差。当 $m = 0.5$ 时,将不同的样本量 n 及截尾方式组合下所求得的可靠度点估计的相对偏差展示在图 4.1 中,其中上半部分的 3 幅图依次对应短时截尾下 $n = 10$、$n = 20$ 及 $n = 30$ 时 4 种不同的可靠度点估计的相对偏差,下半部分的 3 幅图依次对应长时截尾下 $n = 10$、$n = 20$ 及 $n = 30$ 时 4 种不同的可靠度点估计的相对偏差。类似地,将 $m = 3$ 时的相对偏差及 $m = 0.5$ 和 $m = 3$ 时的相对均方误差分别展示在图 4.2 至图 4.4 中。

(1) 根据图 4.1 和图 4.2,通过比较不同点估计的相对偏差发现以下几点。

① 总体上,来自极大似然估计的点估计 $\hat{R}_m(t)$ 和 $\hat{R}_m^a(t)$ 的偏差绝对值小于来自最小二乘估计的点估计 $\hat{R}_l^p(t)$ 及 $\hat{R}_l^i(t)$。

② 当 $m = 3$ 时,所有的点估计都低估了可靠度 $R(t)$。

③ 点估计 $\hat{R}_m^a(t)$ 和 $\hat{R}_m(t)$ 之间相互比较后可知,在 $m = 0.5$ 及短时截尾方式这种情况下,点估计 $\hat{R}_m^a(t)$ 的偏差绝对值最小。而在其余情况下,偏差绝对值最

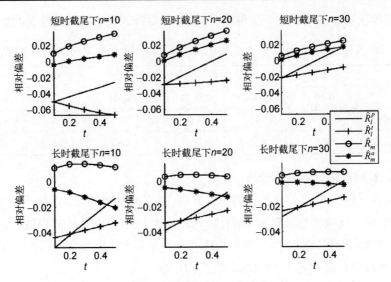

图 4.1　威布尔分布场合不等定时截尾有失效数据下 $m = 0.5$ 时
可靠度点估计的相对偏差

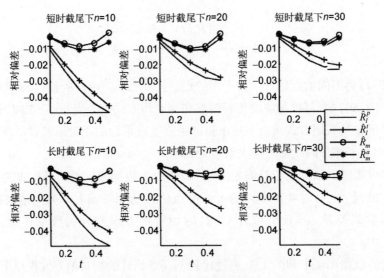

图 4.2　威布尔分布场合不等定时截尾有失效数据下 $m = 3$ 时
可靠度点估计的相对偏差

小的点估计都是 $\hat{R}_m(t)$。

　　④ 点估计 $\hat{R}_l^p(t)$ 及 $\hat{R}_l^t(t)$ 之间相互比较后可知,当 $m = 0.5$ 时,$\hat{R}_l^p(t)$ 的偏差总体上小于 $\hat{R}_l^t(t)$,而当 $m = 3$ 时,$\hat{R}_l^t(t)$ 的偏差总小于 $\hat{R}_l^p(t)$。

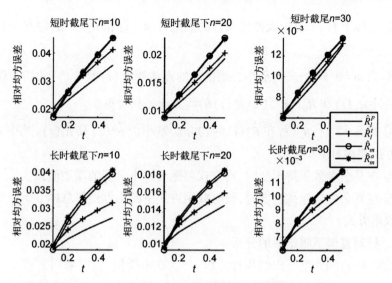

图 4.3　威布尔分布场合不等定时截尾有失效数据下 $m = 0.5$ 时
可靠度点估计的相对均方误差

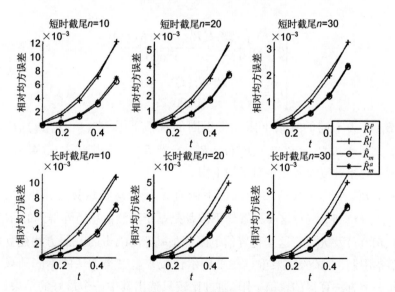

图 4.4　威布尔分布场合不等定时截尾有失效数据下 $m = 3$ 时
可靠度点估计的相对均方误差

⑤ 在其他参数保持不变时,偏差的绝对值随着样本量 n 的增加而减少。

(2) 根据图 4.3 和图 4.4,比较不同点估计的相对均方误差发现以下几点。

① 从数值上看,所有点估计的均方误差总体都比较小。

② 总体上看,来自极大似然估计的点估计 $\hat{R}_m(t)$ 和 $\hat{R}_m^a(t)$ 的均方误差比较接近。

③ 当 $m=0.5$ 时,来自最小二乘估计的点估计 $\hat{R}_l^p(t)$ 及 $\hat{R}_l^i(t)$ 的均方误差小于点估计 $\hat{R}_m(t)$ 和 $\hat{R}_m^a(t)$,其中 $\hat{R}_l^p(t)$ 的均方误差相对更小。

④ 当 $m=3$ 时,$\hat{R}_m(t)$ 和 $\hat{R}_m^a(t)$ 的均方误差小于 $\hat{R}_l^p(t)$ 及 $\hat{R}_l^i(t)$,其中 $\hat{R}_m(t)$ 的均方误差相对更小。

⑤ 在其余参数保持不变时,均方误差随着样本量 n 的增加而减少。

⑥ 在其余参数保持不变时,长时截尾方式下的均方误差总体上小于对应的短时截尾方式。

3. 针对置信下限结果的分析

针对 $R(t)$ 的置信下限的统计分析,与 3.3 节类似,依旧采用覆盖率和平均置信下限两个指标。同样为了消除量纲影响,便于比较,进一步计算覆盖率和置信水平,及平均置信下限和 $R(t)$ 的比值,得到相对覆盖率 c_r 和相对平均下限 l_r,即

$$\begin{cases} c_r = \dfrac{1}{0.9} \sum_{i=1}^{10000} \dfrac{I(R_L^i(t) \leqslant R(t))}{10000} \\ l_r = \dfrac{1}{R(t)} \sum_{i=1}^{10000} \dfrac{R_L^i(t)}{10000} \end{cases} \tag{4.51}$$

式中:$R_L(t)$ 为不同的置信下限。将不同的置信下限 $R_L^{pp}(t)$、$R_L^{pt}(t)$、$R_L^{Lm}(t)$、$R_L^{am}(t)$、$R_L^{aa}(t)$、$R_L^{La}(t)$、$R_L^{Bp}(t)$、$R_L^{Bt}(t)$、$R_L^{Bm}(t)$ 及 $R_L^{Ba}(t)$ 分别代入式(4.51)中,即可得相应的相对覆盖率和相对平均下限。

由于 $R_L^{pp}(t)$ 与 $R_L^{pt}(t)$ 两种置信下限都是基于枢轴量算得的,$R_L^{Lm}(t)$、$R_L^{am}(t)$、$R_L^{aa}(t)$ 和 $R_L^{La}(t)$ 这 4 种置信下限都是基于观测信息矩阵得到的,$R_L^{Bp}(t)$、$R_L^{Bt}(t)$、$R_L^{Bm}(t)$ 及 $R_L^{Ba}(t)$ 这 4 种置信下限都是基于 BCa bootstrap 方法建立的,考虑到篇幅限制,本试验结果重点在于展示比较来自三类方法的不同结果,对于根据同一类方法算得的置信下限,通过比较只选出其中一个最好的结果。经比较后发现以下几点。

(1) 关于 $R_L^{pp}(t)$ 与 $R_L^{pt}(t)$,二者的覆盖率相差不大,但 $R_L^{pt}(t)$ 的平均置信下限更大,因此选择 $R_L^{pt}(t)$ 作为基于枢轴量计算的结果。

(2) 关于 $R_L^{Lm}(t)$、$R_L^{am}(t)$、$R_L^{aa}(t)$ 和 $R_L^{La}(t)$ 这 4 个置信下限的覆盖率都低于相应的置信水平,其中 $R_L^{La}(t)$ 的覆盖率最大,因此选择 $R_L^{La}(t)$ 作为基于观测信

息矩阵计算的结果。

（3）关于 $R_L^{Bp}(t)$、$R_L^{Bt}(t)$、$R_L^{Bm}(t)$ 及 $R_L^{Ba}(t)$，从覆盖率与置信水平的吻合情况考虑，在 $m=0.5$ 和 $m=3$ 时，分别选择 $R_L^{Ba}(t)$ 和 $R_L^{Bp}(t)$ 作为基于 BCa bootstrap 构建的结果。

$R_L^{pt}(t)$ 优于 $R_L^{pp}(t)$ 的对比结果，结合点估计的分析，充分说明了两种最小二乘估计的差异，这也证明了提出式（4.7）中最小二乘估计 $\hat{m}_i'$ 和 $\hat{\eta}_i'$ 的必要性。在 $R_L^{Lm}(t)$、$R_L^{am}(t)$、$R_L^{aa}(t)$ 和 $R_L^{La}(t)$ 中，$R_L^{La}(t)$ 的覆盖率最接近于相应的置信水平，这充分说明了式（4.43）中的观测信息矩阵优于式（4.41）中的近似信息矩阵。

图 4.5 至图 4.8 展示了在不同参数组合下三类可靠度置信下限 $R_L^{pt}(t)$、$R_L^{La}(t)$ 及 $R_L^{Ba}(t)$ 或 $R_L^{Bp}(t)$ 的 c_r 和 l_r。其中图 4.5 绘制了 $m=0.5$ 时不同的样本量 n 及截尾方式组合下三类可靠度置信下限的相对覆盖率，其中上半部分的 3 幅图依次对应短时截尾下 $n=10$、$n=20$ 及 $n=30$ 时可靠度置信下限的相对覆盖率，下半部分的 3 幅图依次对应长时截尾下 $n=10$、$n=20$ 及 $n=30$ 时可靠度置信下限的相对覆盖率。类似地，将 $m=3$ 时的相对覆盖率及 $m=0.5$ 和 $m=3$ 时的相对平均下限分别展示在图 4.6 至图 4.8 中。

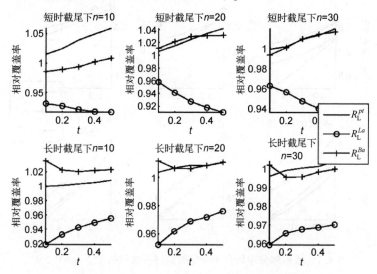

图 4.5　威布尔分布场合不等定时截尾有失效数据下 $m=0.5$ 时
可靠度置信下限的相对覆盖率

（1）根据图 4.5 和图 4.6，比较置信下限的相对覆盖率可以发现以下几点。

① 基于观测信息矩阵构建的置信下限 $R_L^{La}(t)$ 的覆盖率小于相应的置信水平。

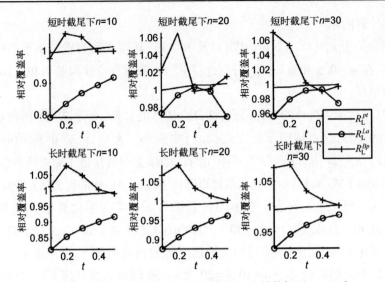

图 4.6 威布尔分布场合不等定时截尾有失效数据下 $m=3$ 时
可靠度置信下限的相对覆盖率

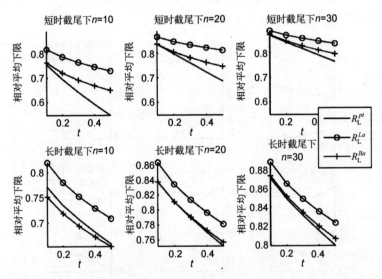

图 4.7 威布尔分布场合不等定时截尾有失效数据下 $m=0.5$ 时
可靠度置信下限的相对平均下限

② 当 $m=0.5$ 时,基于枢轴量构建的置信下限 $R_L^{pt}(t)$ 和基于 BCa bootstrap 方法求得的 $R_L^{Ba}(t)$ 的覆盖率,与置信水平的吻合程度都比较好,且二者差别不大。

③ 当 $m=3$ 时,$R_L^{pt}(t)$ 的覆盖率与置信水平的吻合程度非常好,而 $R_L^{Bp}(t)$ 的

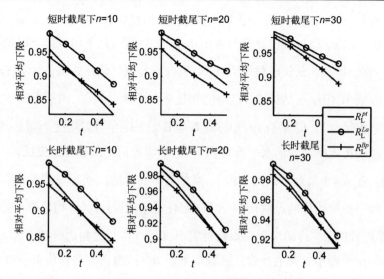

图 4.8　威布尔分布场合不等定时截尾有失效数据下 $m=3$ 时
可靠度置信下限的相对平均下限

覆盖率略大于置信水平。

（2）根据图 4.7 和图 4.8，比较置信下限的相对平均下限发现以下几点。

① $R_L^{La}(t)$ 的平均置信下限恒大于其他两个置信下限。

② 在 $m=0.5$ 及短时截尾方式下，$R_L^{Ba}(t)$ 的平均置信下限大于 $R_L^{pt}(t)$；而在 $m=0.5$ 及长时截尾方式下，$R_L^{Ba}(t)$ 和 $R_L^{pt}(t)$ 的平均置信下限互有优劣，当 $n=10$ 时 $R_L^{pt}(t)$ 更大，当 $n=20$ 和 $n=30$ 时 $R_L^{Ba}(t)$ 更大。

③ 当 $m=3$ 时，若 $n=10$，则任务时刻 t 较小时 $R_L^{pt}(t)>R_L^{Bp}(t)$，任务时刻 t 较大时 $R_L^{Bp}(t)>R_L^{pt}(t)$，若 $n=20$ 和 $n=30$，$R_L^{pt}(t)>R_L^{Bp}(t)$。

④ 在其他参数保持不变时，平均置信下限随着样本量 n 的增加而增大。

⑤ 在其他参数保持不变时，长时截尾方式下的平均置信下限高于相应的短时截尾方式。

4.3.3　试验结论

通过以上对仿真结果的分析，对比可靠度的不同点估计和置信下限以及现有研究中的相应方法，可总结得到以下结论。

（1）在 $m=0.5$ 及短时截尾方式下，基于近似极大似然估计的点估计 $\hat{R}_m^a(t)$ 偏差的绝对值最小。虽然此时 $\hat{R}_l^p(t)$ 的均方误差相对更小，但 $\hat{R}_m^a(t)$ 的均方误差与其的差距可以接受。此外,基于近似极大似然估计及BCa bootstrap 算法得到的置信下限 $R_L^{Ba}(t)$,其覆盖率与置信水平非常吻合,且平均置信下限最大。

(2) 在 $m=0.5$ 及长时截尾方式下,来自极大似然估计的点估计 $\hat{R}_m(t)$ 的偏差绝对值最小,但是点估计 $\hat{R}_m^a(t)$ 与之相比差别不大。另外,虽然此时 $\hat{R}_l^p(t)$ 的均方误差相对更小,但 $\hat{R}_m^a(t)$ 的均方误差与其的差距也可以接受。而且,置信下限 $R_L^{Ba}(t)$ 的覆盖率与置信水平非常吻合,且平均置信下限总体上更优。

(3) 在 $m=3$ 及短时截尾方式下,点估计 $\hat{R}_m(t)$ 的偏差绝对值最小,而在两个来自最小二乘估计的点估计中,$\hat{R}_l^t(t)$ 相对更好,但与 $\hat{R}_m(t)$ 相比有一定差距。另外,虽然此时 $\hat{R}_m(t)$ 的均方误差相对更小,但 $\hat{R}_l^t(t)$ 与之相比差别不大。而且,基于枢轴量和最小二乘估计建立的置信下限 $R_L^{pt}(t)$ 覆盖率与置信水平吻合程度最高,平均置信下限总体上也更优。

(4) 在 $m=3$ 及长时截尾方式下,在两个来自最小二乘估计的点估计中,仍是 $\hat{R}_l^t(t)$ 的偏差绝对值相对更小,但与最小的 $\hat{R}_m(t)$ 相比有一定差距。另外,$\hat{R}_l^t(t)$ 的均方误差与最小的 $\hat{R}_m(t)$ 相比,差别不大。而且,置信下限 $R_L^{pt}(t)$ 覆盖率和平均置信下限总体上都是最好的。

(5) 当样本量 n 越大,且截止时间 $\tau_1<\tau_2<\tau_3\cdots<\tau_n$ 越大时,点估计和置信下限估计结果的精度都会随之变好。

(6) 对于最小二乘估计的两种结果,从点估计 $\hat{R}_l^p(t)$ 和 $\hat{R}_l^t(t)$ 的角度而言,二者的偏差和均方误差在不同的数据条件下各有优劣,但从置信下限 $R_L^{pp}(t)$ 和 $R_L^{pt}(t)$ 的角度而言,$R_L^{pt}(t)$ 更优于 $R_L^{pp}(t)$。$\hat{R}_l^p(t)$ 和 $R_L^{pp}(t)$ 是基于式(4.6)中的最小二乘估计求得的,这是关于最小二乘估计的现有研究中普遍采用的方法。但是 $\hat{R}_l^t(t)$ 和 $R_L^{pt}(t)$ 却是基于式(4.7)中的最小二乘估计求得的,是本书新提出的,这充分证明了本章分析另一种最小二乘估计的必要性。

(7) 对于近似极大似然估计和极大似然估计两种方法的对比,在利用这两种方法求解点估计 $\hat{R}_m^a(t)$ 和 $\hat{R}_m(t)$ 时,二者的均方误差比较接近,但是偏差却互有优劣,因此从点估计的角度而言,很难说明二者谁更优。但是在构建置信下限时,不论是基于观测信息矩阵,还是基于 BCa bootstrap 方法,基于近似极大似然估计所求得的结果都更优,因此从置信下限的角度而言,近似极大似然估计更优。再加上近似极大似然估计给出了解析表达式,因此总体上而言,近似极大似然估计优于极大似然估计。这说明本章提出的近似极大似然估计是有意义的。

（8）在基于 Fisher 信息矩阵构建可靠度的置信下限时，目前普遍采用式（4.41）中的近似信息矩阵，但是在试验中通过结果的分析，发现基于式（4.43）中的观测信息矩阵构建置信下限时，明显提高了结果的精度，这证明了研究观测信息矩阵的价值。

（9）由于式（4.7）中的最小二乘估计优于式（4.6）中的结果，近似极大似然估计优于极大似然估计，式（4.43）中的观测信息矩阵优于式（4.41）中的近似信息矩阵，因此本书提出的方法都相应地优于现有研究，从而提高了可靠度评估结果的精度。

结合以上试验结论，在采用具体方法解决工程实际问题时，提出以下建议。

（1）当 $m<1$ 时，有以下几点。

① 若只需提供 $R(t)$ 的点估计，则当样本中失效数据比较少时应利用近似极大似然估计，根据式（4.31）给出 $\hat{R}_m^a(t)$，当样本中失效数据比较多时，应利用极大似然估计，根据式（4.14）给出 $\hat{R}_m(t)$。

② 若需同时提供 $R(t)$ 的点估计和置信下限，应利用近似极大似然估计，根据式（4.31），求解 $\hat{R}_m^a(t)$，进一步基于近似极大似然估计，运行算法 4.3，利用 BCa bootstrap 算法建立 $R(t)$ 的置信下限。

（2）当 $m>1$ 时，有以下几点。

① 若只需 $R(t)$ 的点估计，则应利用极大似然估计，根据式（4.14）提供 $\hat{R}_m(t)$。

② 若同时需要 $R(t)$ 的点估计和置信下限，应利用最小二乘估计，根据式（4.9）给出点估计 $\hat{R}_l(t)$，进一步基于枢轴量法，运行算法 4.2，根据式（4.39）建立 $R(t)$ 的置信下限。

③ 特别地，当样本中只有一个失效数据时，此时不能获得最小二乘估计，可利用近似极大似然估计，根据式（4.31），求解 $\hat{R}_m^a(t)$ 作为点估计，并进一步基于近似极大似然估计，根据式（4.48）建立 $\hat{R}_L^{La}(t)$ 作为置信下限。

（3）在寿命试验中，应尽可能地多投入样品以增大样品量，且设置更长的截止时间，来提高点估计和置信下限估计结果的精度。

4.4　本　章　小　结

本章指出了有失效数据下电子产品型单机外其他类型单机可靠度评估的

一般思路,并针对机电产品型单机,在威布尔分布场合,通过研究可靠度$R(t)$的点估计和置信下限,说明了上述思路的应用,具体开展了以下工作。

(1) 根据最小二乘法,给出$R(t)$的两种最小二乘估计,并据此提出基于枢轴量的构建$R(t)$置信下限的方法。

(2) 根据极大似然法,给出$R(t)$的极大似然估计,并讨论了极大似然估计的存在性,指明了其不存在的条件。

(3) 针对极大似然估计无法给出解析表达式这一弊端,提出了$R(t)$的近似极大似然估计,并给出了解析式。

(4) 基于Louis算法,推出了威布尔分布参数的观测信息矩阵,并将分布参数的极大似然估计的协方差转化为可靠度的极大似然估计的方差,结合极大似然估计的渐进正态性,提出了基于观测信息矩阵的构建$R(t)$置信下限的方法。

(5) 根据BCa bootstrap算法,给出了$R(t)$的BCa bootstrap置信下限。

(6) 通过仿真试验的分析,比较了不同的点估计和置信下限,并为采用具体方法解决工程实际问题提出了有针对性的建议。分析结果表明,本书提出的方法优于现有研究,从而提高了可靠度评估结果的精度。

第5章　不等定时截尾无失效数据下
单机的可靠度评估

卫星平台是典型的高可靠性产品,其中的很多单机所收集到的在轨运行时间数据,即不等定时截尾数据都没有失效数据,并且也没有收集到性能退化数据。这就带来如何根据不等定时截尾无失效数据评估单机可靠度的问题,也是本章的主要研究内容。

本章所研究的问题可以描述为:假定共投入 n 个试验单元进行寿命试验,每个单元的寿命 $T_i \sim f(t; \theta)$,其中 $i = 1, 2, 3, \cdots, n$。相应地,可靠度函数为 $R(t; \theta)$。为每个单元设定试验截止时间 $\tau_1 < \tau_2 < \tau_3 \cdots < \tau_n$,试验过程中所有样品没有失效。记试验结束后收集到的无失效样本为 t_i,其中 $t_i = \tau_i (i = 1, 2, 3, \cdots, n)$。因此,事实上存在 $t_1 < t_2 < t_3 < \cdots < t_n$。进一步,记 $s_i = n + 1 - i$,代表寿命试验中 t_i 时刻还未停止试验的样本量。

目前在无失效数据下评估可靠度时,应用最为广泛的方法是茆诗松等[72]提出的配分布曲线法(match distribution curve method),其实质就是最小二乘估计。该方法的核心思想是首先估计每个样本 t_i 时刻处的失效概率 $\hat{p}_i$,再运用最小二乘法,通过曲线拟合将 $(t_i, \hat{p}_i)$ 配成一条分布曲线,可以获得分布参数的估计,继而就可对可靠度等其他指标进行估计。现有研究中的配分布曲线法只获得了可靠度的点估计,不能获得可靠度的置信下限。但事实上经过改进配分布曲线法可以同时求得可靠度的置信下限。本章利用配分布曲线法给出可靠度点估计和置信下限的求解方法。

在介绍一般思路前,引入下列符号。令 $p_i = F(t_i) = p(T \leqslant t_i)$ 代表样本 t_i 时刻的失效概率,可知 $p_1 < p_2 < p_3 < \cdots < p_n$。记 $\hat{p}_i$ 为 p_i 的点估计,则点估计应满足 $\hat{p}_1 < \hat{p}_2 < \hat{p}_3 < \cdots < \hat{p}_n$,本书称这种大小关系为"次序性"。记 p_i^u 为 p_i 在置信水平 $1 - \alpha$ 下的置信上限,$\hat{p}_i^u$ 为 p_i^u 的估计值。类似地,置信上限也应满足"次序性",即 $\hat{p}_1^u < \hat{p}_2^u < \hat{p}_3^u < \cdots < \hat{p}_n^u$。$\hat{p}_i$ 和 $\hat{p}_i^u$ 是利用配分布曲线法求解可靠度 $R(t)$ 的点估计 $\hat{R}(t)$ 及置信下限 $R_L(t)$ 的关键变量。无失效数据下评估单机可靠度的一般思路如下。

(1) 根据不等定时截尾无失效数据 $t_i(i = 1, 2, 3, \cdots, n)$,依据某种方法给出

t_i 处失效概率的点估计 $\hat{p}_i$。

（2）利用诸点 $(t_i,\hat{p}_i)$，通过分布拟合给出分布曲线，求得分布参数 θ 的点估计 $\hat{\theta}$。

（3）将点估计 $\hat{\theta}$ 代入可靠度函数 $R(t;\theta)$ 中，可得可靠度的点估计 $\hat{R}(t)$ 为 $R(t;\hat{\theta})$。

（4）依据某种方法给出 t_i 处失效概率置信上限的估计 $\hat{p}_i^u$。

（5）利用诸点 $(t_i,\hat{p}_i^u)$，通过分布拟合给出失效概率置信上限曲线，求得分布参数 θ 的置信限 θ_{L}。

（6）将置信限 θ_{L} 代入可靠度函数 $R(t;\theta)$ 中求得可靠度的置信下限 $R_{\mathrm{L}}(t)$ 为 $R(t;\theta_{\mathrm{L}})$。

接下来分别以电子产品和机电产品型单机为例，相应地基于指数分布和威布尔分布，探讨相应单机可靠度的评估方法，求解可靠度的点估计及置信下限。

5.1　不等定时截尾无失效数据下失效概率的估计

从无失效数据下单机可靠度评估的一般思路可知，失效概率的估计，包括点估计和置信上限估计，是其中的关键内容。本节分别提供失效概率点估计及置信上限估计的求解方法。

5.1.1　不等定时截尾无失效数据下失效概率的点估计

此处采用茆诗松等[72]提出的 Bayes 多层先验法求解 $\hat{p}_i$。假定失效概率 p_i 的验前分布为共轭贝塔分布，即

$$\pi(p_i|a,b)=\frac{p_i^{a-1}(1-p_i)^{b-1}}{B(a,b)} \tag{5.1}$$

其中

$$B(a,b)=\int_0^1 x^{a-1}(1-x)^{b-1}\mathrm{d}x \tag{5.2}$$

为贝塔函数。对于无失效样本，考虑到在较长的试验时间后仍旧没有失效，因此认为 p_i 取值小的概率比较大，而取值大的概率比较小，这就是所谓的减函数原则。注意到，当 $a\leqslant 1$、$b\geqslant 1$ 时，对于式（5.1）中的 $\pi(p_i|a,b)$，其导数满足

$$\frac{\mathrm{d}}{\mathrm{d}p_i}\pi(p_i|a,b) = \frac{p_i^{a-2}(1-p_i)^{b-2}}{B(a,b)}[(a-1)(1-p_i)-p_i(b-1)] \leqslant 0$$

此时 $\pi(p_i|a,b)$ 满足减函数特性。由于此处没有关于失效概率 p_i 的其他信息，无法确定超参数 a 和 b，于是进一步认为 a 和 b 服从均匀分布：$a \sim U(0,1)$、$b \sim U(1,c)$，其中参数 c 为超参数 b 的上限。如此可构建 p_i 的多层先验分布，即

$$\pi(p_i) = \int_1^c \int_0^1 \frac{p_i^{a-1}(1-p_i)^{b-1}}{(c-1)B(a,b)}\mathrm{d}a\mathrm{d}b$$

而关于 p_i 的似然函数为 $L(s_i|p_i) = (1-p_i)^{s_i}$。根据式(1.3)的 Bayes 公式，可求得 p_i 的验后分布为

$$\pi(p_i|s_i) = \frac{\displaystyle\int_1^c \int_0^1 \frac{p_i^{a-1}(1-p_i)^{s_i+b-1}}{B(a,b)}\mathrm{d}a\mathrm{d}b}{\displaystyle\int_1^c \int_0^1 \int_{l_i}^{u_i} \frac{p_i^{a-1}(1-p_i)^{s_i+b-1}}{B(a,b)}\mathrm{d}p_i\mathrm{d}a\mathrm{d}b} \tag{5.3}$$

式中：p_i 的取值范围为 $l_i \leqslant p_i \leqslant u_i$，而 $l_i \geqslant 0$，$u_i \leqslant 1$。在平方损失下，p_i 的 Bayes 点估计 $\hat{p}_i$ 为式(5.3)的验后分布期望值，即

$$\hat{p}_i = \int_{l_i}^{u_i} p_i \pi(p_i|s_i)\mathrm{d}p_i$$

$$= \frac{\displaystyle\int_1^c \int_0^1 \int_{l_i}^{u_i} \frac{p_i^a(1-p_i)^{s_i+b-1}}{B(a,b)}\mathrm{d}p_i\mathrm{d}a\mathrm{d}b}{\displaystyle\int_1^c \int_0^1 \int_{l_i}^{u_i} \frac{p_i^{a-1}(1-p_i)^{s_i+b-1}}{B(a,b)}\mathrm{d}p_i\mathrm{d}a\mathrm{d}b} \tag{5.4}$$

特别地，当 $l_i=0$、$u_i=1$ 时，式(5.3)变为

$$\pi(p_i|s_i) = \frac{\displaystyle\int_1^c \int_0^1 \frac{p_i^{a-1}(1-p_i)^{s_i+b-1}}{B(a,b)}\mathrm{d}a\mathrm{d}b}{\displaystyle\int_1^c \int_0^1 \frac{B(a,s_i+b)}{B(a,b)}\mathrm{d}a\mathrm{d}b} \tag{5.5}$$

而式(5.4)则变为

$$\hat{p}_i = \frac{\displaystyle\int_1^c \int_0^1 \frac{B(a+1,s_i+b)}{B(a,b)}\mathrm{d}a\mathrm{d}b}{\displaystyle\int_1^c \int_0^1 \frac{B(a,s_i+b)}{B(a,b)}\mathrm{d}a\mathrm{d}b} \tag{5.6}$$

式中：$B(a,b)$ 为式(5.2)中的贝塔函数。

1. 确定失效概率的取值范围

关于失效概率 p_i 的取值范围 l_i 和 u_i，现有研究中有两种设定方法，一是令 $l_i=0$ 和 $u_i=1$，二是依据分布函数的凹凸性及函数特性，提出更精确的取值范围。

对于式(4.1)中威布尔分布的分布函数 $F(t;m,\eta)$，当 $m\leqslant1$ 时，其二阶导数满足

$$\frac{\mathrm{d}^2F(t)}{\mathrm{d}t^2}=\frac{m^2}{\eta^2}\left(\frac{t}{\eta}\right)^{m-2}\left(\frac{m-1}{m}-\frac{t^m}{\eta^m}\right)\exp\left[-\left(\frac{t}{\eta}\right)^m\right]<0$$

此时有

$$\frac{p_1}{t_1}>\cdots>\frac{p_{i-1}}{t_{i-1}}>\frac{p_i}{t_i}>\cdots>\frac{p_n}{t_n}$$

于是可得

$$p_{i-1}<p_i<\frac{t_i}{t_{i-1}}p_{i-1} \tag{5.7}$$

而当 $m>1$ 时，根据式(4.2)，存在

$$\begin{cases}\ln[-\ln(1-p_i)]=m\ln t_i-m\ln\eta\\ \ln[-\ln(1-p_{i-1})]=m\ln t_{i-1}-m\ln\eta\end{cases}$$

两式相减得

$$\ln\frac{\ln(1-p_i)}{\ln(1-p_{i-1})}=m\ln\frac{t_i}{t_{i-1}}>\ln\frac{t_i}{t_{i-1}}$$

进一步可知

$$p_i\geqslant1-(1-p_{i-1})^{\frac{t_i}{t_{i-1}}} \tag{5.8}$$

根据式(5.7)和式(5.8)，可总结出基于 $F(t;m,\eta)$ 的凹凸性及函数特性所确定的取值范围为[239]

$$\begin{cases}l_i=\begin{cases}p_{i-1}, & m\leqslant1\\ 1-(1-p_{i-1})^{\frac{t_i}{t_{i-1}}}, & m>1\end{cases}\\ u_i=\begin{cases}\frac{t_i}{t_{i-1}}p_{i-1}, & m\leqslant1\\ 1, & m>1\end{cases}\quad i\geqslant2\end{cases} \tag{5.9}$$

在实际计算中，由于式(5.9)中的 p_{i-1} 未知，只能用 p_{i-1} 的估计 $\hat{p}_{i-1}$ 来代替。

后文将证明式(5.9)和 $l_i=0$、$u_i=1$ 两种取值范围都可以使得 $\hat{p}_i$ 满足次序

性,但本书仍旧选择 $l_i=0$、$u_i=1$ 这种取值范围。这是因为,虽然式(5.9)的取值范围更精确,但在实际应用中,由于真实的 p_{i-1} 未知,只能代入点估计 $\hat{p}_{i-1}$,而点估计 $\hat{p}_{i-1}$ 总是有误差的,这种误差会在逐步的求解点估计 $\hat{p}_i$ 时层层累积[107],影响最终的结果。因此,后续的研究将基于取值范围 $l_i=0$ 和 $u_i=1$ 开展,即按照式(5.6)求解 $\hat{p}_i$。

2. 次序性的分析

一个估计失效概率 p_i 的方法应满足次序性,即 $\hat{p}_1<\hat{p}_2<\hat{p}_3<\cdots<\hat{p}_n$。本节将证明无论是选择式(5.9)的取值范围,还是设定取值范围为 $l_i=0$、$u_i=1$,按照式(5.4)算得的 $\hat{p}_i$ 都满足次序性。

若采用式(5.9)的取值范围,当 $m\leqslant 1$ 时,由于 $l_{i+1}=\hat{p}_i$,故 $\hat{p}_i<\hat{p}_{i+1}$;而当 $m>1$ 时,由于 $l_{i+1}=1-(1-\hat{p}_i)^{\frac{t_{i+1}}{t_i}}>\hat{p}_i$,故仍有 $\hat{p}_i<\hat{p}_{i+1}$。于是在式(5.9)的取值范围下,次序性成立。

当采用取值范围 $l_i=0$ 和 $u_i=1$ 时,茆诗松等[72]在特殊情况下证明了次序性的成立。此处给出一般情况下的证明。根据式(5.6),注意到 $\hat{p}_i$ 是关于 s_i 的函数。为了便于证明,引入函数

$$p(s)=\frac{\int_1^c\int_0^1\frac{B(a+1,s+b)}{B(a,b)}\mathrm{d}a\mathrm{d}b}{\int_1^c\int_0^1\frac{B(a,s+b)}{B(a,b)}\mathrm{d}a\mathrm{d}b} \tag{5.10}$$

现欲证明 $\hat{p}_i<\hat{p}_{i+1}$,考虑到此时 $s_i>s_{i+1}$,故若函数 $p(s)$ 是关于 s 的减函数,就可以证明次序性成立。为此,先求解 $p(s)$ 的一阶导数,可得

$$\frac{\mathrm{d}p(s)}{\mathrm{d}s}=\left[\int_1^c\int_0^1\frac{B(a,s+b)}{B(a,b)}\mathrm{d}a\mathrm{d}b\right]^{-2}g(s)$$

其中

$$g(s)=\int_1^c\int_0^1\frac{1}{B(a,b)}\frac{\partial B(a+1,s+b)}{\partial s}\mathrm{d}a\mathrm{d}b\int_1^c\int_0^1\frac{B(a,s+b)}{B(a,b)}\mathrm{d}a\mathrm{d}b$$
$$-\int_1^c\int_0^1\frac{B(a+1,s+b)}{B(a,b)}\mathrm{d}a\mathrm{d}b\int_1^c\int_0^1\frac{1}{B(a,b)}\frac{\partial B(a,s+b)}{\partial s}\mathrm{d}a\mathrm{d}b$$

根据贝塔函数的性质知

$$\frac{\partial B(a,b)}{\partial b}=B(a,b)\left[\varphi^{(1)}(b)-\varphi^{(1)}(a+b)\right] \tag{5.11}$$

其中 $\varphi^{(1)}(b)$ 的定义见式(4.44)。将式(5.11)代入 $g(s)$ 可得

$$g(s) = \int_1^c\int_0^1 \frac{B(a+1,s+b)}{B(a,b)}[\varphi^{(1)}(s+b)-\varphi^{(1)}(a+1+s+b)]dadb\int_1^c\int_0^1\frac{B(a,s+b)}{B(a,b)}dadb$$

$$-\int_1^c\int_0^1\frac{B(a+1,s+b)}{B(a,b)}dadb\int_1^c\int_0^1\frac{B(a,s+b)}{B(a,b)}[\varphi^{(1)}(s+b)-\varphi^{(1)}(a+s+b)]dadb$$

又由于

$$\frac{B(a+1,s+b)}{B(a,b)}=\frac{B(a,s+b)}{B(a,b)}\frac{a}{(a+s+b)} \tag{5.12}$$

故可将 $g(s)$ 化简为

$$g(s) = \int_1^c\int_0^1\frac{aB(a,s+b)}{(a+s+b)B(a,b)}[\varphi^{(1)}(s+b)$$

$$-\varphi^{(1)}(a+1+s+b)]dadb\int_1^c\int_0^1\frac{B(a,s+b)}{B(a,b)}dadb$$

$$+\int_1^c\int_0^1\frac{aB(a,s+b)}{(a+s+b)B(a,b)}dadb\int_1^c\int_0^1\frac{B(a,s+b)}{B(a,b)}[\varphi^{(1)}(a+s+b)$$

$$-\varphi^{(1)}(s+b)]dadb$$

进一步有

$$g(s) < \int_1^c\int_0^1\frac{B(a,s+b)}{B(a,b)}[\varphi^{(1)}(s+b)-\varphi^{(1)}(a+1+s+b)]dadb\int_1^c\int_0^1\frac{B(a,s+b)}{B(a,b)}dadb$$

$$+\int_1^c\int_0^1\frac{B(a,s+b)}{B(a,b)}dadb\int_1^c\int_0^1\frac{B(a,s+b)}{B(a,b)}[\varphi^{(1)}(a+s+b)-\varphi^{(1)}(s+b)]dadb$$

利用积分的性质,通过变换可得

$$g(s) < \int_1^c\int_0^1\int_1^c\int_0^1\frac{B(a,s+b)B(x,s+y)}{B(a,b)B(x,y)}[\varphi^{(1)}(s+b)-\varphi^{(1)}(a+1+s+b)]dadbdxdy$$

$$+\int_1^c\int_0^1\int_1^c\int_0^1\frac{B(x,s+y)B(a,s+b)}{B(x,y)B(a,b)}[\varphi^{(1)}(a+s+b)-\varphi^{(1)}(s+b)]dadbdxdy$$

$$=\int_1^c\int_0^1\int_1^c\int_0^1\frac{B(a,s+b)B(x,s+y)}{B(a,b)B(x,y)}[\varphi^{(1)}(a+s+b)-\varphi^{(1)}(a+1+s+b)]dadbdxdy$$

易得 $g(s)<0$,故 $\frac{dp(s)}{ds}<0$,可知 $p(s)$ 是关于 s 的减函数。于是当 $s_i>s_{i+1}$ 时,可得 $\hat{p}_i<\hat{p}_{i+1}$,因而在取值范围 $l_i=0$ 和 $u_i=1$ 下,次序性也成立。

在两种取值范围下,都可以证明 $\hat{p}_i<\hat{p}_{i+1}$,因此式(5.4)中提出的求解 $\hat{p}_i$ 的方法是有效的。

3. 点估计的解析表达式求解

式(5.6)中的 $\hat{p}_i$ 包含了积分表达式,现有研究都提出利用相关的数值近似算法或借助于数学软件进行求解,这显然不利于工程应用。下面将依据式(5.6)给出 $\hat{p}_i$ 的解析表达式,主要是计算其中的积分表达式。

为了简化处理,先分析式(5.10)中的函数 $p(s)$。根据式(5.12),可得

$$p(s) = \frac{\int_1^c \int_0^1 \frac{B(a,s+b)}{B(a,b)} \frac{a}{(a+s+b)} \mathrm{d}a\mathrm{d}b}{\int_1^c \int_0^1 \frac{B(a,s+b)}{B(a,b)} \mathrm{d}a\mathrm{d}b}$$

进一步有

$$p(s) = \frac{\int_1^c \int_0^1 \frac{B(a,s+b)}{B(a,b)} \left(1 - \frac{s+b}{a+s+b}\right) \mathrm{d}a\mathrm{d}b}{\int_1^c \int_0^1 \frac{B(a,s+b)}{B(a,b)} \mathrm{d}a\mathrm{d}b}$$

$$= 1 - \frac{\int_1^c \int_0^1 \frac{B(a,s+b)}{B(a,b)} \left(\frac{s+b}{a+s+b}\right) \mathrm{d}a\mathrm{d}b}{\int_1^c \int_0^1 \frac{B(a,s+b)}{B(a,b)} \mathrm{d}a\mathrm{d}b}$$

$$= 1 - \frac{N}{D}$$

接下来依次分析分母 D 和分子 N。首先考虑分母 D。式(5.2)中的贝塔函数可用伽马函数表示为 $B(a,b) = \dfrac{\Gamma(a)\Gamma(b)}{\Gamma(a+b)}$,因此可将分母 D 转化为

$$D = \int_1^c \int_0^1 \frac{\dfrac{\Gamma(a)\Gamma(s+b)}{\Gamma(a+s+b)}}{\dfrac{\Gamma(a)\Gamma(b)}{\Gamma(a+b)}} \mathrm{d}a\mathrm{d}b$$

$$= \int_1^c \int_0^1 \frac{\Gamma(s+b)}{\Gamma(a+s+b)} \frac{\Gamma(a+b)}{\Gamma(b)} \mathrm{d}a\mathrm{d}b$$

由于 $a>0$、$b>0$ 且 $s\geq 1$ 为正整数,根据伽马函数的性质,可得

$$\Gamma(a+s+b) = (a+b)(a+b+1)\cdots(a+b+s-1)\Gamma(a+b)$$

$$\Gamma(s+b) = b(b+1)\cdots(b+s-1)\Gamma(b)$$

通过引入阶乘幂符号(pochhammer symbol)[240]

$$(b)_s = \begin{cases} 1, & s=0 \\ b(b+1)\cdots(b+s-1), & s>1 \end{cases} \tag{5.13}$$

97

其中 s 是正整数,可将 D 表示为

$$D = \int_1^c \int_0^1 \frac{(b)_s}{(a+b)_s} \mathrm{d}a \mathrm{d}b$$

可通过展开 $(b)_s$ 及拆分 $\frac{1}{(a+b)_s}$ 求解 D。

注意到 $(b)_s$ 展开后应为幂级数的形式,且系数与数列 $0,1,2,\cdots,s-1$ 的排列组合有关,为此利用第一类斯特林数(Stirling numbers of the first kind)[241]确定各个系数,并将 $(b)_s$ 展开为

$$(b)_s = \sum_{k=0}^s \begin{bmatrix} s \\ k \end{bmatrix} b^k$$

其中

$$\begin{bmatrix} s \\ s \end{bmatrix} = 1(s \geqslant 0), \quad \begin{bmatrix} s \\ 0 \end{bmatrix} = 0(s>0)$$

例如,当 $s=3$ 时,由于

$$\begin{bmatrix} 3 \\ 0 \end{bmatrix} = 0, \quad \begin{bmatrix} 3 \\ 1 \end{bmatrix} = 2, \quad \begin{bmatrix} 3 \\ 2 \end{bmatrix} = 3, \quad \begin{bmatrix} 3 \\ 3 \end{bmatrix} = 1,$$

则有

$$(b)_3 = b(b+1)(b+2)$$

$$= \sum_{k=0}^3 \begin{bmatrix} 3 \\ k \end{bmatrix} b^k$$

$$= 2b + 3b^2 + b^3$$

注意到拆分 $\frac{1}{(a+b)_s}$ 为分式的和后,各个分式的分子应为常数项,为此利用赫维赛德法(Heaviside cover-up method)[242]确定各个分子,可得

$$\frac{1}{(a+b)_s} = \sum_{i=0}^{s-1} \frac{q_i^D}{a+b+i}$$

其中

$$q_i^D = \prod_{\substack{j=0 \\ j \neq i}}^{s-1} \frac{1}{j-i} \tag{5.14}$$

在 $(b)_s$ 展开和 $\frac{1}{(a+b)_s}$ 拆分后的基础上,可将 D 表示为

$$D = \int_1^c \int_0^1 \left(\sum_{k=0}^s \begin{bmatrix} s \\ k \end{bmatrix} b^k \right) \left(\sum_{i=0}^{s-1} \frac{q_i^D}{a+b+i} \right) \mathrm{d}a \mathrm{d}b$$

易得

$$D = \sum_{k=0}^{s} \sum_{i=0}^{s-1} \begin{bmatrix} s \\ k \end{bmatrix} q_i^D \int_1^c b^k \int_0^1 \frac{1}{a+b+i} \mathrm{d}a\mathrm{d}b$$

$$= \sum_{k=0}^{s} \sum_{i=0}^{s-1} \begin{bmatrix} s \\ k \end{bmatrix} q_i^D \int_1^c b^k [\ln(b+i+1) - \ln(b+i)]\mathrm{d}b$$

$$= \sum_{k=0}^{s} \sum_{i=0}^{s-1} \begin{bmatrix} s \\ k \end{bmatrix} q_i^D \left[\int_{i+2}^{i+1+c} (b-i-1)^k \ln b\mathrm{d}b - \int_{i+1}^{i+c} (b-i)^k \ln b\mathrm{d}b \right]$$

为此提取出积分 $\int_b (b+x)^k \ln b\mathrm{d}b$ 进行分析。

利用二项展开公式可得

$$\int_b (b+x)^k \ln b\mathrm{d}b = \int_b \left(\sum_{j=0}^{k} C_k^j x^{k-j} b^j \right) \ln b\mathrm{d}b$$

$$= \sum_{j=0}^{k} C_k^j x^{k-j} \int_b b^j \ln b\mathrm{d}b$$

根据分部积分法,可得

$$\int_b (b+x)^k \ln b\mathrm{d}b = \sum_{j=0}^{k} C_k^j x^{k-j} \frac{1}{j+1} \left(b^{j+1}\ln b - \frac{1}{j+1} b^{j+1} \right)$$

$$= \sum_{j=0}^{k} \frac{k!\ x^{k-j} b^{j+1}}{(j+1)!\ (k-j)!}\ln b - \sum_{j=0}^{k} \frac{C_k^j x^{k-j} b^{j+1}}{(j+1)^2}$$

对于其中的 $\sum_{j=0}^{k} \frac{k!\ x^{k-j} b^{j+1}}{(j+1)!\ (k-j)!}\ln b$ 项,可通过变换得

$$\sum_{j=0}^{k} \frac{k!\ x^{k-j} b^{j+1}}{(j+1)!\ (k-j)!}\ln b = \sum_{j=1}^{k+1} \frac{k!\ x^{k-j+1} b^j}{j!\ (k-j+1)!}\ln b$$

$$= \frac{(\ln b)}{k+1} \left[\sum_{j=0}^{k+1} \frac{(k+1)!\ x^{k+1-j} b^j}{j!\ (k+1-j)!} - x^{k+1} \right]$$

再通过二项展开,得

$$\sum_{j=0}^{k} \frac{k!\ x^{k-j} b^{j+1}}{(j+1)!\ (k-j)!}\ln b = \frac{1}{k+1} [(b+x)^{k+1} - x^{k+1}]\ln b$$

故有

$$\int_b (b+x)^k \ln b\mathrm{d}b = \frac{1}{k+1} [(b+x)^{k+1} - x^{k+1}]\ln b - \sum_{j=0}^{k} \frac{C_k^j x^{k-j} b^{j+1}}{(j+1)^2}$$

最终可得分母 D 的解析式为

$$D = \sum_{k=0}^{s} \sum_{i=0}^{s-1} \begin{bmatrix} s \\ k \end{bmatrix} q_i^D \left[\frac{h(c,i,k)}{k+1} - w(c,k,i) \right] \qquad (5.15)$$

其中

$$
\begin{cases}
h(c,i,k) = [c^{k+1} - (-i-1)^{k+1}]\ln(i+1+c) - [1-(-i-1)^{k+1}]\ln(i+2) \\
\qquad\quad - [c^{k+1} - (-i)^{k+1}]\ln(i+c) + [1-(-i)^{k+1}]\ln(i+1) \\
w(c,k,i) = \sum_{j=0}^{k} \frac{C_k^j(-i-1)^{k-j}}{(j+1)^2}[(i+1+c)^{j+1} - (i+2)^{j+1}] \\
\qquad\quad - \sum_{j=0}^{k} \frac{C_k^j(-i)^{k-j}}{(j+1)^2}[(i+c)^{j+1} - (i+1)^{j+1}]
\end{cases}
$$

$$(5.16)$$

在分析分母 D 后，再分析分子 N，处理思路与分母 D 相同。根据式(5.13)，可将 N 改写为

$$N = \int_1^c \int_0^1 \frac{(b)_{s+1}}{(a+b)_{s+1}} dadb$$

类似地，可将 $(b)_{s+1}$ 展开为

$$(b)_{s+1} = \sum_{k=0}^{s+1} \begin{bmatrix} s+1 \\ k \end{bmatrix} b^k$$

将 $\frac{1}{(a+b)_{s+1}}$ 拆分为

$$\frac{1}{(a+b)_{s+1}} = \sum_{i=0}^{s} \frac{q_i^N}{a+b+i}$$

其中

$$q_i^N = \prod_{\substack{j=0 \\ j \neq i}}^{s} \frac{1}{j-i} \qquad (5.17)$$

于是

$$N = \int_1^c \int_0^1 \frac{(b)_{s+1}}{(a+b)_{s+1}} dadb$$

$$= \int_1^c \int_0^1 \left(\sum_{k=0}^{s+1} \begin{bmatrix} s+1 \\ k \end{bmatrix} b^k \right) \left(\sum_{i=0}^{s} \frac{q_i^N}{a+b+i} \right) dadb$$

进一步有

100

$$N = \sum_{k=0}^{s+1} \sum_{i=0}^{s} \begin{bmatrix} s+1 \\ k \end{bmatrix} q_i^N \int_1^c b^k \int_0^1 \frac{1}{a+b+i} \mathrm{d}a \mathrm{d}b$$

$$= \sum_{k=0}^{s+1} \sum_{i=0}^{s} \begin{bmatrix} s+1 \\ k \end{bmatrix} q_i^N \int_1^c b^k [\ln(b+i+1) - \ln(b+i)] \mathrm{d}b$$

$$= \sum_{k=0}^{s+1} \sum_{i=0}^{s} \begin{bmatrix} s+1 \\ k \end{bmatrix} q_i^N \left[\int_1^c b^k \ln(b+i+1) \mathrm{d}b - \int_1^c b^k \ln(b+i) \mathrm{d}b \right]$$

$$= \sum_{k=0}^{s+1} \sum_{i=0}^{s} \begin{bmatrix} s+1 \\ k \end{bmatrix} q_i^N \left[\frac{h(c,i,k)}{k+1} - w(c,k,i) \right]$$

其中 $h(c,i,k)$ 和 $w(c,k,i)$ 见式(5.16)。

在求得分母 D 和分子 N 的基础上，可求得函数 $p(s)$ 的解析式为

$$p(s) = 1 - \frac{\displaystyle\sum_{k=0}^{s+1} \sum_{i=0}^{s} \begin{bmatrix} s+1 \\ k \end{bmatrix} q_i^N \left[\frac{h(c,i,k)}{k+1} - w(c,k,i) \right]}{\displaystyle\sum_{k=0}^{s} \sum_{i=0}^{s-1} \begin{bmatrix} s \\ k \end{bmatrix} q_i^D \left[\frac{h(c,i,k)}{k+1} - w(c,k,i) \right]}$$

据此可给出失效概率 p_j 的估计 $\hat{p}_j$ 为

$$\hat{p}_j = 1 - \frac{\displaystyle\sum_{k=0}^{s_j+1} \sum_{i=0}^{s_j} \begin{bmatrix} s_j+1 \\ k \end{bmatrix} q_i^N \left[\frac{h(c,i,k)}{k+1} - w(c,k,i) \right]}{\displaystyle\sum_{k=0}^{s_j} \sum_{i=0}^{s_j-1} \begin{bmatrix} s_j \\ k \end{bmatrix} q_i^D \left[\frac{h(c,i,k)}{k+1} - w(c,k,i) \right]} \qquad (5.18)$$

其中 $j = 1,2,3,\cdots,n$，q_i^N 见式(5.17)，q_i^D 见式(5.14)，$h(c,i,k)$ 和 $w(c,k,i)$ 见式(5.16)。

为检验式(5.18)中解析式的正确性，将其与式(5.6)中的积分形式作对比，同时考查参数 c 的取值对结果的影响。依次取参数 c 为 3、4、5、6、7、8，并在设定参数 s_j 后，按照式(5.18)求解 $\hat{p}_j$，同时利用数学软件 Matlab 和式(5.6)中的积分形式进行求解，并将不同 c 的取值下式(5.18)的估计结果与式(5.6)的估计结果之差绘制在图 5.1 中。从图中可发现，根据式(5.6)和式(5.18)求得的估计结果比较类似，这说明式(5.18)是正确的，而随着 s 的增大，二者之间的差距有所增大，这表明了探讨式(5.18)中 $\hat{p}_j$ 的解析式是十分必要的。另外，也发现 c 的取值对失效概率 p 的估计结果有一定影响。茆诗松等[72] 指出，参数 c 的取值不应取得过大；否则会影响到 Bayes 估计结果的稳健性，而图 5.1 中显示当 c 取 6、7、8 时，式(5.6)和式(5.18)求得的估计结果之差较大，因此 c 取为 3、4、5 是合适的。综合茆诗松等[72] 的建议，本书在后续计算中取 $c=5$。

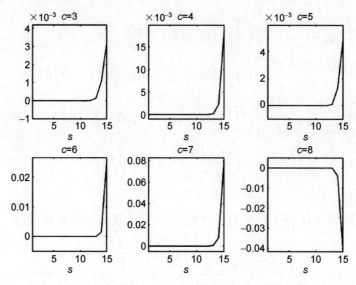

图 5.1　在参数 c 的不同取值下利用解析式和积分形式求得的失效概率点估计之差

5.1.2　不等定时截尾无失效数据下失效概率的置信上限

首先求解 p_i^u 的估计值 $\hat{p}_i^u$。注意到在求解点估计 $\hat{p}_i$ 的过程中,已获得了 p_i 的验后分布 $\pi(p_i|s_i)$,如式(5.5)所示。关于验后分布 $\pi(p_i|s_i)$ 的利用,只在式 (5.6)中求解 $\hat{p}_i$。而事实上,获取 $\pi(p_i|s_i)$ 后,也可用以估计 p_i 的置信上限 p_i^u。根据式(5.5)中的验后分布 $\pi(p_i|s_i)$,定义

$$G(x,s)=\int_0^x \frac{\int_1^c \int_0^1 \frac{p^{a-1}(1-p)^{s+b-1}}{B(a,b)}\mathrm{d}a\mathrm{d}b}{\int_1^c \int_0^1 \frac{B(a,s+b)}{B(a,b)}\mathrm{d}a\mathrm{d}b}\mathrm{d}p$$

$$= \frac{\int_1^c \int_0^1 \frac{B(x;a,s+b)}{B(a,b)}\mathrm{d}a\mathrm{d}b}{\int_1^c \int_0^1 \frac{B(a,s+b)}{B(a,b)}\mathrm{d}a\mathrm{d}b}$$

(5.19)

其中 $B(x;a,s+b)=\int_0^x p^{a-1}(1-p)^{s+b-1}\mathrm{d}p$ 为不完全贝塔函数。根据置信上限的定义,求解方程

$$G(x,s_i)=1-\alpha$$

(5.20)

得到的根即为置信水平 $1-\alpha$ 下,p_i^u 的估计值 $\hat{p}_i^u$。注意到式(5.19)中的函数

$G(x,s)$ 是关于 x 的严格增函数,且 $G(0,s)=0$、$G(1,s)=1$,故式(5.20)的求解可以利用二分法,且 $\hat{p}_i^u$ 必然存在[107]。

注意到按照式(5.6)求得的点估计 $\hat{p}_i$ 满足次序性,即 $\hat{p}_1<\hat{p}_2<\hat{p}_3<\cdots<\hat{p}_n$。现希望根据式(5.20)求得的置信上限估计 $\hat{p}_i^u$ 也能满足次序性,即 $\hat{p}_1^u<\hat{p}_2^u<\hat{p}_3^u<\cdots<\hat{p}_n^u$。下面证明这一次序性的成立。

设 $G(\hat{p}_i^u,s_i)=1-\alpha$,其中 $s_1>s_2>s_3>\cdots>s_n$。当 $s_i>s_j$ 时,假如 $\hat{p}_i^u<\hat{p}_j^u$ 成立,显然有 $G(\hat{p}_i^u,s_i)<G(\hat{p}_j^u,s_j)$。又由于根据式(5.20)可知 $G(\hat{p}_i^u,s_i)=G(\hat{p}_j^u,s_j)=1-\alpha$,则此时亦有 $G(\hat{p}_j^u,s_i)>G(\hat{p}_j^u,s_j)$。由此发现,欲证明 $\hat{p}_1^u<\hat{p}_2^u<\hat{p}_3^u<\cdots<\hat{p}_n^u$,则等价于证明函数 $G(x,s)$ 关于 s 单调增加。为此考查函数 $G(x,s)$ 关于 s 的一阶偏导数,可求得

$$\frac{\partial G(x,s)}{\partial s}=\left[\int_1^c\int_0^1\frac{B(a,s+b)}{B(a,b)}\mathrm{d}a\mathrm{d}b\right]^2 h(s)$$

其中

$$h(s)=\int_1^c\int_0^1\frac{1}{B(a,b)}\frac{\partial B(x;a,s+b)}{\partial s}\mathrm{d}a\mathrm{d}b\int_1^c\int_0^1\frac{B(a,s+b)}{B(a,b)}\mathrm{d}a\mathrm{d}b$$
$$-\int_1^c\int_0^1\frac{B(x;a,s+b)}{B(a,b)}\mathrm{d}a\mathrm{d}b\int_1^c\int_0^1\frac{1}{B(a,b)}\frac{\partial B(a,s+b)}{\partial s}\mathrm{d}a\mathrm{d}b$$

显然 $B(x;a,s+b)\leqslant B(a,s+b)$,于是

$$\int_1^c\int_0^1\frac{B(x;a,s+b)}{B(a,b)}\mathrm{d}a\mathrm{d}b\leqslant\int_1^c\int_0^1\frac{B(a,s+b)}{B(a,b)}\mathrm{d}a\mathrm{d}b$$

则

$$h(s)\geqslant\int_1^c\int_0^1\frac{1}{B(a,b)}\frac{\partial B(x;a,s+b)}{\partial s}\mathrm{d}a\mathrm{d}b\int_1^c\int_0^1\frac{B(a,s+b)}{B(a,b)}\mathrm{d}a\mathrm{d}b$$
$$-\int_1^c\int_0^1\frac{B(a,s+b)}{B(a,b)}\mathrm{d}a\mathrm{d}b\int_1^c\int_0^1\frac{1}{B(a,b)}\frac{\partial B(a,s+b)}{\partial s}\mathrm{d}a\mathrm{d}b$$

进一步可得

$$h(s)\geqslant\int_1^c\int_0^1\frac{B(a,s+b)}{B(a,b)}\mathrm{d}a\mathrm{d}b\left[\int_1^c\int_0^1\frac{1}{B(a,b)}\frac{\partial B(x;a,s+b)}{\partial s}\mathrm{d}a\mathrm{d}b\right.$$
$$\left.-\int_1^c\int_0^1\frac{1}{B(a,b)}\frac{\partial B(a,s+b)}{\partial s}\mathrm{d}a\mathrm{d}b\right]$$
$$=\int_1^c\int_0^1\frac{B(a,s+b)}{B(a,b)}\mathrm{d}a\mathrm{d}b\int_1^c\int_0^1\frac{1}{B(a,b)}\frac{\partial}{\partial s}[B(x;a,s+b)-B(a,s+b)]\mathrm{d}a\mathrm{d}b$$

又由于

$$B(x;a,s+b)-B(a,s+b) = -\int_x^1 p^{a-1}(1-p)^{s+b-1}\mathrm{d}p$$

故

$$\frac{\partial}{\partial s}[B(x;a,s+b)-B(a,s+b)] = -\int_x^1 p^{a-1}(1-p)^{s+b-1}\ln(1-p)\mathrm{d}p>0$$

最终可得 $h(s)>0$，则函数 $G(x,s)$ 是关于 s 的严格增函数。因此次序性 $\hat{p}_1^u<\hat{p}_2^u<\hat{p}_3^u<\cdots<\hat{p}_n^u$ 成立，这也说明根据式(5.20)求解 $\hat{p}_i^u$ 是有效的。

5.2 不等定时截尾无失效数据下电子产品型单机的可靠度评估

本节通过探讨电子产品型单机的可靠度评估方法来说明一般思路的应用。对于电子产品型单机，采用指数分布建模单机的寿命。类似于式(4.2)，对指数分布函数

$$F(t) = 1-\exp\left(-\frac{t}{\theta}\right)$$

令 $y=-\ln(1-F(t))$，$x=t$，$a=1/\theta$，可得线性关系式 $y=ax$。

5.2.1 可靠度点估计的求解

首先分析可靠度点估计的求解方法。根据式(5.18)求得失效概率的点估计 $\hat{p}_i$ 后，令 $\hat{y}_i=-\ln(1-\hat{p}_i)$，$x_i=t_i$，可通过拟合诸点 $(x_i,\hat{y}_i)$ 来求分布参数 θ 的点估计 $\hat{\theta}$，继而可得可靠度的点估计。

若要求拟合误差的平方和 $\sum_{i=1}^n (\hat{y}_i - ax_i)^2$ 最小，记此时求得的平均寿命参数 θ 的点估计为 $\hat{\theta}_p$，可得

$$\hat{\theta}_p = \frac{\sum_{i=1}^n x_i^2}{\sum_{i=1}^n x_i\hat{y}_i} \tag{5.21}$$

根据 $\hat{\theta}_p$ 可求得 $R(t)$ 的点估计，记为 $\hat{R}_p(t)$，可得

$$\hat{R}_p(t) = R(t;\hat{\theta}_p) = \exp\left(-\frac{t}{\hat{\theta}_p}\right) \tag{5.22}$$

若要求拟合误差的平方和 $\sum\limits_{i=1}^{n}(x_i-\hat{y}_i/a)^2$ 最小,记此时求得的 θ 的点估计为 $\hat{\theta}_t$,可得

$$\hat{\theta}_t=\frac{\sum\limits_{i=1}^{n}x_i\hat{y}_i}{\sum\limits_{i=1}^{n}\hat{y}_i^2} \tag{5.23}$$

根据 $\hat{\theta}_t$ 可求得 $R(t)$ 的点估计,记为 $\hat{R}_t(t)$,可得

$$\hat{R}_t(t)=R(t;\hat{\theta}_t)=\exp\left(-\frac{t}{\hat{\theta}_t}\right) \tag{5.24}$$

5.2.2　可靠度置信下限的求解

接下来分析可靠度置信下限的求解方法。现有研究中,在无失效数据下,陈家鼎等[98]利用样本空间排序法提出了指数分布参数 θ 及威布尔分布下可靠度 $R(t)$ 的置信下限。记利用该方法得到 θ 的置信下限为 θ_L^s。在置信水平 $1-\alpha$ 下,θ_L^s 为

$$\theta_L^s=\frac{\sum\limits_{i=1}^{n}t_i}{-\ln\alpha} \tag{5.25}$$

而若根据一般思路,则先利用式(5.20)求得样本时间 t_i 处的置信上限估计值 $\hat{p}_i^u$,并令 $\hat{y}_i^u=-\ln(1-\hat{p}_i^u)$,$x_i=t_i$,通过拟合诸点 $(x_i,\hat{y}_i^u)$ 来求分布参数 θ 的置信下限 θ_L,继而可得可靠度的置信下限。若要求拟合误差的平方和 $\sum\limits_{i=1}^{n}(\hat{y}_i^u-ax_i)^2$ 最小,记此时求得的置信下限为 θ_L^p。根据式(5.21),在置信水平 $1-\alpha$ 下,可知 θ_L^p 为

$$\theta_L^p=\frac{\sum\limits_{i=1}^{n}x_i^2}{\sum\limits_{i=1}^{n}x_i\hat{y}_i^u} \tag{5.26}$$

继而可求得 $R(t)$ 的置信下限,记为 $R_L^p(t)$,可得

$$R_L^p(t)=R(t;\theta_L^p)=\exp\left(-\frac{t}{\theta_L^p}\right) \tag{5.27}$$

若要求拟合误差的平方和 $\sum\limits_{i=1}^{n}(x_i-\hat{y}_i/a)^2$ 最小,记此时参数 θ 的置信下限为 θ_L^t。根据式(5.23),在置信水平 $1-\alpha$ 下,可得 θ_L^t 为

$$\theta_L^t = \frac{\sum\limits_{i=1}^{n} x_i \hat{y}_i^u}{\sum\limits_{i=1}^{n} (\hat{y}_i^u)^2} \tag{5.28}$$

记此时求得的 $R(t)$ 的置信下限为 $R_L^t(t)$,可知

$$R_L^t(t) = R(t;\theta_L^t) = \exp\left(-\frac{t}{\theta_L^t}\right) \tag{5.29}$$

5.3 不等定时截尾无失效数据下机电产品型单机的可靠度评估

对于机电产品型单机,采用威布尔分布建模其寿命。基于式(4.2)的线性形式,令 $x=\ln t$, $y=\ln[-\ln(1-p)]$, $a=m$, $b=-m\ln\eta$,可得线性表达式 $y=ax+b$。

5.3.1 可靠度点估计的求解

首先分析可靠度点估计的求解方法。根据式(5.18)求得失效概率的点估计 $\hat{p}_i$ 后,记 $x_i=\ln t_i$, $\hat{y}_i=\ln[-\ln(1-\hat{p}_i)]$,其中 $i=1,2,3,\cdots,n$,则可利用最小二乘法,通过拟合点 $(x,\hat{y}_i)$ 求得分布参数 m 和 η 的点估计,继而确定可靠度的点估计。

若要求拟合误差的平方和 $\sum\limits_{i=1}^{n}(\hat{y}_i-ax_i-b)^2$ 最小,记求得的 m 和 η 的点估计为 $\hat{m}_p$ 和 $\hat{\eta}_p$。根据式(4.3),可得 $\hat{m}_p$ 和 $\hat{\eta}_p$ 为

$$\begin{cases} \hat{m}_p = \dfrac{n\sum\limits_{i=1}^{n} x_i\hat{y}_i - \sum\limits_{i=1}^{n}\hat{y}_i\sum\limits_{i=1}^{n}x_i}{n\sum\limits_{i=1}^{n} x_i^2 - \left(\sum\limits_{i=1}^{n}x_i\right)^2} \\[4mm] \hat{\eta}_p = \exp\left(\sum\limits_{i=1}^{n}\dfrac{x_i}{n} - \sum\limits_{i=1}^{n}\dfrac{\hat{y}_i}{n\hat{m}_p}\right) \end{cases} \tag{5.30}$$

根据 $\hat{m}_p$ 和 $\hat{\eta}_p$ 可求得可靠度 $R(t)$ 的点估计,记为 $\hat{R}_p(t)$,可得

$$\hat{R}_p(t) = R(t; \hat{m}_p, \hat{\eta}_p) = \exp\left[-\left(\frac{t}{\hat{\eta}_p}\right)^{\hat{m}_p}\right] \tag{5.31}$$

当以误差平方和 $\sum_{i=1}^{n} [x_i - (\hat{y}_i - b)/a]^2$ 最小为目标时,记求得的 m 和 η 的点估计为 $\hat{m}_t$ 和 $\hat{\eta}_t$。根据式(4.4),可得 $\hat{m}_t$ 和 $\hat{\eta}_t$ 为

$$\begin{cases} \hat{m}_t = \dfrac{n \sum\limits_{i=1}^{n} \hat{y}_i^2 - \left(\sum\limits_{i=1}^{n} \hat{y}_i\right)^2}{n \sum\limits_{i=1}^{n} x_i \hat{y}_i - \sum\limits_{i=1}^{n} \hat{y}_i \sum\limits_{i=1}^{n} x_i} \\[4mm] \hat{\eta}_t = \exp\left(\sum\limits_{i=1}^{n} \dfrac{x_i}{n} - \sum\limits_{i=1}^{n} \dfrac{\hat{y}_i}{n\hat{m}_t}\right) \end{cases} \tag{5.32}$$

根据 $\hat{m}_t$ 和 $\hat{\eta}_t$ 可求得可靠度 $R(t)$ 的点估计,记为 $\hat{R}_t(t)$,可得

$$\hat{R}_t(t) = R(t; \hat{m}_t, \hat{\eta}_t) = \exp\left[-\left(\frac{t}{\hat{\eta}_t}\right)^{\hat{m}_t}\right] \tag{5.33}$$

5.3.2　可靠度置信下限的求解

接下来分析可靠度置信下限的求解方法。现有研究中普遍采用韩明[100]的方法,即在式(5.25)的基础上,借助"威布尔转指数"技巧来构建 $R(t)$ 的置信下限,记其为 $R_L^s(t)$。在置信水平 $1-\alpha$ 下,可得

$$R_L^s(t) = \exp\left(\frac{t^m \ln\alpha}{\sum_{i=1}^{n} t_i^m}\right) \tag{5.34}$$

式中: m 为通过工程经验判断的数值或直接取为点估计。若令 m 为式(5.30)中的点估计 $\hat{m}_p$,则可得置信下限 $R_L^{sp}(t)$;若取 m 为式(5.32)中的点估计 $\hat{m}_t$,可得置信下限 $R_L^{st}(t)$。而若根据一般思路,则需要先在置信水平 $1-\alpha$ 下,利用式(5.20)求得样本时间 t_i 处的置信上限估计值 $\hat{p}_i^u$,再基于式(4.2)的线性形式,令 $x_i = \ln t_i$, $\hat{y}_i^u = \ln[-\ln(1-\hat{p}_i^u)]$,其中 $i = 1, 2, 3, \cdots, n$,并根据最小二乘法拟合点 $(x_i, \hat{y}_i^u)$ 得到失效概率的置信上限曲线,进一步给出可靠度的置信下限。

类似于点估计曲线的拟合,置信上限曲线的拟合也有两种结果。若要求拟合误差和 $\sum_{i=1}^{n} (\hat{y}_i^u - mx_i + m\ln\eta)^2$ 最小,可得置信上限的拟合直线 $y = \hat{m}_p^U x - \hat{m}_p^U \ln\hat{\eta}_p^L$,其中

$$\begin{cases} \hat{m}_p^U = \dfrac{n\sum\limits_{i=1}^{n} x_i \hat{y}_i^u - \sum\limits_{i=1}^{n} \hat{y}_i^u \sum\limits_{i=1}^{n} x_i}{n\sum\limits_{i=1}^{n} x_i^2 - \left(\sum\limits_{i=1}^{n} x_i\right)^2} \\[4mm] \hat{\eta}_p^L = \exp\left(\sum\limits_{i=1}^{n} \dfrac{x_i}{n} - \sum\limits_{i=1}^{n} \dfrac{\hat{y}_i^u}{n\hat{m}_p^U}\right) \end{cases} \tag{5.35}$$

记此时求得的 $R(t)$ 置信下限为 $R_L^{dp}(t)$，可得

$$R_L^{dp}(t) = R(t;\hat{m}_p^U, \hat{\eta}_p^L) = \exp\left[-\left(\frac{t}{\hat{\eta}_p^L}\right)^{\hat{m}_p^U}\right] \tag{5.36}$$

当要求拟合误差和 $\sum\limits_{i=1}^{n}(x_i - \hat{y}_i^u/m - \ln\eta)^2$ 最小时，在威布尔分布下，可得置信上限的拟合直线 $y = \hat{m}_t^U x - \hat{m}_t^U \ln\hat{\eta}_t^L$，其中

$$\begin{cases} \hat{m}_t^U = \dfrac{n\sum\limits_{i=1}^{n}(\hat{y}_i^u)^2 - \left(\sum\limits_{i=1}^{n}\hat{y}_i^u\right)^2}{n\sum\limits_{i=1}^{n} x_i\hat{y}_i^u - \sum\limits_{i=1}^{n}\hat{y}_i^u \sum\limits_{i=1}^{n} x_i} \\[4mm] \hat{\eta}_t^L = \exp\left(\sum\limits_{i=1}^{n} \dfrac{x_i}{n} - \sum\limits_{i=1}^{n} \dfrac{\hat{y}_i^u}{n\hat{m}_t^U}\right) \end{cases} \tag{5.37}$$

记此时所得的 $R(t)$ 置信下限为 $R_L^{dt}(t)$，可知

$$R_L^{dt}(t) = R(t;\hat{m}_t^U, \hat{\eta}_t^L) = \exp\left[-\left(\frac{t}{\hat{\eta}_t^L}\right)^{\hat{m}_t^U}\right] \tag{5.38}$$

5.3.3 可靠度点估计和置信下限的比较

以式(5.30)和式(5.35)为例，注意到根据曲线拟合得到两条直线，一是关于失效概率点估计的直线 $y = \hat{m}_p x - \hat{m}_p \ln\hat{\eta}_p$，二是关于失效概率置信上限的直线 $y = \hat{m}_p^U x - \hat{m}_p^U \ln\hat{\eta}_p^L$。由于两条直线的斜率和截距都不相同，下面探讨这两条拟合直线的关系。

首先比较斜率 $\hat{m}_p$ 和 $\hat{m}_p^U$。在应用中，由于置信水平一般都不低于 0.7，故可得 $\hat{p}_i^u > \hat{p}_i$，等价于 $\hat{y}_i^u > \hat{y}_i$，则

$$\hat{m}_p^U - \hat{m}_p = \frac{n\sum\limits_{i=1}^{n} x_i(\hat{y}_i^u - \hat{y}_i) - \sum\limits_{i=1}^{n}(\hat{y}_i^u - \hat{y}_i)\sum\limits_{i=1}^{n} x_i}{n\sum\limits_{i=1}^{n} x_i^2 - \left(\sum\limits_{i=1}^{n} x_i\right)^2} > 0$$

其次比较截距$-\hat{m}_p\ln\hat{\eta}_p$和$-\hat{m}_p^U\ln\hat{\eta}_p^L$。由于

$$-\hat{m}_p^U\ln\hat{\eta}_p^L + \hat{m}_p\ln\hat{\eta}_p = -\sum_{i=1}^n \frac{\hat{m}_p^U x_i}{n} + \sum_{i=1}^n \frac{\hat{y}_i^u}{n} + \sum_{i=1}^n \frac{\hat{m}_p x_i}{n} - \sum_{i=1}^n \frac{\hat{y}_i}{n}$$

$$= \frac{\sum\limits_{i=1}^n \hat{y}_i^u \sum\limits_{i=1}^n x_i^2 - \sum\limits_{i=1}^n x_i \sum\limits_{i=1}^n x_i\hat{y}_i^u}{n\sum\limits_{i=1}^n x_i^2 - \left(\sum\limits_{i=1}^n x_i\right)^2} - \frac{\sum\limits_{i=1}^n \hat{y}_i \sum\limits_{i=1}^n x_i^2 - \sum\limits_{i=1}^n x_i \sum\limits_{i=1}^n x_i\hat{y}_i}{n\sum\limits_{i=1}^n x_i^2 - \left(\sum\limits_{i=1}^n x_i\right)^2}$$

于是，比较截距$-\hat{m}_p\ln\hat{\eta}_p$和$-\hat{m}_p^U\ln\hat{\eta}_p^L$就转化为比较$\sum\limits_{i=1}^n \hat{y}_i^u \sum\limits_{i=1}^n x_i^2 - \sum\limits_{i=1}^n x_i \sum\limits_{i=1}^n x_i\hat{y}_i^u$和$\sum\limits_{i=1}^n \hat{y}_i \sum\limits_{i=1}^n x_i^2 - \sum\limits_{i=1}^n x_i \sum\limits_{i=1}^n x_i\hat{y}_i$。为此考查

$$\ln\hat{\eta}_p^L - \ln\hat{\eta}_p = \sum_{i=1}^n \frac{x_i}{n} - \sum_{i=1}^n \frac{\hat{y}_i^u}{n\hat{m}_p^U} - \sum_{i=1}^n \frac{x_i}{n} + \sum_{i=1}^n \frac{\hat{y}_i}{n\hat{m}_p}$$

$$= \frac{\sum\limits_{i=1}^n x_i \sum\limits_{i=1}^n x_i\hat{y}_i^u - \sum\limits_{i=1}^n \hat{y}_i^u \sum\limits_{i=1}^n x_i^2}{n\sum\limits_{i=1}^n x_i\hat{y}_i^u - \sum\limits_{i=1}^n \hat{y}_i^u \sum\limits_{i=1}^n x_i} - \frac{\sum\limits_{i=1}^n x_i \sum\limits_{i=1}^n x_i\hat{y}_i - \sum\limits_{i=1}^n \hat{y}_i \sum\limits_{i=1}^n x_i^2}{n\sum\limits_{i=1}^n x_i\hat{y}_i - \sum\limits_{i=1}^n \hat{y}_i \sum\limits_{i=1}^n x_i}$$

根据$\hat{m}_p^U > \hat{m}_p$可知

$$n\sum_{i=1}^n x_i\hat{y}_i^u - \sum_{i=1}^n \hat{y}_i^u \sum_{i=1}^n x_i > n\sum_{i=1}^n x_i\hat{y}_i - \sum_{i=1}^n \hat{y}_i \sum_{i=1}^n x_i$$

则有

$$\ln\hat{\eta}_p^L - \ln\hat{\eta}_p > \frac{\left(\sum\limits_{i=1}^n x_i \sum\limits_{i=1}^n x_i\hat{y}_i^u - \sum\limits_{i=1}^n \hat{y}_i^u \sum\limits_{i=1}^n x_i^2\right) - \left(\sum\limits_{i=1}^n x_i \sum\limits_{i=1}^n x_i\hat{y}_i - \sum\limits_{i=1}^n \hat{y}_i \sum\limits_{i=1}^n x_i^2\right)}{n\sum\limits_{i=1}^n x_i\hat{y}_i^u - \sum\limits_{i=1}^n \hat{y}_i^u \sum\limits_{i=1}^n x_i}$$

又由于$\ln\hat{\eta}_p^L < \ln\hat{\eta}_p$，故得

$$\sum_{i=1}^n x_i \sum_{i=1}^n x_i\hat{y}_i^u - \sum_{i=1}^n \hat{y}_i^u \sum_{i=1}^n x_i^2 < \sum_{i=1}^n x_i \sum_{i=1}^n x_i\hat{y}_i - \sum_{i=1}^n \hat{y}_i \sum_{i=1}^n x_i^2$$

最终有$-\hat{m}_p^U\ln\hat{\eta}_p^L > -\hat{m}_p\ln\hat{\eta}_p$。

这说明拟合得到的失效概率置信上限直线$y = \hat{m}_p^U x - \hat{m}_p^U\ln\hat{\eta}_p^L$，其斜率和截距都大于失效概率点估计直线$y = \hat{m}_p x - \hat{m}_p\ln\hat{\eta}_p$，因而两条直线会相交，但交点的横坐标$x<0$，而当$x>0$时两条直线永不相交。这说明，根据这种思路求得的可靠度$R(t)$的置信下限曲线，在任务时刻$t>1$时，永远在点估计曲线的下侧，即可靠

度 $R(t)$ 的置信下限小于点估计。但当任务时刻 $t<1$ 时，$R(t)$ 的置信下限曲线与点估计曲线除了相交于起点 $(0,1)$ 外，还有一个交点。大量的数值试验表明，这个交点非常接近起点，可以近似忽略不计。因此，按照这种方法得到的可靠度置信下限 $R_L(t)$ 是可行的。类似地，也可比较失效概率点估计的直线 $y=\hat{m}_t x-\hat{m}_t \ln\hat{\eta}_t$ 和失效概率置信上限的直线 $y=\hat{m}_t^U x-\hat{m}_t^U \ln\hat{\eta}_t^L$ 的斜率和截距，得到相同的结论。

5.4　方法验证和对比

本节将设计蒙特卡罗仿真试验，在威布尔分布和指数分布下，分别生成大量的不等定时截尾无失效样本，随后利用每一个样本，依次得到不同的点估计及置信下限，并统计分析所得的点估计和置信下限，从而比较不同的点估计和置信下限。

5.4.1　试验过程

为了生成仿真样本，需要明确相关参数的设置。在这个仿真试验中，明确相关的参数设置如下。

（1）关于分布参数的设置，在威布尔分布场合，设定尺度参数 $\eta=1$，形状参数 m 设为 $m=0.5$ 及 $m=3$，分别代表 $m<1$ 及 $m>1$ 两种情况；而在指数分布场合，即 $m=1$ 时，设定 $\theta=10$。

（2）关于样本量 n，依次设为 10、20 和 30，分别代表样本量较少、适中及较大的情况。

（3）设定置信水平为 0.9，即 $\alpha=0.1$。

（4）根据茆诗松等[72]的建议，设定式（5.18）和式（5.19）中的参数 c 为 5。

（5）在威布尔分布场合，关于可靠度任务时刻 t，依次取为 0.1、0.2、0.3、0.4 和 0.5。

威布尔分布场合，在任意一组参数组合下，试验过程如下。

（1）令 $T_i \sim WE(m,\eta)$，其中 $i=1,2,3,\cdots n$，生成 n 个随机数。

（2）生成 n 个服从均匀分布 $[0,1]$ 的随机数 r_i，其中 $i=1,2,3,\cdots n$。

（3）令 $t_i=T_i r_i$，并升序排列为 $t_1<t_2<t_3<\cdots t_n$，认为样本 $t_1<t_2<t_3<\cdots<t_n$ 为所需的不等定时截尾无失效样本。

（4）基于 $s_i=n+1-i$ 和 $c=5$，根据式（5.18）计算失效概率的点估计 $\hat{p}_i$。

（5）基于样本 $t_1 < t_2 < t_3 < \cdots < t_n$ 及 $\hat{p}_i$，根据式（5.31）和式（5.33），分别计算可靠度 $R(t)$ 的点估计 $\hat{R}_p(t)$ 及 $\hat{R}_t(t)$。

（6）基于 $s_i = n+1-i$，根据式（5.20）算得失效概率的置信上限估计 $\hat{p}_i^u$。

（7）基于样本 $t_1 < t_2 < t_3 < \cdots < t_n$ 及 $\hat{p}_i^u$，根据式（5.36）及式（5.38），分别求解 $R(t)$ 的置信下限 $R_L^{dp}(t)$ 及 $R_L^{dt}(t)$。

（8）基于样本 $t_1 < t_2 < t_3 < \cdots < t_n$ 及 $\hat{p}_i$，根据式（5.30）及式（5.32）分别算得形状参数 m 的点估计 $\hat{m}_p$ 及 $\hat{m}_t$，然后分别代入式（5.34），求得 $R(t)$ 的另两种置信下限 $R_L^{sp}(t)$ 及 $R_L^{st}(t)$。

（9）返回步骤（1）并重复步骤（1）～（8）10000 次。

试验步骤（1）～（3）是不等定时截尾无失效样本的仿真生成方法。事实上，无失效数据本质上就是截尾时间，并没有任何随机性。但在仿真试验中，难以生成完全没有随机性的数据。而且经过寿命试验收集到的无失效数据是截尾时间与寿命比较而得的，与寿命仍有一定的关系。基于这些考虑，采纳 Zhang 等[37]生成截尾数据的方法，用以生成无失效数据。

在指数分布下开展仿真试验的过程类似于威布尔分布，但需要将步骤（1）中的 $T_i \sim WE(m, \eta)$ 更改为 $T_i \sim \exp(\theta)$，将步骤（5）更改为根据式（5.21）和式（5.23）计算 θ 的点估计 $\hat{\theta}_p$ 及 $\hat{\theta}_t$，将步骤（7）更改为根据式（5.26）和式（5.28）计算 θ 的置信下限 θ_L^p 及 θ_L^t，将步骤（8）更改为根据式（5.25）建立 θ 的另一种置信下限 θ_L^s。

试验结束后，在任意一组参数组合下，各收集到 10000 组不同的点估计和置信下限。其中在威布尔分布下，收集到点估计 $\hat{R}_p(t)$ 及 $\hat{R}_t(t)$，置信下限 $R_L^{dp}(t)$、$R_L^{dt}(t)$、$R_L^{sp}(t)$ 及 $R_L^{st}(t)$。在指数分布下，收集到 θ 的点估计 $\hat{\theta}_p$ 及 $\hat{\theta}_t$，θ 的置信下限 θ_L^p、θ_L^t 及 θ_L^s。

5.4.2　试验结果分析

在本节中，将在威布尔分布和指数分布场合，分别对不同的点估计及置信下限进行统计和分析。

1. 威布尔分布场合的仿真结果分析

1）关于点估计仿真结果的分析

统计分析可靠度 $R(t)$ 的点估计时，仍旧采用偏差和均方误差两个指标，同时进一步根据式（4.50）计算相对偏差 b_r 和相对均方误差 M_r，展示在图 5.2 至

图 5.4 中。其中图 5.2 展示了当 $m=0.5$ 时在不同的样本量 n 下可靠度点估计的相对偏差和相对均方误差,上半部分的 3 幅图依次对应 $n=10$、$n=20$ 及 $n=30$ 时两种不同可靠度点估计的相对偏差,下半部分的 3 幅图依次对应 $n=10$、$n=20$ 及 $n=30$ 时两种不同可靠度点估计的相对均方误差。图 5.3 和图 5.4 则分别展示了当 $m=3$ 时在不同的样本量 n 下可靠度点估计的相对偏差和相对均方误差。

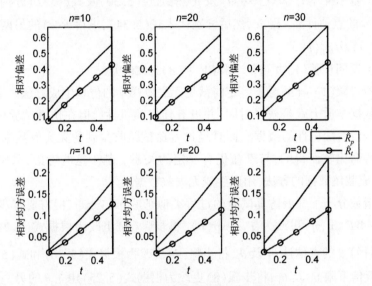

图 5.2　威布尔分布场合不等定时截尾无失效数据下 $m=0.5$ 时
可靠度点估计的分析结果

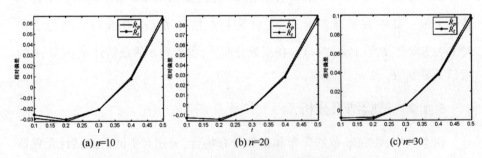

图 5.3　威布尔分布场合不等定时截尾无失效数据下 $m=3$ 时
可靠度点估计的相对偏差

关于相对偏差,根据图 5.2 和图 5.3,可以发现以下几点。

(1) 当 $m=0.5$ 时,点估计 $\hat{R}_t(t)$ 和 $\hat{R}_p(t)$ 都高估了可靠度 $R(t)$,但 $\hat{R}_t(t)$ 的

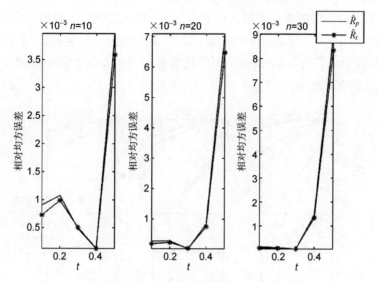

图 5.4　威布尔分布场合不等定时截尾无失效数据下 $m=3$ 时
可靠度点估计的相对均方误差

偏差恒小于 $\hat{R}_p(t)$。

（2）当 $m=3$ 时，$\hat{R}_t(t)$ 和 $\hat{R}_p(t)$ 在任务时刻 t 比较小时低估了 $R(t)$，但是当任务 t 比较大时又高估了 $R(t)$。$\hat{R}_t(t)$ 的偏差的绝对值小于 $\hat{R}_p(t)$。

（3）当 $m=0.5$ 时，$\hat{R}_p(t)$ 的偏差随着样本量 n 的增大而有所增加，但 $\hat{R}_t(t)$ 相对比较稳定。

（4）当 $m=3$ 时，随着样本量 n 的增大，$\hat{R}_t(t)$ 和 $\hat{R}_p(t)$ 的偏差都有所增大。

关于均方误差，根据图 5.2 和图 5.4，可观察到以下几点。

（1）均方误差的数值都比较小，可以接受。

（2）点估计 $\hat{R}_t(t)$ 的均方误差小于 $\hat{R}_p(t)$，但是二者的差别在 $m=0.5$ 处比较大，在 $m=3$ 时相差不大。

（3）随着样本量 n 的增大，均方误差都随之增大。

2）关于置信下限仿真结果的分析

对置信下限仿真结果的统计分析，依然利用覆盖率和平均置信下限两个指标，同时根据式（4.51）计算相对覆盖率 c_r 和相对平均下限 l_r，如图 5.5 至图 5.8 所示。其中图 5.5 展示了当 $m=0.5$ 时在不同的样本量 n 下可靠度置信下限的相对覆盖率和相对平均下限，上半部分的 3 幅图依次对应 $n=10$、$n=20$ 及 $n=30$

时 4 种不同的可靠度置信下限的相对覆盖率,下半部分的 3 幅图依次对应 $n=$ 10、$n=20$ 及 $n=30$ 时 4 种不同的可靠度置信下限的相对平均下限。图 5.6 至图 5.8 则分别展示了当 $m=3$ 时在不同的样本量 n 下可靠度置信下限的相对覆盖率和相对平均下限。

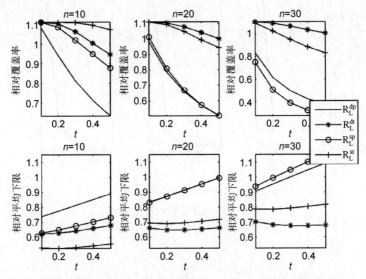

图 5.5　威布尔分布场合不等定时截尾无失效数据下 $m=0.5$ 时
可靠度置信下限的分析结果

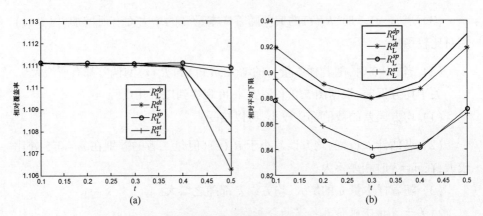

图 5.6　威布尔分布场合不等定时截尾无失效数据下 $m=3$ 及 $n=10$ 时
可靠度置信下限的分析结果

关于覆盖率,根据图 5.5 至图 5.8,可观察到以下几点。

(1) 当 $m=0.5$ 时,置信下限 $R_{\mathrm{L}}^{dt}(t)$ 和 $R_{\mathrm{L}}^{st}(t)$ 的覆盖率与置信水平更吻合,

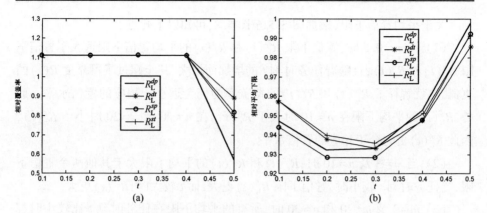

图 5.7　威布尔分布场合不等定时截尾无失效数据下 $m=3$ 及 $n=20$ 时的
可靠度置信下限的分析结果

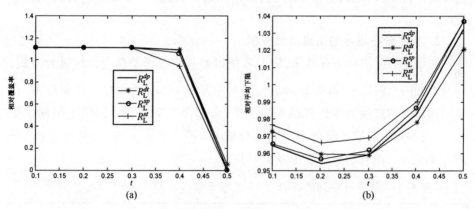

图 5.8　威布尔分布场合不等定时截尾无失效数据下 $m=3$ 及 $n=30$ 时
可靠度置信下限的分析结果

其中 $R_L^{dt}(t)$ 的吻合情况更好,而置信下限 $R_L^{dp}(t)$ 和 $R_L^{sp}(t)$ 的覆盖率在任务时刻 t 较小时与置信水平比较一致,但随着任务时刻 t 的增加,覆盖率变小。

(2) 当 $m=3$ 及 $n=10$ 时,所有的覆盖率都稍大于置信水平,相比之下,置信下限 $R_L^{dt}(t)$ 的覆盖率更靠近置信水平。

(3) 当 $m=3$ 及 $n=20$ 时,所有的覆盖率在任务时刻 t 较小时都大于置信水平,但随着任务时刻 t 的增加,覆盖率都变小,其中 $R_L^{dt}(t)$ 的覆盖率变化速度比较缓慢,且与置信水平保持一致。

(4) $m=3$ 及 $n=30$ 时的情况与 $m=3$ 及 $n=20$ 比较类似,覆盖率在任务时刻 t 较小时都大于置信水平,但随着任务时刻 t 的增加,覆盖率都变小,且变小的速度都很快,相比之下,$R_L^{dt}(t)$ 是其中最大的。

关于平均置信下限,根据图 5.5 至图 5.8,可知以下几点。

(1) 当 $m=0.5$ 时,置信下限 $R_L^{dp}(t)$ 和 $R_L^{sp}(t)$ 的平均置信下限远大于置信下限 $R_L^{dt}(t)$ 和 $R_L^{st}(t)$,且随着任务时刻 t 的增加而增大,甚至超过了可靠度 $R(t)$ 的真值,这就解释了 $R_L^{dp}(t)$ 和 $R_L^{sp}(t)$ 的覆盖率为何会远小于相应的置信水平。此外,$R_L^{dt}(t)$ 的平均下限在 $n=10$ 时大于 $R_L^{st}(t)$,在 $n=20$ 及 $n=30$ 时小于 $R_L^{st}(t)$,因此 $R_L^{dt}(t)$ 更吻合于相应的置信水平。

(2) 当 $m=3$ 及 $n=10$ 时,$R_L^{dt}(t)$ 和 $R_L^{dp}(t)$ 的平均下限大于其他两个置信下限,当任务时刻 t 较小时,置信下限 $R_L^{dt}(t)$ 更大,而 t 较大时,$R_L^{dp}(t)$ 更大。

(3) $m=3$ 及 $n=20$ 和 $n=30$ 时,所有的平均下限在任务时刻 t 比较小时都很接近 $R(t)$ 的真值,但都随着任务时刻 t 的增大而变大,其中 $n=30$ 时的增大速度更快,甚至远超过 $R(t)$ 的真值。相比之下,置信下限 $R_L^{dt}(t)$ 是其中最合理的。

2. 指数分布场合的仿真结果分析

对于 θ 的点估计仿真结果,依旧采用偏差和均方误差两个指标进行分析,针对不同的点估计 $\hat{\theta}_p$ 和 $\hat{\theta}_t$ 分别求得相对偏差 b_r^p 和 b_r^t,及相对均方误差 M_r^p 和 M_r^t。对于 θ 的置信下限仿真结果的分析,采用覆盖率和平均置信下限两个指标,针对不同的置信下限 θ_L^p、θ_L^t 和 θ_L^s,分别求得覆盖率 c_p、c_t 和 c_s,及相对平均下限 l_r^p、l_r^t 及 l_r^s。所有结果列举在表 5.1 中。

表 5.1　指数分布场合不等定时截尾无失效数据下的仿真试验结果

n	点 估 计				置 信 下 限					
	相对偏差		相对均方误差		覆 盖 率			相对平均下限		
	b_r^p	b_r^t	M_r^p	M_r^t	c_p	c_t	c_s	l_r^p	l_r^t	l_r^s
10	1.18	0.78	25.48	11.70	0.87	0.95	0.99	0.66	0.54	0.35
20	1.54	1.27	31.63	20.94	0.83	0.91	0.98	0.77	0.69	0.60
30	1.63	1.45	32.08	24.94	0.83	0.89	0.88	0.80	0.75	0.78

从表 5.1 中可以清楚地发现以下几点。

(1) 点估计 $\hat{\theta}_t$ 的偏差和均方误差都小于 $\hat{\theta}_p$。

(2) 置信下限 θ_L^t 的覆盖率与置信水平的吻合程度最好,而置信下限 θ_L^p 的覆盖率小于相应的置信水平,置信下限 θ_L^s 的覆盖率大于相应的置信水平。

(3) θ_L^t 的平均下限小于 θ_L^p,但大于 θ_L^s。

(4) 随着样本量 n 的增大,点估计的偏差和均方误差都随之增大。

116

5.4.3　试验结论

通过以上对仿真结果的分析,对比可靠度的不同点估计和置信下限以及现有研究中的相应方法,可总结得到以下结论。

(1)在威布尔分布场合,点估计 $\hat{R}_t(t)$ 的偏差绝对值和均方误差都相对更小,在指数分布场合,点估计 $\hat{\theta}_t$ 的偏差和均方误差都相对更小。

(2)在威布尔分布场合,置信下限 $R_L^{dt}(t)$ 的覆盖率与置信水平的吻合程度最好,另外其平均置信下限也是最合理的,在指数分布场合,虽然 θ_L^t 的平均下限不是最大的,但其覆盖率与置信水平的吻合程度最好。

(3)随着样本量 n 的增加,点估计的偏差都有所增大,覆盖率也在减小,平均置信下限甚至超过了真值。

(4)现有研究中,在无失效数据下,普遍采用式(5.31)计算 $R(t)$ 的点估计,根据式(5.34)构建 $R(t)$ 的置信下限,本书在式(5.33)中提出了另一种点估计,在式(5.38)中提出了另一种置信下限。通过仿真结果的分析可知,新提出的点估计和置信下限优于现有研究中的点估计和置信下限,从而提高了可靠度评估结果的精度。

由此,在采用具体方法解决工程实际问题时,提出以下建议。

(1)在威布尔分布场合,应根据式(5.33)给出可靠度 $R(t)$ 的点估计,并根据式(5.38)建立 $R(t)$ 的置信下限,在指数分布场合,应将式(5.23)中的 $\hat{\theta}_t$ 作为 θ 的点估计,将式(5.28)中的 θ_L^t 作为 θ 的置信下限。

(2)当样本量 n 比较大时,应慎用无失效数据下的可靠性评估方法。

5.5　本　章　小　结

本章指出了无失效数据下单机可靠度评估的一般思路,并针对电子产品型和机电产品型单机,分别在威布尔分布和指数分布场合,根据不等定时截尾无失效数据,通过研究可靠度 $R(t)$ 的点估计和置信下限,说明了上述思路的应用,具体开展了以下工作。

(1)根据配分布曲线法,考虑到配分布曲线法的关键步骤是样本各个时间处的失效概率点估计,关于这个问题,推出了失效概率点估计的解析式,并证明了失效概率点估计满足次序性,继而提出了可靠度点估计的求解方法。

(2)根据配分布曲线法,给出了样本各个时间处的失效概率置信上限,并证明了其满足次序性,继而提出了可靠度置信下限的求解方法。

(3) 针对威布尔分布和指数分布,根据上述思路,分别给出了可靠度点估计和置信下限的具体公式。

(4) 通过仿真试验的分析,比较不同的点估计和置信下限,并为采用具体方法解决工程实际问题提出针对性建议。分析结果表明,本书提出的方法优于现有研究,从而提高了可靠度评估结果的精度。

第6章 融合不等定时截尾数据和其他
可靠性数据的单机可靠度评估

对于卫星平台中的重要单机,除了收集到在轨运行时间数据,即不等定时截尾数据外,还存在其他可靠性数据,包括专家数据、性能退化数据和相似产品数据。为了有效利用所有可靠性数据,这就带来多源数据下,研究融合不等定时截尾数据和其他可靠性数据评估单机可靠度的问题。本章的研究旨在解决这个问题。

本章的研究考虑的数学模型为:针对特定单机,其寿命 $T \sim f(t;\vartheta)$,相应的可靠度函数为 $R(t;\vartheta)$,在寿命试验中设定截止时间 τ,待试验结束后收集到不等定时截尾数据 (t,δ),其中 $t = \min(T,\tau)$,δ 的定义如式(3.2)所示。除了不等定时截尾数据外,该单机还存在专家数据、性能数据和相似产品数据等 3 种其他类型的可靠性数据,其中专家数据记为 $\hat{R}_p^1$,即单机在时刻 t_p^1 处关于可靠度 R_p^1 的预计值,并称 t_p^1 为可靠度预计值的时刻。对于具体单机,相应的其他类型可靠性数据或者只有一种,如专家数据;或者存在两种,如专家数据和性能数据;或者 3 种都存在。下面将说明融合研究的一般思路,需要强调的是,此处不限定样本 (t_i,δ_i) 是否包含有失效数据。

利用 Bayes 理论融合各类信息来评估产品的可靠性,得到了普遍认可和应用,故本书也选择 Bayes 理论融合不等定时截尾数据和其他可靠性数据,并计算单机可靠度的 Bayes 估计。根据 Bayes 信息融合的要求,在开展融合研究前,首先要对所有待融合的数据开展相容性检验,只有通过相容性检验的数据才能被融合。本书采用 Bayes 置信区间法[120],具体步骤如下。

(1) 由信息源 i 确定参数 ϑ 的先验分布为 $\pi_i(\vartheta)$,再融合单机的不等定时截尾数据 D,得到参数的验后分布 $\pi_i(\vartheta \mid D)$,继而在显著性水平 α 下给出 ϑ 的置信区间,记为 $(\vartheta_L^i, \vartheta_U^i)$,其中

$$\begin{cases} \displaystyle\int_{\vartheta < \vartheta_L^i} \pi_i(\vartheta \mid D)\,\mathrm{d}\vartheta = \frac{\alpha}{2} \\[2mm] \displaystyle\int_{\vartheta > \vartheta_U^i} \pi_i(\vartheta \mid D)\,\mathrm{d}\vartheta = \frac{\alpha}{2} \end{cases} \tag{6.1}$$

（2）取无信息验前分布，融合单机的不等定时截尾数据 D，在特定损失函数，如平方损失函数下，给出参数 ϑ 的 Bayes 点估计 $\hat{\vartheta}$。

（3）如果 $\hat{\vartheta}$ 在区间 $(\vartheta_L^i, \vartheta_U^i)$ 内，则认为信息源 i 通过了相容性检验；否则不通过。

根据 Bayes 理论的要求，需要将所有的可靠性信息分为验前信息和现场数据。在开展相容性检验后，假定所有的信息都已通过检验，则进一步对性能数据进行分析处理，再对相似产品数据进行折算。在本书中，将专家数据和处理后的性能数据作为验前信息，而现场数据则是单机的不等定时截尾数据及折算后的相似产品数据，而后再开展 Bayes 融合研究，具体步骤如下。

（1）按照 2.1.2 节中的方法对性能数据进行分析，提取出其中的退化特征，再利用基于退化的可靠性评估理论，求得单机在 t_p^1 时刻外其他时刻处可靠度的预计值，其中可靠度预计值的个数应可以唯一确定基于退化的寿命分布，从而在形式上转化为与专家数据相同的数据类型。

（2）按照 2.1.3 节中的方法，利用工程上给出的相似因子，折算相似产品数据。

（3）将专家数据和处理性能数据转化所得的可靠度预计值混合，根据这一综合验前信息求得寿命分布参数 ϑ 的综合验前分布 $\pi(\vartheta)$。

（4）将单机的不等定时截尾数据和折算后的相似产品数据混合作为现场数据 D，记为样本 (t_i, δ_i)，其中 $i = 1, 2, 3, \cdots, n$，确定样本的似然函数为

$$L(D \mid \vartheta) = \prod_{i=1}^{n} \left[f(t_i; \vartheta) \right]^{\delta_i} \left[R(t_i; \vartheta) \right]^{1-\delta_i} \tag{6.2}$$

式中：$f(t; \vartheta)$ 和 $R(t; \vartheta)$ 分别为概率密度函数和可靠度函数。

（5）根据式（1.3）中的 Bayes 公式，给出分布参数的验后分布 $\pi(\vartheta \mid D)$。

（6）根据 Bayes 理论[243]，为了求解可靠度 $R(t)$ 的 Bayes 估计，则基于 $\pi(\vartheta \mid D)$ 和可靠度函数 $R(t; \vartheta)$，求得任务时刻 t 处可靠度的验后分布 $\pi(R(t) \mid D)$。

（7）基于 $\pi(R(t) \mid D)$，在特定损失函数下求得可靠度的 Bayes 点估计，如在平方损失函数下可得 Bayes 点估计为

$$\hat{R}(t) = \int_0^1 R(t) \pi(R(t) \mid D) \mathrm{d}R \tag{6.3}$$

在置信水平 $1-\alpha$ 下求得的置信下限 $R_L(t)$ 满足

$$\int_0^{R_L(t)} \pi(R(t) \mid D) \mathrm{d}R = \alpha \tag{6.4}$$

接下来分别以电子产品和机电产品型单机为例，相应地基于指数分布和威

布尔分布,具体探讨基于 Bayes 融合的单机 Bayes 可靠度评估方法,给出可靠度的 Bayes 点估计及置信下限。

6.1 融合不等定时截尾数据和其他可靠性数据的电子产品型单机可靠度评估

对于电子产品型单机,采用指数分布建模其寿命。为便于 Bayes 融合研究,将式(3.1)中的概率密度函数改写为

$$f(t;\lambda) = \lambda \exp(-\lambda t) \tag{6.5}$$

此时式(1.1)中的可靠度函数变为

$$R(t;\lambda) = \exp(-\lambda t) \tag{6.6}$$

6.1.1 基于其他可靠性数据的验前分布确定

确定验前分布时需要考虑两个问题:一是验前分布的形式;二是验前分布中的分布参数。关于验前分布的形式,为了便于数学处理,本章取为共轭验前分布。在指数分布下,分布参数 λ 的共轭验前分布为伽马分布 $\Gamma(\lambda;\alpha_e,\beta_e)$,即

$$\pi(\lambda;\alpha_e,\beta_e) = \frac{(\beta_e)^{\alpha_e}}{\Gamma(\alpha_e)} \lambda^{\alpha_e-1} \exp(-\beta_e\lambda) \tag{6.7}$$

1. 验前信息只有专家数据时验前分布的确定

当验前信息只有专家数据时,此时只有一个可靠度预计值,记为 $\hat{R}_p^1$,即时刻 t_p^1 处可靠度 R_p^1 的预计值。根据式(6.7)中的伽马验前分布 $\Gamma(\lambda;\alpha_e,\beta_e)$,此时可靠度 R_p^1 的期望为 $E(R_p^1) = \int_0^{+\infty} R_p^1 \cdot \pi(\lambda)\,d\lambda$,代入式(6.7)中的 $\pi(\lambda)$,且又因为 $R_p^1 = \exp(-\lambda t_p^1)$,故可得

$$E(R_p^1) = \frac{(\beta_e)^{\alpha_e}}{(\beta_e+t_p^1)^{\alpha_e}} \tag{6.8}$$

已知 R_p^1 的预计值,即专家数据 $\hat{R}_p^1$,可令

$$E(R_p^1) = \hat{R}_p^1 \tag{6.9}$$

继而得分布参数 α_e 和 β_e 的关系为

$$\beta_e = \frac{(\hat{R}_p^1)^{\frac{1}{\alpha_e}}(t_p^1)}{1-(\hat{R}_p^1)^{\frac{1}{\alpha_e}}} \tag{6.10}$$

确定验前分布 $\pi(\lambda)$ 需要求解 α_e 和 β_e，但此时只有一个等式条件。为此，引入 $\pi(\lambda)$ 的熵 $H(\alpha_e,\beta_e)$，并要求 α_e 和 β_e 令 $H(\alpha_e,\beta_e)$ 最大。根据熵的定义可知熵 $H(\alpha_e,\beta_e)$ 为

$$H(\alpha_e,\beta_e) = -\int_0^{+\infty} \pi(\lambda) \cdot \ln\pi(\lambda)\,d\lambda$$

代入式(6.7)中的 $\pi(\lambda)$，可得

$$H(\alpha_e,\beta_e) = \alpha_e\ln\beta_e - \ln\Gamma(\alpha_e) - \alpha_e + (\alpha_e - 1)\int_0^{+\infty} \frac{(\beta_e)^{\alpha_e}}{\Gamma(\alpha_e)} \cdot \lambda^{\alpha_e-1} \cdot$$
$$\exp(-\beta_e\lambda) \cdot \ln\lambda\,d\lambda$$

进一步有

$$\int_0^{+\infty} \frac{(\beta_e)^{\alpha_e}}{\Gamma(\alpha_e)} \cdot \lambda^{\alpha_e-1} \cdot \exp(-\beta_e\lambda) \cdot \ln\lambda\,d\lambda$$
$$= \int_0^{+\infty} \frac{1}{\Gamma(\alpha_e)} \cdot (\beta_e\lambda)^{\alpha_e-1} \cdot \exp(-\beta_e\lambda) \cdot [\ln(\beta_e\lambda) - \ln\beta_e]d(\beta_e\lambda)$$
$$= \varphi^{(1)}(\alpha_e) - \ln\beta_e$$

其中 $\varphi^{(1)}(\alpha_e)$ 的定义见式(4.44)。最终求得 $H(\alpha_e,\beta_e)$ 为

$$H(\alpha_e,\beta_e) = \ln\beta_e - \ln\Gamma(\alpha_e) - \alpha_e + (\alpha_e - 1)\varphi^{(1)}(\alpha_e) \qquad (6.11)$$

根据式(6.10)，可在式(6.9)的条件下，将熵 $H(\alpha_e,\beta_e)$ 转化为关于 α_e 的单参数函数 $H(\alpha_e)$，于是求解 α_e 和 β_e 就转化为单参数优化问题

$$\begin{cases} \max H(\alpha_e) = -\dfrac{\ln\hat{R}_p^1}{\alpha_e} - \ln t_p^1 + \ln[1-(\hat{R}_p^1)^{\frac{1}{\alpha_e}}] + \ln\Gamma(\alpha_e) + \alpha_e - (\alpha_e-1)\varphi^{(1)}(\alpha_e) \\ \mathrm{s.t} \quad \alpha_e > 0 \end{cases}$$
$$(6.12)$$

通过式(6.12)求得 α_e 后，再根据式(6.10)求出 β_e，即可确定验前分布 $\pi(\lambda)$。

2. 验前信息有专家数据和性能数据时验前分布的确定

利用这些可靠度预计值，根据式(6.9)，依次令

$$E(R_p^i) = \hat{R}_p^i$$

此时确定验前分布，需要求解其中的分布参数，就等同于根据 N 个方程求解未知数。于是考虑利用最小二乘法，将这一解方程组问题转化为目标为误差和最小的优化问题

$$\min \sum_{i=1}^{N} [E(R_p^i) - \hat{R}_p^i]^2 \qquad (6.13)$$

通过式(6.13)求出分布参数,即可确定验前分布。

依据这一思路,在指数分布场合,对于式(6.7)中的验前分布 $\Gamma(\lambda;\alpha_e,\beta_e)$,根据式(6.8),可知此时式(6.13)具体为

$$\begin{cases} \min \sum_{i=1}^{N} \left[\dfrac{(\beta_e)^{\alpha_e}}{(\beta_e + t_p^i)^{\alpha_e}} - \hat{R}_p^i \right]^2 \\ \text{s.t} \quad \alpha_e > 0, \ \beta_e > 0 \end{cases} \tag{6.14}$$

通过式(6.14)求出 α_e 和 β_e,即可确定验前分布 $\Gamma(\lambda;\alpha_e,\beta_e)$。

6.1.2　可靠度的 Bayes 估计

在指数分布下,记此时式(6.2)中的似然函数为 $L(D\mid\lambda)$,进一步基于式(6.5)中的 $f(t;\lambda)$ 和式(6.6)中的 $R(t;\lambda)$,可求得 $L(D\mid\lambda)$ 为

$$L(D\mid\lambda) = \lambda^{\sum_{i=1}^{n}\delta_i} \exp\left(-\lambda\sum_{i=1}^{n} t_i\right)$$

记 λ 的验后分布为 $\pi(\lambda\mid D)$。根据式(1.3)的 Bayes 公式,基于式(6.7)中的验前分布 $\Gamma(\lambda;\alpha_e,\beta_e)$ 和似然函数 $L(D\mid\lambda)$,可求得 $\pi(\lambda\mid D)$ 为

$$\pi(\lambda\mid D) = \frac{\left(\beta_e + \sum_{i=1}^{n} t_i\right)^{\alpha_e + \sum_{i=1}^{n}\delta_i}}{\Gamma\left(\alpha_e + \sum_{i=1}^{n}\delta_i\right)} \cdot \lambda^{\alpha_e + \sum_{i=1}^{n}\delta_i - 1} \cdot \exp\left[-\left(\beta_e + \sum_{i=1}^{n} t_i\right)\lambda\right]$$

$$\tag{6.15}$$

即伽马分布 $\Gamma\left(\lambda;\alpha_e + \sum_{i=1}^{n}\delta_i, \beta_e + \sum_{i=1}^{n} t_i\right)$。根据函数 $R(t) = \exp(-\lambda t)$,再利用式(6.15)中的 $\pi(\lambda\mid D)$,可得 $R(t)$ 的验后分布为

$$\pi(R(t)\mid D) = \Gamma\left(-\frac{\ln R}{t};\alpha_e + \sum_{i=1}^{n}\delta_i, \beta_e + \sum_{i=1}^{n} t_i\right) \cdot \frac{\mathrm{d}}{\mathrm{d}R}\left(\frac{\ln R}{t}\right)$$

化简后为负对数伽马分布,即

$$\pi(R(t)\mid D) = \frac{1}{\Gamma\left(\alpha_e + \sum_{i=1}^{n}\delta_i\right)} \cdot \left(\frac{\beta_e + \sum_{i=1}^{n} t_i}{t}\right)^{\alpha_e + \sum_{i=1}^{n}\delta_i} \cdot R^{\frac{\beta_e + \sum_{i=1}^{n}\delta_i}{t}} \cdot (-\ln R)^{\alpha_e + \sum_{i=1}^{n}\delta_i - 1}$$

根据负对数伽马分布的相关性质[244],根据验后分布 $\pi(R(t)\mid D)$,记 $R(t)$ 的 M 阶验后矩为 $E([R(t)]^M)$,可得

$$E([R(t)]^M) = \int_0^1 [R(t)]^M \cdot \pi(R(t) \mid D)\,dR$$

$$= \left(\frac{\beta_e + \sum_{i=1}^n t_i}{\beta_e + \sum_{i=1}^n t_i + Mt} \right)^{\alpha_e + \sum_{i=1}^n \delta_i} \tag{6.16}$$

特别地,当 $M = 1$ 时,即为平方损失函数下的 Bayes 点估计,记其为 $\hat{R}(t)$,可得

$$\hat{R}(t) = \left(\frac{\beta_e + \sum_{i=1}^n t_i}{\beta_e + \sum_{i=1}^n t_i + t} \right)^{\alpha_e + \sum_{i=1}^n \delta_i} \tag{6.17}$$

记 $R_{\mathrm{L}}(t)$ 为 $R(t)$ 的 Bayes 置信下限。在置信水平 $1-\gamma$ 下,$R_{\mathrm{L}}(t)$ 满足

$$\int_{R_{\mathrm{L}}(t)}^1 \frac{1}{\Gamma\left(\alpha_e + \sum_{i=1}^n \delta_i\right)} \cdot \left(\frac{\beta_e + \sum_{i=1}^n t_i}{t} \right)^{\alpha_e + \sum_{i=1}^n \delta_i} \cdot R^{\frac{\beta_e + \sum_{i=1}^n t_i}{t} - 1} \cdot (-\ln R)^{\alpha_e + \sum_{i=1}^n \delta_i - 1}\,dR = 1 - \gamma$$

根据负对数伽马分布与 χ^2 分布的关系,求得 $R_{\mathrm{L}}(t)$ 为

$$R_{\mathrm{L}}(t) = \exp\left[-\frac{\chi_{1-\gamma}^2\left(2\alpha_e + 2\sum_{i=1}^n \delta_i\right)}{2\beta_e + 2\sum_{i=1}^n t_i} \cdot t \right] \tag{6.18}$$

其中,$\chi_{1-\gamma}^2\left(2\alpha_e + 2\sum_{i=1}^n \delta_i\right)$ 为 χ^2 分布 $\chi^2\left(2\alpha_e + 2\sum_{i=1}^n \delta_i\right)$ 的 $1-\gamma$ 分位点。如此可得可靠度的 Bayes 点估计和置信下限。

在文献[73]中取 $R(t)$ 的点估计为

$$\hat{R}_{\mathrm{w}}(t) = \exp\left(-\frac{\alpha_e + \sum_{i=1}^n \delta_i}{\beta_e + \sum_{i=1}^n t_i} \cdot t \right) \tag{6.19}$$

即首先根据 λ 的验后分布 $\pi(\lambda \mid D)$ 求得 λ 的 Bayes 点估计,再代入式(6.6)中求得 $R(t)$ 的点估计。这里通过分析式(6.17)中 $\hat{R}(t)$ 和式(6.19)中 $\hat{R}_{\mathrm{w}}(t)$ 的比值探讨二者的区别。为便于数学处理,对该比值取对数,从而转化为 $\hat{R}(t)$ 和

$\hat{R}_{\mathrm{w}}(t)$ 的对数差，即

$$\ln \hat{R}(t) - \ln \hat{R}_{\mathrm{w}}(t) = \left(\alpha_e + \sum_{i=1}^{n} \delta_i\right)\left(\ln \frac{\beta_e + \sum\limits_{i=1}^{n} t_i}{\beta_e + \sum\limits_{i=1}^{n} t_i + t} + \frac{t}{\beta_e + \sum\limits_{i=1}^{n} t_i}\right)$$

继而化简为

$$\ln \hat{R}(t) - \ln \hat{R}_{\mathrm{w}}(t) = \left(\alpha_e + \sum_{i=1}^{n} \delta_i\right)\left[-\ln\left(1 + \frac{t}{\beta_e + \sum\limits_{i=1}^{n} t_i}\right) + \frac{t}{\beta_e + \sum\limits_{i=1}^{n} t_i}\right]$$

再通过泰勒一阶展开，可得

$$\ln \hat{R}(t) - \ln \hat{R}_{\mathrm{w}}(t) = \left(\alpha_e + \sum_{i=1}^{n} \delta_i\right) \cdot o(t)$$

可知 $\ln \hat{R}(t)$ 与 $\ln \hat{R}_{\mathrm{w}}(t)$ 的差近似为 0，即 $\hat{R}(t)$ 与 $\hat{R}_{\mathrm{w}}(t)$ 的比值近似为 1。但由于可靠度的取值范围在区间 [0,1] 上，数值本身已经很小，为了提高 Bayes 点估计的精确度，应采用 $\hat{R}(t)$ 而非 $\hat{R}_{\mathrm{w}}(t)$。

6.2　融合不等定时截尾数据和其他可靠性数据的机电产品型单机可靠度评估

对于机电产品型单机，采用威布尔分布建模其寿命。为便于 Bayes 融合研究，引入参数 $v = \eta^{-m}$，将式（2.5）中的概率密度函数改写为

$$f(t;m,v) = mvt^{m-1}\exp(-vt^m) \tag{6.20}$$

此时任务时刻 t 处的可靠度如式（1.4）所示。

6.2.1　基于其他可靠性数据的验前分布确定

在威布尔分布下，已有研究证明不存在分布参数 m 和 v 的联合共轭连续验前分布[114]，为此常用的做法是认为 m 和 v 的验前分布独立，即

$$\pi(m,v) = \pi(m) \cdot \pi(v) \tag{6.21}$$

关于 v 的验前分布 $\pi(v)$，取为共轭分布，即伽马分布 $\Gamma(v;\alpha,\beta)$，具体为

$$\pi(v;\alpha,\beta) = \frac{\beta^{\alpha}}{\Gamma(\alpha)} v^{\alpha-1} \exp(-\beta v) \tag{6.22}$$

关于 m 的验前分布 $\pi(m)$，在此先不明确其具体形式，只记为 $\pi(m;\theta_m)$，其

中 θ_m 为分布参数。在确定验前分布的形式后,需要根据验前信息确定验前分布中的分布参数。下面分别讨论验前信息只有专家数据时和验前信息有专家数据和性能退化数据时的分布参数确定方法。

1. 验前信息只有专家数据时验前分布的确定

当验前信息只有专家数据时,此时只有一个可靠度预计值,记为 $\hat{R}_p^1$,即时刻 t_p^1 处可靠度 R_p^1 的预计值。现有研究中,在威布尔分布下,韩磊[120] 提出了一个根据 $\hat{R}_p^1$ 确定验前分布的方法。在该方法中,首先根据 $\hat{R}_p^1$ 确定可靠度 R_p^1 的验前分布,即

$$\pi(R_p^1) = \frac{b^a}{\Gamma(a)}(R_p^1)^{b-1}(-\ln R_p^1)^{a-1} \tag{6.23}$$

其中分布形式为负对数伽马分布[244],分布参数为 a 和 b。然后,根据 R_p^1 与分布参数 v 的关系 $R_p^1 = \exp[-v(t_p^1)^m]$,将 $\pi(R_p^1)$ 转化为 v 在给定 m 时的验前分布 $\pi(v|m)$。随后,在设定 m 的验前分布 $\pi(m)$ 后,可确定 m 和 v 的联合验前分布为

$$\pi(m,v) = \pi(v|m)\pi(m)$$
$$= \pi(m)\frac{[b(t_p^1)^m]^a}{\Gamma(a)}v^{a-1}\exp[-b(t_p^1)^m v]$$

可以看出在这种方法确定的验前分布中,验前分布 $\pi(m)$ 和 $\pi(v)$ 不再相互独立,而实践中发现这种相关性给后续的推导带来了很多困难。注意到这种思路是根据专家数据,首先确定可靠度的验前分布,再转化为 m 和 v 的验前分布。事实上,也可以先假定 m 和 v 的验前分布形式,再通过专家数据确定其中的分布参数,从而直接建立 m 和 v 的验前分布。下面根据这种思路说明威布尔分布场合验前分布的确定方法。

在威布尔分布下,基于 m 和 v 的验前分布,可知可靠度 R_p^1 的期望为

$$E(R_p^1) = \int_m \int_0^{+\infty} R_p^1 \cdot \pi(m,v) \mathrm{d}v \mathrm{d}m$$

代入 $R_p^1 = \exp[-v(t_p^1)^m]$,式(6.21)中的 $\pi(m,v)$ 及式(6.22)的 $\pi(v)$,可得

$$E(R_p^1) = \int_m \int_0^{+\infty} \pi(m;\theta_m) \cdot \frac{\beta^\alpha}{\Gamma(\alpha)} \cdot v^{\alpha-1} \cdot \exp[-\beta v - v(t_p^1)^m] \mathrm{d}v \mathrm{d}m$$

经过化简有

$$E(R_p^1) = \int_m \pi(m;\theta_m) \cdot \frac{\beta^\alpha}{[\beta + (t_p^1)^m]^\alpha} \mathrm{d}m \tag{6.24}$$

126

类似地，引入 $\pi(m,v)$ 的熵 $H(a,\beta,\theta_m)$，并要求 $\pi(m,v)$ 中的分布参数 α、β 和 θ_m 使熵 $H(\alpha,\beta,\theta_m)$ 最大。而熵 $H(a,\beta,\theta_m)$ 为

$$H(\alpha,\beta,\theta_m) = -\iint_m \int_0^{+\infty} \pi(m,v) \cdot \ln\pi(m,v)\,\mathrm{d}v\mathrm{d}m$$

由于 $\pi(m)$ 和 $\pi(v)$ 独立，代入式(6.21)，可拆分 $H(\alpha,\beta,\theta_m)$ 为

$$H(\alpha,\beta,\theta_m) = -\int_m \int_0^{+\infty} \pi(m) \cdot \pi(v) \cdot \ln\pi(m)\,\mathrm{d}v\mathrm{d}m$$

$$-\int_m \int_0^{+\infty} \pi(m) \cdot \pi(v) \cdot \ln\pi(v)\,\mathrm{d}v\mathrm{d}m$$

$$= -\int_m \pi(m) \cdot \ln\pi(m)\,\mathrm{d}m - \int_0^{+\infty} \pi(v) \cdot \ln\pi(v)\,\mathrm{d}v$$

代入式(6.22)中的 $\pi(v)$，根据式(6.11)可知

$$\int_0^{+\infty} \pi(v) \cdot \ln\pi(v)\,\mathrm{d}v = \ln\beta - \ln\Gamma(\alpha) - \alpha + (\alpha-1)\varphi^{(1)}(\alpha)$$

于是最终确定 $\pi(m,\lambda)$ 的熵 $H(\alpha,\beta,\theta_m)$ 为

$$H(\alpha,\beta,\theta_m) = -\int_m \pi(m;\theta_m) \cdot \ln\pi(m;\theta_m)\,\mathrm{d}m - \ln\beta + \ln\Gamma(\alpha)$$
$$+ \alpha - (\alpha-1)\varphi^{(1)}(\alpha) \tag{6.25}$$

确定验前分布 $\pi(m,v)$ 需要求解 α、β 和 θ_m。类似于式(6.12)，根据式(6.9)及式(6.25)，可将求解 α、β 和 θ_m 转化为优化问题

$$\begin{cases} \max \quad H(\alpha,\beta,\theta_m) = -\int_m \pi(m;\theta_m) \cdot \ln\pi(m;\theta_m)\,\mathrm{d}m - \ln\beta \\ \qquad\quad + \ln\Gamma(\alpha) + \alpha - (\alpha-1)\varphi^{(1)}(\alpha) \\ \text{s. t} \begin{cases} \int_m \pi(m;\theta_m) \cdot \dfrac{\beta^\alpha}{[\beta + (t_p^1)^m]^\alpha}\,\mathrm{d}m = \hat{R}_p^1 \\ \alpha > 0, \quad \beta > 0 \end{cases} \end{cases} \tag{6.26}$$

通过式(6.26)求得 α、β 和 θ_m 后，即可确定验前分布 $\pi(m,v)$。在式(6.26)中，并没有明确 m 的验前分布 $\pi(m)$ 的具体形式。下面针对其中的两种特定情形，即 $\pi(m)$ 分别为均匀分布和伽马分布时，进行具体说明。

1) $\pi(m)$ 为均匀分布时验前分布的确定

当 $\pi(m)$ 为均匀分布 $U(m_1,m_u)$ 时，此时 $\pi(m)$ 为

$$\pi(m) = \frac{1}{m_u - m_1} \quad m_1 \leqslant m \leqslant m_u$$

而式(6.24)为

$$E(R_p^1) = \int_{m_1}^{m_u} \frac{1}{m_u - m_1} \cdot \frac{\beta^\alpha}{[\beta + (t_p^1)^m]^\alpha} dm$$

令 $x = \dfrac{\beta}{\beta + (t_p^1)^m}$,于是 $dm = -\dfrac{1}{x(1-x)\ln t_p^1} dx$,有

$$E(R_p^1) = -\frac{1}{(m_u - m_1)\ln t_p^1} \int_{\frac{\beta}{\beta+(t_p^1)^{m_1}}}^{\frac{\beta}{\beta+(t_p^1)^{m_u}}} \frac{x^\alpha}{x(1-x)} dx$$

$$= \frac{1}{(m_u - m_1)\ln t_p^1} \int_{\frac{\beta}{\beta+(t_p^1)^{m_u}}}^{\frac{\beta}{\beta+(t_p^1)^{m_1}}} \frac{x^{\alpha-1}}{1-x} dx$$

对于其中的 $\dfrac{x^{\alpha-1}}{1-x}$ 进行积分 $\int \dfrac{x^{\alpha-1}}{1-x} dx$,将 $\dfrac{1}{1-x}$ 按照泰勒公式展开,则有

$$\int \frac{x^{\alpha-1}}{1-x} dx = \int x^{\alpha-1} \sum_{k=0}^{\infty} x^k dx$$

进一步化简可得

$$\int \frac{x^{\alpha-1}}{1-x} dx = \sum_{k=0}^{\infty} \frac{1}{k+\alpha} x^{k+\alpha}$$

$$= x^\alpha \sum_{k=0}^{\infty} \frac{k! \cdot (\alpha)_k}{(k+\alpha) \cdot (\alpha)_k} \cdot \frac{x^k}{k!}$$

$$= \frac{x^\alpha}{\alpha} \sum_{k=0}^{\infty} \frac{(1)_k (\alpha)_k}{(\alpha+1)_k} \cdot \frac{x^k}{k!}$$

其中 $(1)_k$、$(\alpha)_k$ 和 $(\alpha+1)_k$ 的定义见式(5.13)。通过超几何函数[245](hypergeometric function)

$$_2F_1(a,b;c,z) = \sum_{k=0}^{\infty} \frac{(a)_k (b)_k}{(c)_k} \cdot \frac{z^k}{k!}$$

最终可得

$$\int \frac{x^{\alpha-1}}{1-x} dx = {}_2F_1(1,\alpha;\alpha+1,x) \frac{x^\alpha}{\alpha}$$

于是当 $\pi(m)$ 为 $U(m_1, m_u)$ 时,求得式(6.24)具体为

$$E(R_p^1) = \frac{{}_2F_1(1,\alpha;\alpha+1,x_1^u)(x_1^u)^\alpha - {}_2F_1(1,\alpha;\alpha+1,x_1^1)(x_1^1)^\alpha}{\alpha(m_u - m_1)\ln t_p^1}$$

其中

$$x_1^u = \frac{\beta}{\beta + (t_p^1)^{m_1}}, \qquad x_1^1 = \frac{\beta}{\beta + (t_p^1)^{m_u}}$$

又由于

$$\int_m \pi(m) \cdot \ln\pi(m)\,\mathrm{d}m = \int_{m_1}^{m_u} \frac{1}{m_u - m_1} \cdot \ln\frac{1}{m_u - m_1}\,\mathrm{d}m$$
$$= -\ln(m_u - m_1)$$

记式(6.25)中的熵 $H(\alpha,\beta,\theta_m)$ 为 $H(\alpha,\beta)$，可得 $H(\alpha,\beta)$ 为

$$H(\alpha,\beta) = \ln(m_u - m_1) - \ln\beta + \ln\Gamma(\alpha) + \alpha - (\alpha-1)\varphi^{(1)}(\alpha)$$

此时确定验前分布 $\pi(m,v)$ 主要是求解 $\pi(v)$ 中的分布参数 α 和 β，于是优化问题式(6.26)具体为

$$\begin{cases} \max\quad H(\alpha,\beta) = \ln(m_u-m_1) - \ln\beta + \ln\Gamma(\alpha) + \alpha - (\alpha-1)\varphi^{(1)}(\alpha) \\[2ex] \text{s. t}\begin{cases} {}_2F_1(1,\alpha;\alpha+1,x_1^u)(x_1^u)^\alpha - {}_2F_1(1,\alpha;\alpha+1,x_1^1)(x_1^1)^\alpha = \hat{R}_p^1\alpha(m_u-m_1)\ln t_p^1 \\[2ex] x_1^u = \dfrac{\beta}{\beta+(t_p^1)^{m_1}},\quad x_1^1 = \dfrac{\beta}{\beta+(t_p^1)^{m_u}} \\[2ex] \alpha>0,\beta>0 \end{cases} \end{cases}$$

$$(6.27)$$

通过式(6.27)求得 α 和 β，即可确定验前分布 $\pi(m,v)$。

2) $\pi(m)$ 为伽马分布时验前分布的确定

若取 $\pi(m)$ 为伽马分布 $\Gamma(m;\alpha_1,\beta_1)$ 时，此时 $\pi(m)$ 为

$$\pi(m) = \frac{(\beta_1)^{\alpha_1}}{\Gamma(\alpha_1)}m^{\alpha_1-1}\exp(-\beta_1 m)$$

在这种情况下，式(6.24)具体为

$$E(R_p^1) = \int_0^{+\infty} \frac{(\beta_1)^{\alpha_1}}{\Gamma(\alpha_1)}m^{\alpha_1-1}\exp(-\beta_1 m) \cdot \frac{\beta^\alpha}{[\beta+(t_p^1)^m]^\alpha}\,\mathrm{d}m$$

记式(6.25)中的熵 $H(\alpha,\beta,\theta_m)$ 为 $H(\alpha,\beta,\alpha_1,\beta_1)$，根据式(6.11)和式(6.25)，可得

$$H(\alpha,\beta,\alpha_1,\beta_1) = -\ln\beta_1 + \ln\Gamma(\alpha_1) + \alpha_1 - (\alpha_1-1)\varphi^{(1)}(\alpha_1)$$
$$-\ln\beta + \ln\Gamma(\alpha) + \alpha - (\alpha-1)\varphi^{(1)}(\alpha)$$

此时确定验前分布 $\pi(m,v)$ 需要求解 α_1、β_1、α 及 β，于是优化问题式(6.26)具体为

$$\begin{cases} \max\quad H(\alpha,\beta,\alpha_1,\beta_1) = -\ln\beta_1 + \ln\Gamma(\alpha_1) + \alpha_1 - (\alpha_1-1)\varphi^{(1)}(\alpha_1) \\[2ex] \qquad\quad - \ln\beta + \ln\Gamma(\alpha) + \alpha - (\alpha-1)\varphi^{(1)}(\alpha) \\[2ex] \text{s. t}\begin{cases} \displaystyle\int_0^{+\infty} \frac{\beta_1^{\alpha_1}}{\Gamma(\alpha_1)}m^{\alpha_1-1}\exp(-\beta_1 m) \cdot \frac{\beta^\alpha}{[\beta+(t_p^1)^m]^\alpha}\,\mathrm{d}m = \hat{R}_p^1 \\[2ex] \alpha_1>0,\ \beta_1>0,\ \alpha>0,\ \beta>0 \end{cases} \end{cases}$$

$$(6.28)$$

通过式(6.28)求出 α_1、β_1、α 及 β 后,即可确定验前分布 $\pi(m,v)$。

2. 验前信息有专家数据和性能数据时验前分布的确定

除了专家数据 $\hat{R}_p^1$ 外,若还收集到性能数据,则还可以求得单机在其他时刻处的可靠度预计值。此时将专家数据和转化后的性能数据混合作为综合验前信息,其中将至少存在两个可靠度预计值,记为时刻 t_p^i 处的可靠度预计值 $\hat{R}_p^i$,其中 $i=1,2,3,\cdots,N$。下面分别提出两种确定验前分布的方法。

1) 连续分布下验前分布的确定

当验前分布为式(6.21)中的连续分布 $\pi(m,v)$ 时,根据式(6.24),可知此时式(6.13)具体为

$$
\begin{cases}
\min \quad \sum_{i=1}^{N}\left\{\int_m \pi(m;\theta_m)\cdot\dfrac{\beta^\alpha}{[\beta+(t_p^i)^m]^\alpha}\mathrm{d}m-\hat{R}_p^i\right\}^2 \\
\mathrm{s.t} \quad \alpha>0,\ \beta>0
\end{cases}
$$

特别地,当 $\pi(m)$ 为均匀分布 $U(m_L,m_U)$ 时,式(6.13)可再进一步明确为

$$
\begin{cases}
\min \quad \sum_{i=1}^{N}\left\{\dfrac{{}_2F_1(1,\alpha;\alpha+1,x_i^u)(x_i^u)^\alpha-{}_2F_1(1,\alpha;\alpha+1,x_i^l)(x_i^l)^\alpha}{\alpha(m_u-m_l)\ln t_p^i}-\hat{R}_p^i\right\}^2 \\
\mathrm{s.t}\begin{cases}x_i^u=\dfrac{\beta}{\beta+(t_p^i)^{m_l}},\ x_i^l=\dfrac{\beta}{\beta+(t_p^i)^{m_u}},\ i=1,2,3,\cdots,N \\[2mm] \alpha>0,\ \beta>0\end{cases}
\end{cases}
$$

$$(6.29)$$

通过式(6.29)求出 α 和 β 后,即可确定验前分布 $\pi(m,v)$。而当 $\pi(m)$ 为伽马分布 $\Gamma(m;\alpha_1,\beta_1)$ 时,式(6.13)具体为

$$
\begin{cases}
\min \quad \sum_{i=1}^{N}\left\{\int_0^{+\infty}\dfrac{\beta_1^{\alpha_1}}{\Gamma(\alpha_1)}m^{\alpha_1-1}\exp(-\beta_1 m)\cdot\dfrac{\beta^\alpha}{[\beta+(t_p^i)^m]^\alpha}\mathrm{d}m-\hat{R}_p^i\right\}^2 \\
\mathrm{s.t} \quad \alpha>0,\ \beta>0,\ \alpha_1>0,\ \beta_1>0
\end{cases}
$$

$$(6.30)$$

通过式(6.30)求得 α_1、β_1、α 及 β 后,即可确定验前分布 $\pi(m,v)$。

2) 离散样本下验前分布的确定

除了基于式(6.21)中的连续分布确定验前分布外,还可以基于离散样本确定验前分布[230]。

考虑到对于两个可靠度预计值 $\hat{R}_p^1$ 和 $\hat{R}_p^2$,当 $(\hat{R}_p^1-\hat{R}_p^2)(t_p^1-t_p^2)<0$ 时,根据式(1.4)可知

$$\begin{cases} \hat{R}_p^1 = \exp\left[-\hat{v}(t_p^1)^{\hat{m}}\right] \\ \hat{R}_p^2 = \exp\left[-\hat{v}(t_p^2)^{\hat{m}}\right] \end{cases} \tag{6.31}$$

式中:$\hat{m}$ 和 $\hat{v}$ 为分布参数 m 和 v 的一组点估计。借鉴最小二乘估计的思想,将式(6.31)进行两次取对数运算,可得

$$\begin{cases} \ln(-\ln \hat{R}_p^1) = \hat{m}\ln t_p^1 + \ln \hat{v} \\ \ln(-\ln \hat{R}_p^2) = \hat{m}\ln t_p^2 + \ln \hat{v} \end{cases}$$

于是可利用 $\hat{R}_p^1$ 和 $\hat{R}_p^2$,通过式(6.31)求得 $\hat{m}$ 和 $\hat{v}$ 为

$$\begin{cases} \hat{m} = \dfrac{\ln(-\ln \hat{R}_p^1) - \ln(-\ln \hat{R}_p^2)}{\ln t_p^1 - \ln t_p^2} \\ \hat{v} = -(t_p^1)^{-\hat{m}} \ln \hat{R}_p^1 \end{cases} \tag{6.32}$$

注意到此处的 $\hat{R}_p^1$ 和 $\hat{R}_p^2$ 是已知的,且 $(\hat{R}_p^1 - \hat{R}_p^2)(t_p^1 - t_p^2) < 0$,故必有 $\hat{m} > 0$。式(6.32)中的 $\hat{m}$ 和 $\hat{v}$ 可视为来自 m 和 v 的验前分布的一组样本。注意到根据一组 $\hat{R}_p^1$ 和 $\hat{R}_p^2$ 只能确定一组 m 和 v 的验前分布的样本。倘若可以根据 $\hat{R}_p^1$ 和 $\hat{R}_p^2$ 生成更多的可靠度预计值,那么就可以获得足够多的 m 和 v 的验前分布样本。下面讨论如何根据 $\hat{R}_p^1$ 和 $\hat{R}_p^2$ 生成更多的可靠度预计值。

记 $\hat{R}_p$ 为可靠度预计值。考虑到 $\hat{R}_p$ 本质上是可靠度 R_p 的估计值,则 $\hat{R}_p$ 必然与真值 R_p 之间存在误差 ε,即 $\hat{R}_p = R_p + \varepsilon$。对于误差 ε,通常假定其服从均值为 0 的正态分布 $N(0, \sigma^2)$,这说明 $\hat{R}_p$ 服从均值为 R_p 的正态分布 $N(R_p, \sigma^2)$。由于真值 R_p 未知,可以用 R_p 的原始估计值 $\hat{R}_p^o$ 代替,进一步,若方差 σ^2 已知,就可基于正态分布 $N(\hat{R}_p^o, \sigma^2)$ 生成更多的可靠度预计值。因此,接下来需要确定 σ。关于方差 σ^2,主要与误差 ε 有关。由于可靠度 R_p 的取值区间为 $[0,1]$,则误差 ε 的最大值 $\varepsilon_{\max}$ 为 $\hat{R}_p^o$ 和 $1-\hat{R}_p^o$ 的最小值,即 $\varepsilon_{\max} = \min(\hat{R}_p^o, 1-\hat{R}_p^o)$。又由于 ε 服从对称的正态分布 $N(0, \sigma^2)$,则 ε 的取值就限定在区间 $[-\varepsilon_{\max}, \varepsilon_{\max}]$ 中。根据正态分布的性质,可认为几乎所有的 ε 取值都在区间 $[-3\sigma, 3\sigma]$ 中。如此可知 σ 的最大值满足 $\sigma_{\max} = \varepsilon_{\max}/3$,进一步认为标准差 σ 服从均匀分布 $U(0, \sigma_{\max})$。通过以上分析,可以从 $U(0, \sigma_{\max})$ 中生成随机数作为 σ 的取值。通过这种方式,可以保证生成的可靠度预计值取值都接近 $\hat{R}_p^o$,且取值范围在 $[0,1]$ 中。

在以上分析的基础上,设计算法 6.1 获得来自 m 和 v 的验前分布的离散样本。

算法 6.1

给定对应时刻 t_p^1 和 t_p^2 的可靠度预计值 $\hat{R}_p^1$ 和 $\hat{R}_p^2$,要求 $(\hat{R}_p^1 - \hat{R}_p^2)(t_p^1 - t_p^2) < 0$,并设定样本量 D。

步骤 1:令 $\sigma_{max}^i = \min\left[\dfrac{\hat{R}_p^i}{3}, \dfrac{1-\hat{R}_p^i}{3}\right]$,其中 $i=1,2$,并初始化 $j=1$。

步骤 2:从均匀分布 $U(0, \sigma_{max}^i)$ 中生成 σ_i,进一步从正态分布 $N(\hat{R}_p^i, \sigma_i^2)$ 中生成 $\hat{R}_e^i$,其中 $i=1,2$。

步骤 3:将 $\hat{R}_e^1$ 和 $\hat{R}_e^2$ 代入式(6.32)算得 m_j^p 和 v_j^p,并更新 $j=j+1$。

步骤 4:重复步骤 2、3 直到 $j=D$。

如此获得的 (m_j^p, v_j^p),其中 $j=1,2,3,\cdots,D$,即为来自 m 和 v 的验前分布的离散样本。根据样本 (m_j^p, v_j^p) 固然可以反推 m 和 v 的验前分布,并给出其具体的概率密度函数及分布函数,但是实际上这些离散样本反而比分布函数更便于计算可靠度的 Bayes 估计。因此,这里不再给出 m 和 v 的验前分布的具体形式。另外还需强调以下两点。

(1) 并不是有两个可靠度预计值时就一定可以应用算法 6.1,这两个可靠度预计值必须要满足 $(\hat{R}_e^1 - \hat{R}_e^2)(t_p^1 - t_p^2) < 0$。但对于验前分布为连续分布的方法,则不需限定这样的条件。

(2) 算法 6.1 虽然只说明了验前信息中包含两个可靠度预计值时生成离散样本的方法,但可以推广到验前信息包含 N 个可靠度预计值的情况。

6.2.2　可靠度的 Bayes 估计

在威布尔分布下,记此时式(6.2)中的似然函数为 $L(D \mid m,v)$,进一步代入式(6.20)和(1.4)中的 $f(t;m,v)$ 和 $R(t;m,v)$,化简后得 $L(D;m,v)$ 为

$$L(D \mid m,v) = (mv)^{\sum\limits_{i=1}^{n}\delta_i} \cdot \prod_{i=1}^{n} t_i^{(m-1)\delta_i} \cdot \exp\left(-v\sum_{i=1}^{n} t_i^m\right) \qquad (6.33)$$

在根据验前信息确定验前分布时,当验前信息只有专家数据时,此时假定分布参数 m 和 v 的验前分布 $\pi(m,v)$ 为式(6.21)中的连续分布,而当验前信息有专家数据和性能数据时,此时 $\pi(m,v)$ 有两种形式,一是式(6.21)中的连续分布,二是利用算法 6.1 获得的离散样本。总体而言,$\pi(m,v)$ 有连续分布和离

散样本两种形式。对于不同形式的 $\pi(m,v)$，下面将分别讨论不同的方法，用以求得 m 和 v 的验后分布，继而得到 $R(t)$ 的 Bayes 估计。

1. $\pi(m,v)$ 为连续分布时可靠度的 Bayes 估计

当 $\pi(m,v)$ 为式(6.21)中的连续分布时，记 m 和 v 的验后分布为 $\pi(m,v\mid D)$。根据式(1.3)中的 Bayes 公式，可知 $\pi(m,v\mid D)$ 为

$$\pi(m,v\mid D)\propto\pi(m,v)\cdot L(D\mid m,v)$$

代入式(6.21)中的 $\pi(m,v)$、式(6.22)中的 $\pi(v)$ 及式(6.33)中的 $L(D\mid m,v)$，可得

$$\pi(m,v\mid D)\propto m^{\sum\limits_{i=1}^{n}\delta_i}\cdot\prod\limits_{i=1}^{n}t_i^{(m-1)\delta_i}\cdot v^{\alpha+\sum\limits_{i=1}^{n}\delta_i-1}\cdot\exp\left[-\left(\beta+\sum\limits_{i=1}^{n}t_i^m\right)v\right]\cdot\pi(m)$$

进一步可将 $\pi(m,v\mid D)$ 转化为分布参数 m 的验后分布 $\pi(m\mid D)$ 与给定 m 时分布参数 v 的验后分布 $\pi(v\mid m,D)$ 的乘积，即为

$$\pi(m,v\mid D)\propto\pi(m\mid D)\cdot\pi(v\mid m,D) \tag{6.34}$$

其中

$$\pi(m\mid D)\propto\frac{m^{\sum\limits_{i=1}^{n}\delta_i}\cdot\prod\limits_{i=1}^{n}t_i^{(m-1)\delta_i}}{\left(\beta+\sum\limits_{i=1}^{n}t_i^m\right)^{\alpha+\sum\limits_{i=1}^{n}\delta_i}}\cdot\pi(m) \tag{6.35}$$

另外

$$\pi(v\mid m,D)=\frac{\left(\beta+\sum\limits_{i=1}^{n}t_i^m\right)^{\alpha+\sum\limits_{i=1}^{n}\delta_i}}{\Gamma\left(\alpha+\sum\limits_{i=1}^{n}\delta_i\right)}\cdot v^{\alpha+\sum\limits_{i=1}^{n}\delta_i-1}\cdot\exp\left[-\left(\beta+\sum\limits_{i=1}^{n}t_i^m\right)v\right]$$

$$\tag{6.36}$$

即伽马分布 $\Gamma\left(v;\alpha+\sum\limits_{i=1}^{n}\delta_i,\beta+\sum\limits_{i=1}^{n}t_i^m\right)$。

下面分析式(6.35)中 m 的验后分布 $\pi(m\mid D)$ 的数学性质，其对数 $\ln\pi(m\mid D)$ 为

$$\ln\pi(m\mid D)=\sum\limits_{i=1}^{n}\delta_i\ln m+(m-1)\sum\limits_{i=1}^{n}\delta_i\ln t_i$$

$$-\left(\alpha+\sum\limits_{i=1}^{n}\delta_i\right)\ln\left(\beta+\sum\limits_{i=1}^{n}\delta_i\right)+\ln\pi(m)$$

进一步，求得 $\ln\pi(m\mid D)$ 的一阶导数为

$$\frac{\mathrm{d}\ln\pi(m\mid D)}{\mathrm{d}m} = \frac{\sum\limits_{i=1}^{n}\delta_i}{m} + \sum\limits_{i=1}^{n}\delta_i\ln t_1 - \left(\alpha + \sum\limits_{i=1}^{n}\delta_i\right)\frac{\sum\limits_{i=1}^{n}t_i^m\ln t_i}{\beta + \sum\limits_{i=1}^{n}t_i^m} + \frac{\mathrm{d}\ln\pi(m)}{\mathrm{d}m}$$

而其二阶导数为

$$\frac{\mathrm{d}^2\ln\pi(m\mid D)}{\mathrm{d}m^2} = -\frac{\sum\limits_{i=1}^{n}\delta_i}{m^2} - \left(\alpha + \sum\limits_{i=1}^{n}\delta_i\right)\frac{\left(\sum\limits_{i=1}^{n}t_i^m\ln^2 t_i\right)\left(\beta + \sum\limits_{i=1}^{n}t_i^m\right) - \left(\sum\limits_{i=1}^{n}t_i^m\ln t_i\right)^2}{\left(\beta + \sum\limits_{i=1}^{n}t_i^m\right)^2}$$

$$+ \frac{\mathrm{d}^2\ln\pi(m)}{\mathrm{d}m^2}$$

根据柯西不等式,可知

$$\left(\sum\limits_{i=1}^{n}t_i^m\ln^2 t_i\right)\left(\sum\limits_{i=1}^{n}t_i^m\right) \geqslant \left(\sum\limits_{i=1}^{n}t_i^m\ln t_i\right)^2$$

因而当

$$\frac{\mathrm{d}^2\ln\pi(m)}{\mathrm{d}m^2} \leqslant 0 \tag{6.37}$$

必有

$$\frac{\mathrm{d}^2\ln\pi(m\mid D)}{\mathrm{d}m^2} < 0$$

根据凸函数的定义可知,在式(6.37)的条件下,验后分布 $\pi(m\mid D)$ 的对数 $\ln\pi(m\mid D)$ 是凸函数。由此可知,对于 m 的验前分布 $\pi(m)$,若其对数 $\ln\pi(m)$ 是凸函数,则 $\ln\pi(m\mid D)$ 也是凸函数。这是关于 $\pi(m\mid D)$ 的重要数学性质。

类似地,当求得 m 和 v 的验后分布 $\pi(m,v\mid D)$ 后,如果需求解可靠度 $R(t)$ 的 Bayes 估计,需要将 $\pi(m,v\mid D)$ 转化为 $R(t)$ 的验后分布 $\pi(R(t)\mid D)$。在威布尔分布下,通过数学运算给出验后分布之间的转化是极其困难的。这是因为:①验后分布 $\pi(m,v\mid D)$ 本身已十分复杂;②将 $\pi(m,v\mid D)$ 转化为 $\pi(R(t)\mid D)$ 的运算也非常复杂;③即使得到了 $\pi(R(t)\mid D)$,也很难再求得 Bayes 点估计和置信下限的解析表达式。针对这个问题,目前通常采用抽样的思路进行计算,即利用大量的样本将连续的验后分布离散化。在这些方法中应用最为广泛的是蒙特卡罗—马尔可夫(Monte Carlo Markov Chain,MCMC)算法。

MCMC 算法是一种典型的抽样算法,按照不同的规则,又可分为 Gibbs 算法和 Metropolis-Hastings(MH)算法。二者的不同之处在于,MH 算法通过设置一系列取舍规则,对不同的候选值进行选择,并作出拒绝或接受的判断,而 Gibbs

算法却要求参数的分布或条件分布相互独立,并以全概率接受所有的候选值。注意到根据式(6.34),m 和 v 的验后分布 $\pi(m,v\mid D)$ 满足 Gibbs 算法的条件,因此可采用 Gibbs 算法先利用式(6.35)对 m 抽样,再在 m 的抽样值下利用式(6.36)对 v 抽样。这样的性质使得很多研究人员都采用 Gibbs 算法对 m 和 v 进行抽样。又因为 m 的验后分布 $\pi(m\mid D)$ 不是常见的分布,在这些应用中,对于 m 的抽样,广泛采用 Devroye[128] 提出的抽样算法。但是该算法要求 $\ln\pi(m\mid D)$ 是凸函数。已经发现,当式(6.37)成立时,必然可以应用该算法。比如当 m 的验前分布 $\pi(m)$ 为均匀分布,或伽马分布 $\Gamma(m;\alpha_1,\beta_1)$ 时,其中 $\alpha_1\geqslant 1$。现有研究应用该算法时往往都要求 $\ln\pi(m)$ 是凸函数。但并非所有的 $\pi(m)$ 都能满足这一条件,比如伽马分布 $\Gamma(m;\alpha_1,\beta_1)$,当 $\alpha_1<1$ 时,$\ln\pi(m)$ 就不是凸函数。考虑到 MH 算法对分布没有要求,本书选择利用 MH 算法对 m 进行抽样,再利用 Gibbs 算法对 v 抽样,随后将抽取的 m 和 v 的验后样本转化为可靠度 $R(t)$ 的验后样本,最终给出 $R(t)$ 的点估计与置信下限,为此提出算法 6.2[246]。

算法 6.2

给定连续验前分布 $\pi(m)$、验后分布 $\pi(m\mid D)$ 和 $\pi(v\mid m,D)$、m 的估计值 $\hat{m}$、样本量 S 及任务时刻 t。

步骤 1:初始化 $j=1$,令根据 m 的验后分布抽取的样本序列的初值为估计值 $\hat{m}$,即 $m_1^c=\hat{m}$,并从 v 的验后分布 $\Gamma\left(v;\alpha+\sum_{i=1}^{n}\delta_i,\beta+\sum_{i=1}^{n}t_i^{\hat{m}}\right)$ 中生成 v_1^c。

步骤 2:更新 $j=j+1$,从验前分布 $\pi(m)$ 中抽样得到 m_p。

步骤 3:根据式(6.35),计算

$$\rho_c=\frac{\pi(m_p\mid D)}{\pi(m_{j-1}^c\mid D)}$$

$$=\left(\frac{m_p}{m_{j-1}^c}\right)^{\sum_{i=1}^{n}\delta_i}\cdot\left(\frac{\beta+\sum_{i=1}^{n}t_i^{m_{j-1}^c}}{\beta+\sum_{i=1}^{n}t_i^{m_p}}\right)^{\alpha+\sum_{i=1}^{n}\delta_i}\cdot\frac{\pi(m_p)}{\pi(m_{j-1}^c)}\prod_{i=1}^{n}t_i^{(m_p-m_{j-1}^c)\delta_i}$$

步骤 4:从均匀分布 $U(0,1)$ 中生成随机数 u,并与 ρ_c 和 1 的最小值相比,令

$$m_j^c=\begin{cases}m_p, & u\leqslant\min(\rho_c,1)\\ m_{j-1}^c, & u>\min(\rho_c,1)\end{cases}$$

步骤 5:从 v 的验后分布 $\Gamma\left(v;\alpha+\sum_{i=1}^{n}\delta_i,\beta+\sum_{i=1}^{n}t_i^{m_j^c}\right)$ 中生成 v_j^c。

步骤 6:根据式(1.4),代入 (m_j^c,v_j^c),求得 $\hat{R}^c=R(t;m_j^c,v_j^c)$。

步骤7:重复步骤2~6,直到$j=S$。

称验后分布的矩为验后矩。记当$\pi(m,v)$为连续分布时,可靠度$R(t)$的M阶验后矩为$E([R_c(t)]^M)$。将样本$\hat{R}^c$升序排列得到$\hat{R}_1^c<\hat{R}_2^c<\hat{R}_3^c<\cdots<\hat{R}_S^c$,从而求得验后矩为

$$E([R_c(t)]^M)=\frac{1}{S}\sum_{j=1}^{S}(\hat{R}_j^c)^M \tag{6.38}$$

特别地,当$M=1$时,即得当$\pi(m,v)$为连续分布时,在平方损失函数下$R(t)$的Bayes点估计,记为$\hat{R}_c(t)$,可得

$$\hat{R}_c(t)=\frac{1}{S}\sum_{j=1}^{S}\hat{R}_j^c \tag{6.39}$$

记当$\pi(m,v)$为连续分布时$R(t)$的置信下限为$R_L^c(t)$。在置信水平$1-\gamma$下,$R_L^c(t)$为

$$R_L^c(t)=\hat{R}_{S\gamma}^c \tag{6.40}$$

关于该算法,需要说明以下几点。

(1) 考虑到m的验前分布$\pi(m)$一般是常见的分布,于是在该算法的步骤2中从$\pi(m)$中生成m_p是容易的。

(2) 将步骤6中代入(m_j^c,v_j^c)求得的$\hat{R}^c$视为来自验后分布$\pi(R(t)\mid D)$的样本,从而避免了复杂的转化运算。

(3) 通常利用MCMC算法抽取的样本时,因为初值一般是随机选择的,需要舍弃部分前面的样本序列值,将剩余的样本序列视为稳定的样本,并基于剩余的样本开展分析。但算法6.2中的初值是m的估计值$\hat{m}$,而非随机选择的,因而该算法利用了全部的样本$\hat{R}_1^c<\hat{R}_2^c<\hat{R}_3^c<\cdots<\hat{R}_5^c$[230]。

2. $\pi(m,v)$为离散样本时可靠度的Bayes估计

当$\pi(m,v)$为根据算法6.1获得的离散样本(m_j^p,v_j^p)时,其中$j=1,2,3,\cdots,D$,此时算法6.2将不再适用,需要提出新的处理算法来求解$R(t)$的Bayes估计[230]。

算法6.3

给定m和v的离散验前样本(m_j^p,v_j^p),其中$j=1,2,3,\cdots,D$,m和v的点估计$\hat{m}$和$\hat{v}$及任务时刻t。

步骤1:初始化$j=1$,令m和v的抽样序列初值为估计值,即$m_1^d=\hat{m}$、$v_1^d=\hat{v}$。

步骤2:更新$j=j+1$,根据式(6.33),计算

$$\rho_d = \min\left(\frac{L(D \mid m_j^p, v_j^p)}{L(D \mid m_{j-1}^d, v_{j-1}^d)}, 1\right)$$

步骤 3：从均匀分布 $U(0,1)$ 中生成随机数 u，并与 ρ_d 相比。如果 $u \leq \rho_d$，则令 $m_j^d = m_j^p, v_j^d = v_j^p$；反之则令 $m_j^d = m_{j-1}^d, v_j^d = v_{j-1}^d$。

步骤 4：根据式 (1.4)，代入 (m_j^d, v_j^d)，求得 $\hat{R}^d = R(t; m_j^d, v_j^d)$。

步骤 5：重复步骤 2~4，直到 $j = D$。

记当 $\pi(m, v)$ 为离散样本时，根据验后分布 $\pi(R(t) \mid D)$ 求得的可靠度 $R(t)$ 的 M 阶验后矩为 $E([R_d(t)]^M)$。将样本 $\hat{R}^d$ 升序排列得到 $\hat{R}_1^d < \hat{R}_2^d < \hat{R}_3^d < \cdots < \hat{R}_D^d$，从而求得验后矩为

$$E([R_d(t)]^M) = \frac{1}{D} \sum_{j=1}^{D} (\hat{R}_j^d)^M \qquad (6.41)$$

特别地，当 $M = 1$ 时，即当 $\pi(m, v)$ 为离散样本时，在平方损失函数下 $R(t)$ 的 Bayes 点估计，记为 $\hat{R}_d(t)$，可得

$$\hat{R}_d(t) = \frac{1}{D} \sum_{j=1}^{D} \hat{R}_j^d \qquad (6.42)$$

记当 $\pi(m, v)$ 为离散样本时 $R(t)$ 的置信下限为 $R_L^d(t)$。在置信水平 $1-\gamma$ 下，$R_L^d(t)$ 为

$$R_L^d(t) = \hat{R}_{D\gamma}^d \qquad (6.43)$$

6.3　方法验证和对比

本节将设计蒙特卡罗仿真试验，通过分析试验结果，检验当验前信息只有专家数据时，所求得的 Bayes 估计结果的精度，并比较当验前信息有专家数据和性能数据时不同的 Bayes 估计结果，再与没有融合验前信息的估计结果作对比，最后对专家数据的时刻作敏感性分析。

6.3.1　验前信息只有专家数据时的仿真试验

本节检验当验前信息只有专家数据时所求得的 Bayes 估计结果的精度。在威布尔分布和指数分布下，分别给定一个可靠度预计值作为专家数据，并根据不等定时截尾有失效数据和无失效数据，各自设计仿真试验，再检验 Bayes 估计结果的精度。

1. 威布尔分布场合的仿真试验

此处在威布尔分布下,分别根据 4.3 节中的不等定时截尾有失效仿真样本及 5.4 节中的不等定时截尾无失效仿真样本开展仿真试验。这两组试验中共同的参数设置如下。

(1) 置信水平设为 0.9,即 $\gamma = 0.1$。

(2) 可靠度任务时刻依次取为 0.1、0.2、0.3、0.4 和 0.5。

(3) 分布参数 $v = 1$。

(4) 形状参数 $m = 0.5$ 或 $m = 3$。

(5) 样本量为 10、20 或 30。

(6) 专家数据为时刻 0.1 处的可靠度真值,即 $\hat{R}_p^1 = R(0.1; m, 1)$。

(7) 形状参数 m 的验前分布为均匀分布 $U(m_l, m_u)$ 或伽马分布 $\Gamma(m; \alpha_1, \beta_1)$。

1) 不等定时截尾有失效数据下的仿真试验

威布尔分布场合,在不等定时截尾有失效数据下,试验过程具体如下。

(1) 从表 4.1 中依次选择一组参数组合,并调取 4.3 节中该参数组合下的仿真样本,共 10000 组。

(2) 首先设定 $\pi(m)$ 为均匀分布,其中当 $m = 0.5$ 时 $\pi(m)$ 为 $U(0,1)$,当 $m = 3$ 时 $\pi(m)$ 为 $U(1,4)$。

(3) 基于专家数据 $\hat{R}_p^1$,根据式 (6.27) 求解 α 和 β 以确定 v 的验前分布 $\Gamma(v; \alpha, \beta)$。

(4) 根据 10000 组样本中的每组样本,设定样本量 $S = 5000$,并令 m 的估计值 $\hat{m} = \hat{m}_m^a$,即式 (4.30) 中的近似极大似然估计,随后运行算法 6.2,根据式 (6.39) 及式 (6.40) 求得可靠度 $R(t)$ 的点估计 $\hat{R}_U(t)$ 及置信下限 $R_L^U(t)$。

(5) 再设定 $\pi(m)$ 为伽马分布 $\Gamma(m; \alpha_1, \beta_1)$,基于专家数据 $\hat{R}_p^1$,根据式 (6.28) 求解 α_1、β_1、α 及 β 以确定 m 和 v 的验前分布。

(6) 重复步骤 (4),并得到可靠度 $R(t)$ 的点估计 $\hat{R}_G(t)$ 及置信下限 $R_L^C(t)$。

试验结束后,在不同的参数组合下,各求得 10000 组点估计 $\hat{R}_U(t)$、$\hat{R}_G(t)$ 及置信下限估计 $R_L^U(t)$、$R_L^C(t)$,其中 $\hat{R}_U(t)$ 和 $R_L^U(t)$ 是设定 $\pi(m)$ 为均匀分布算出的点估计和置信下限,$\hat{R}_G(t)$ 和 $R_L^C(t)$ 是设定 $\pi(m)$ 为伽马分布算出的点估计和置信下限。类似地,依次求出关于 $\hat{R}_U(t)$ 和 $\hat{R}_G(t)$ 的偏差和均方误差,关于 $R_L^U(t)$

和 $R_{\mathrm{L}}^{G}(t)$ 的覆盖率和平均置信下限,继而再计算偏差、均方误差和平均置信下限
与可靠度 $R(t)$ 真值的比值、覆盖率与置信水平的比值,得到相对偏差、相对均方
误差、相对平均下限和相对覆盖率,并将结果绘制在图 6.1 至图 6.4 中。

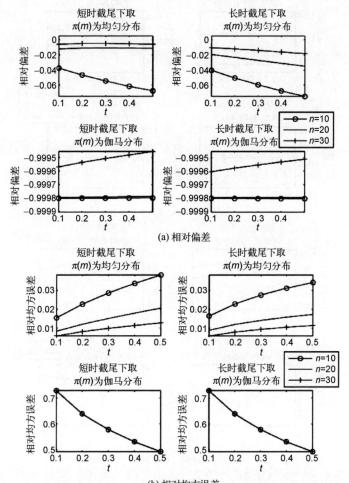

图 6.1　威布尔分布场合 $m=0.5$ 时融合不等定时截尾有失效数据和
专家数据所求得的可靠度 Bayes 点估计的分析结果

从图 6.1 至图 6.4 中可以清楚地发现,关于 Bayes 点估计,$\hat{R}_{U}(t)$ 的偏差和
均方误差都远小于 $\hat{R}_{G}(t)$。关于 Bayes 置信下限,$R_{\mathrm{L}}^{U}(t)$ 和 $R_{\mathrm{L}}^{G}(t)$ 的覆盖率都与
置信水平吻合,但 $R_{\mathrm{L}}^{U}(t)$ 的平均下限远大于 $R_{\mathrm{L}}^{G}(t)$。由于 $\hat{R}_{U}(t)$ 的偏差及均方误
差和 $R_{\mathrm{L}}^{U}(t)$ 的平均下限都远胜于 $\hat{R}_{G}(t)$ 和 $R_{\mathrm{L}}^{G}(t)$。而且,不论何种截尾模式,也
无论样本量多大,$\hat{R}_{U}(t)$ 和 $R_{\mathrm{L}}^{U}(t)$ 都很理想。因此可总结出,在威布尔分布场合,

采用 Bayes 理论融合不等定时截尾有失效数据及专家数据求解可靠度的 Bayes 估计时,应设 $\pi(m)$ 为均匀分布。

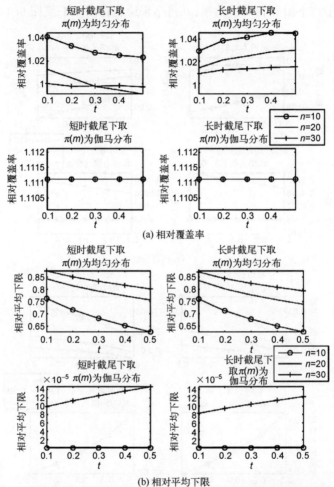

(a) 相对覆盖率

(b) 相对平均下限

图 6.2　威布尔分布场合 $m=0.5$ 时融合不等定时截尾有失效数据和专家数据所求得的可靠度 Bayes 置信下限的分析结果

2) 不等定时截尾无失效数据下的仿真试验

威布尔分布场合,在不等定时截尾无失效数据下,试验过程与有失效数据的过程类似,只是需要改动部分步骤,其余步骤保持不变。改动的地方具体如下。

(1) 步骤(1)改为依次调用 5.4 节中任意一组参数组合下的仿真样本,共 10000 组。

(2) 步骤(2)中设定 $\pi(m)$ 为均匀分布时,对于 $m=0.5$ 设 $\pi(m)$ 为 $U(0.4,0.6)$,对 $m=3$ 设 $\pi(m)$ 为 $U(2,4)$。

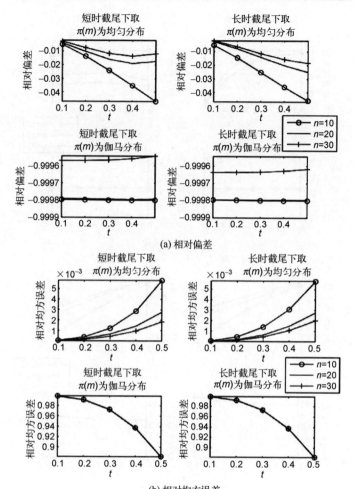

图 6.3　威布尔分布场合 $m=3$ 时融合不等定时截尾有失效数据和
专家数据所求得的可靠度 Bayes 点估计的分析结果

（3）步骤（4）中令 m 的估计值 $\hat{m}=\hat{m}_t$，即式（5.32）中的最小二乘估计。

同样地，试验结束后，在不同的参数组合下，各求得 10000 组点估计 $\hat{R}_U(t)$、$\hat{R}_G(t)$ 及置信下限估计 $R_L^U(t)$、$R_L^G(t)$，并最终得到相对偏差、相对均方误差和相对平均置信下限及相对覆盖率，结果见图 6.5 和图 6.6。

根据图 6.5 和图 6.6 发现，在不等定时截尾无失效数据下，比较 $\pi(m)$ 分别为均匀分布和伽马分布所求得的 Bayes 点估计和置信下限，结果类似于不等定时截尾有失效数据下的结论，即 $\hat{R}_U(t)$ 的偏差和 $R_L^U(t)$ 的平均下限都远胜于 $\hat{R}_G(t)$ 和 $R_L^G(t)$。虽然关于 $\hat{R}_U(t)$ 的均方误差，在 $m=0.5$ 时远小于 $\hat{R}_G(t)$，而在

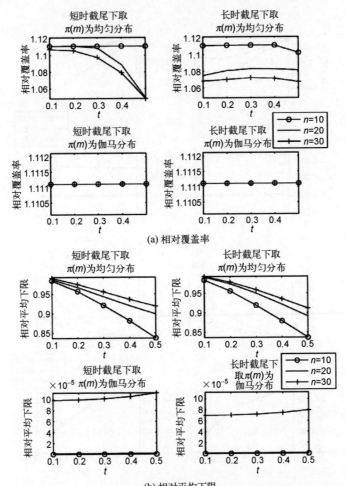

图 6.4 威布尔分布场合 $m=3$ 时融合不等定时截尾有失效数据和
专家数据所求得的可靠度 Bayes 置信下限的分析结果

$m=3$ 时又大于 $\hat{R}_G(t)$。但在 $m=3$ 时 $\hat{R}_U(t)$ 的均方误差本身已经很小,故仍认为 $R_L^U(t)$ 优于 $R_L^G(t)$。因此可总结出,在威布尔分布场合,采用 Bayes 理论融合不等定时截尾无失效数据及专家数据求解可靠度的 Bayes 估计时,也应设 $\pi(m)$ 为均匀分布。

2. 指数分布场合的仿真试验

此处在指数分布下,分别根据 3.3 节中的不等定时截尾有失效仿真样本及 5.4 节中的不等定时截尾无失效仿真样本开展仿真试验。这两组试验中相同的参数设置如下。

(1) 置信水平设为 0.9,即 $\gamma=0.1$。

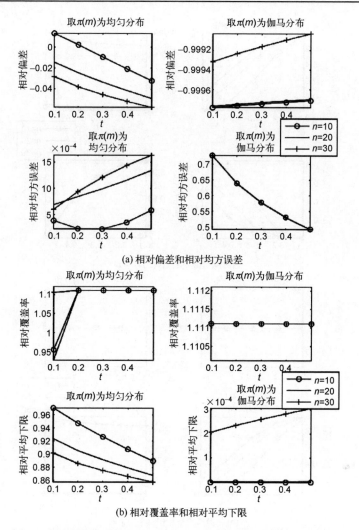

图 6.5　威布尔分布场合 $m = 0.5$ 时融合不等定时截尾无失效数据
和专家数据所求得的可靠度 Bayes 估计的分析结果

（2）可靠度任务时刻依次取为 1、2、3、4 和 5。

（3）分布参数 $\lambda = 0.1$，即平均寿命 $\theta = 10$。

（4）样本量为 10、20 或 30。

（5）专家数据为时刻 1 处的可靠度真值，即 $\hat{R}_p^1 = R(1; 0.1)$。

1）不等定时截尾有失效数据下的仿真试验

指数分布场合，在不等定时截尾有失效数据下，试验过程具体如下。

（1）从表 3.1 中依次选择一组参数组合，并调取 3.3 节中该参数组合下的

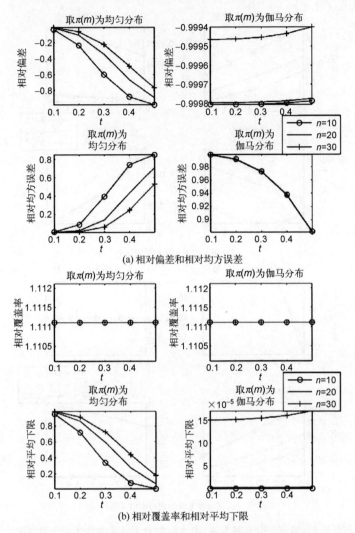

图 6.6　威布尔分布场合 $m=3$ 时融合不等定时截尾无失效数据和
专家数据所求得的可靠度 Bayes 估计的分析结果

仿真样本,共 10000 组。

（2）基于专家数据 $\hat{R}_p^1$,根据式（6.12）求解 α_e 和 β_e 确定 λ 的验前分布 $\Gamma(\lambda;\alpha_e,\beta_e)$。

（3）根据 10000 组样本中的每组样本,根据式（6.17）及式（6.18）求得可靠度 $R(t)$ 的点估计 $\hat{R}_1(t)$ 及置信下限 $R_L^1(t)$。

试验结束后,在不同的参数组合下,各求得 10000 组点估计 $\hat{R}_1(t)$ 及置信下

限 $R_{\mathrm{L}}^{1}(t)$。类似地,依次求出关于 $\hat{R}_{1}(t)$ 的偏差和均方误差,关于 $R_{\mathrm{L}}^{1}(t)$ 的覆盖率和平均置信下限,继而再计算偏差、均方误差和平均下限与可靠度 $R(t)$ 的比值,计算覆盖率与置信水平的比值,得到相对偏差、相对均方误差、相对覆盖率和相对平均下限,结果如图 6.7 所示。

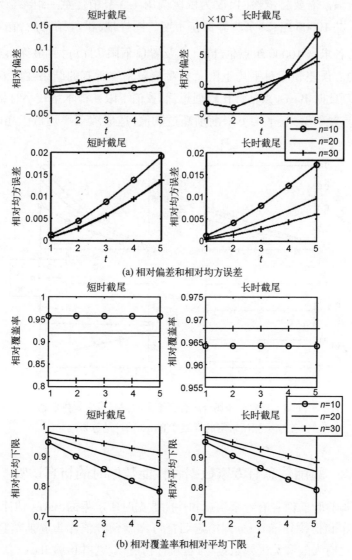

图 6.7　指数分布场合融合不等定时截尾有失效数据和专家数据
所求得的可靠度 Bayes 估计的分析结果

从图 6.7 中可以发现,无论样本量的大小,也不论是在哪种截尾方式下,$\hat{R}_1(t)$ 和 $R_L^1(t)$ 精度都很高。显然,长时截尾下,结果更优。

2) 不等定时截尾无失效数据下的仿真试验

指数分布场合,在不等定时截尾无失效数据下,试验过程与有失效数据的过程类似,只是需要将步骤(1)改为依次调用 4.3 节中任意一组参数组合下的仿真样本,共 10000 组,其余步骤保持不变。同样地,试验结束后,在不同的参数组合下,各求得 10000 组点估计 $\hat{R}_1(t)$ 及置信下限 $R_L^1(t)$,并最终得到相对偏差、相对均方误差和相对平均下限及相对覆盖率。所有的结果在图 6.8 中,从中也可发现此时 Bayes 点估计比较理想,而置信下限在样本量较小时相对较好,但随着样本量的增大,平均下限渐渐超过真值,造成覆盖率远低于相应的置信水平。

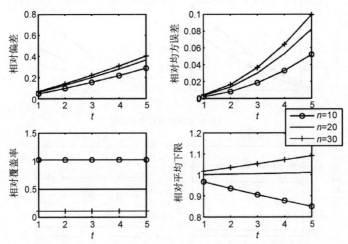

图 6.8　指数分布场合融合不等定时截尾无失效数据和
专家数据所求得的可靠度 Bayes 估计的分析结果

6.3.2　验前信息有专家数据和性能数据时的仿真试验

本节检验验前信息有专家数据和性能数据时所求得的 Bayes 估计结果。在威布尔分布和指数分布下,分别给定两个可靠度预计值作为验前信息,根据不等定时截尾有失效和无失效数据,各自设计仿真试验,并检验 Bayes 估计结果的精度。

1. 威布尔分布场合的仿真试验

此处在威布尔分布下,分别根据 4.3 节中的不等定时截尾有失效仿真样本及 5.4 节中的不等定时截尾无失效仿真样本开展仿真试验。这两组试验中共同的参数设置如下。

（1）置信水平的设置统一为 0.9，即 $\gamma = 0.1$。

（2）可靠度任务时刻依次取为 0.1、0.2、0.3、0.4 和 0.5。

（3）分布参数 $v = 1$。

（4）形状参数 $m = 0.5$ 或 $m = 3$。

（5）样本量为 10、20 或 30。

（6）验前信息为时刻 0.1 处的可靠度真值 $\hat{R}_p^1 = R(0.1; m, 1)$ 及时刻 0.2 处的可靠度估计值 $\hat{R}_p^2 = 0.95 \cdot R(0.2; m, 1)$。

（7）若利用连续验前样本法，则设定 m 的验前分布为均匀分布 $U(m_l, m_u)$ 或伽马分布 $\Gamma(m; \alpha_1, \beta_1)$。

由于在威布尔分布下，针对两个可靠度预计值，按照验前分布是否为连续分布，提出了两种确定验前分布的方法，这也导致不同的 Bayes 估计结果。因此，在威布尔分布下，除了检验 Bayes 估计结果的精度外，还会通过比较选出更好的结果。

1）不等定时截尾有失效数据下的仿真试验

威布尔分布场合，在不等定时截尾有失效数据下，试验过程具体如下。

（1）从表 4.1 中依次选择一组参数组合，并调取 4.3 节中该参数组合下的仿真样本，共 10000 组。

（2）首先设定 $\pi(m)$ 为均匀分布。其中，当 $m = 0.5$ 时 $\pi(m)$ 为 $U(0,1)$，当 $m = 3$ 时 $\pi(m)$ 为 $U(1,4)$。

（3）基于验前信息 $\hat{R}_p^1$ 及 $\hat{R}_p^2$，根据式（6.29）求解 α 和 β，继而确定 v 的验前分布 $\Gamma(v, \alpha, \beta)$。

（4）基于 10000 组样本中的每组样本，设定样本量 $S = 5000$，并令 m 的估计值 $\hat{m} = \hat{m}_m^a$，即式（4.30）中的近似极大似然估计，运行算法 6.2，根据式（6.39）及式（6.40）分别求得可靠度 $R(t)$ 的点估计 $\hat{R}_c^U(t)$ 及置信下限 $R_L^{cU}(t)$。

（5）再设定 $\pi(m)$ 为伽马分布 $\Gamma(m; \alpha_1, \beta_1)$，基于验前信息 $\hat{R}_p^1$ 和 $\hat{R}_p^2$，根据式（6.30）求解 α_1、β_1、α 及 β，继而确定 m 和 v 的验前分布；

（6）重复步骤（4），并得到可靠度 $R(t)$ 的点估计 $\hat{R}_c^G(t)$ 及置信下限 $R_L^{cG}(t)$。

（7）基于验前信息 $\hat{R}_p^1$ 及 $\hat{R}_p^2$，设定 $D = 5000$，运行算法 6.1，获得 m 和 v 的离散验前样本 (m_j^p, v_j^p)，随后令 m 和 v 的估计值 $\hat{m} = \hat{m}_m^a$ 和 $\hat{v} = (\hat{\eta}_m^a)^{-\hat{m}_m^a}$，即式（4.30）

中的近似极大似然估计,再运行算法 6.3,根据式(6.42)和式(6.43)分别求得可靠度 $R(t)$ 的点估计 $\hat{R}_d(t)$ 及置信下限 $R_L^d(t)$。

试验结束后,在不同的参数组合下,各求得 10000 组点估计 $\hat{R}_c^U(t)$、$\hat{R}_c^G(t)$、$\hat{R}_d(t)$ 及置信下限估计 $R_L^{cU}(t)$、$R_L^{cG}(t)$、$R_L^d(t)$,其中 $\hat{R}_c^U(t)$ 和 $\hat{R}_L^{cU}(t)$ 是设 $\pi(m)$ 为均匀分布时得到的 Bayes 点估计和置信下限,$\hat{R}_c^G(t)$ 和 $\hat{R}_L^{cG}(t)$ 是设 $\pi(m)$ 为伽马分布时求出的 Bayes 点估计和置信下限,$\hat{R}_d(t)$ 和 $R_L^d(t)$ 是当验前分布为离散样本时算得的 Bayes 点估计和置信下限。类似地,依次求出关于 $\hat{R}_c^U(t)$、$\hat{R}_c^G(t)$、$\hat{R}_d(t)$ 的偏差和均方误差,关于 $R_L^{cU}(t)$、$R_L^{cG}(t)$、$R_L^d(t)$ 的覆盖率和平均置信下限,继而再计算相对偏差、相对均方误差、相对平均下限及相对覆盖率,并将结果绘制在图 6.9 至图 6.12 中。

从图 6.9 至图 6.12 中可以清楚发现以下结论。

(1) 点估计 $\hat{R}_d(t)$ 与点估计 $\hat{R}_c^U(t)$ 的偏差之间差别不大,且优于点估计 $\hat{R}_c^G(t)$。

(2) $\hat{R}_c^U(t)$ 的均方误差最小,$\hat{R}_d(t)$ 的均方误差比 $\hat{R}_c^U(t)$ 稍大,而 $\hat{R}_c^G(t)$ 的均方误差最大。

(3) 当 $m=0.5$ 时,置信下限 $R_L^{cU}(t)$、$R_L^{cG}(t)$ 和 $R_L^d(t)$ 的覆盖率都吻合于相应的置信水平,但 $R_L^d(t)$ 的平均下限最大。

(4) 当 $m=3$ 时,$R_L^{cU}(t)$ 的覆盖率与置信水平吻合程度最好,而 $R_L^{cG}(t)$ 的覆盖率几乎为 0,$R_L^d(t)$ 的覆盖率介于二者之间,但与置信水平的吻合程度并不高。

(5) 当 $m=3$ 时,$R_L^{cG}(t)$ 的平均下限一般都超过了真值,这可以解释为何其相应的覆盖率几乎为 0。虽然 $R_L^d(t)$ 的平均下限大于 $R_L^{cU}(t)$,但结合覆盖率的情况,应认为 $R_L^{cU}(t)$ 的平均下限最好。

根据以上观察结果,在威布尔分布场合,提出以下结论。

(1) 当 $m<1$ 时,当利用 Bayes 理论融合不等定时截尾有失效数据和专家数据及性能数据时,应设定验前分布为离散样本,以求解可靠度 $R(t)$ 的点估计和置信下限。

(2) 当 $m>1$ 时,当利用 Bayes 理论融合不等定时截尾有失效数据和专家数据及性能数据时,应设定分布参数 m 的验前分布 $\pi(m)$ 为均匀分布,以求解 $R(t)$ 的点估计和置信下限。

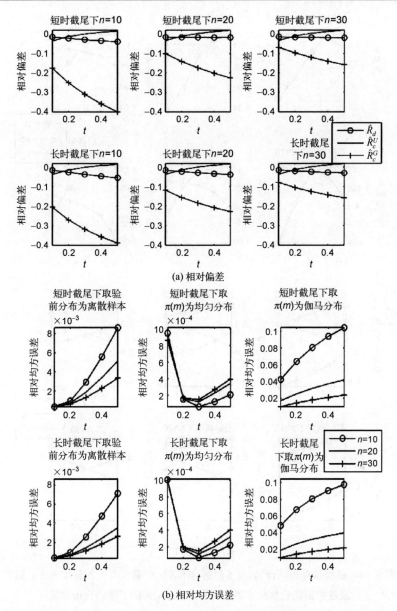

图 6.9 威布尔分布场合 $m = 0.5$ 时融合不等定时截尾有失效数据和专家数据
及性能退化数据所求得的可靠度 Bayes 点估计的分析结果

2) 不等定时截尾无失效数据下的仿真试验

威布尔分布场合,在不等定时截尾无失效数据下,试验过程与有失效数据的过程类似,只需改动部分步骤,其余步骤保持不变。改动的地方具体如下。

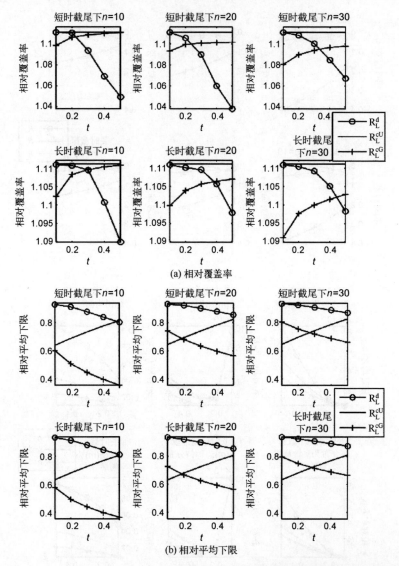

图 6.10　威布尔分布场合 $m=0.5$ 时融合不等定时截尾有失效数据和专家数据
及性能退化数据所求得的可靠度 Bayes 置信下限的分析结果

（1）步骤（1）改为依次调用 5.4 节中任意一组参数组合下的 10000 组仿真
样本。

（2）步骤（2）中设定 $\pi(m)$ 为均匀分布时,对于 $m=0.5$ 设 $\pi(m)$ 为 $U(0.4,$
$0.6)$,对 $m=3$ 设 $\pi(m)$ 为 $U(2,4)$。

（3）步骤（4）中令 m 的估计值 $\hat{m}=\hat{m}_t$,即式（5.32）中的最小二乘估计。

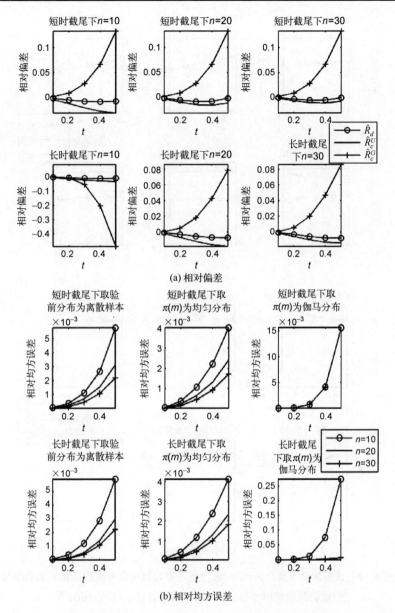

图 6.11   威尔分布场合 $m=3$ 时融合不等定时截尾有失效数据和专家数据及

性能退化数据所求得的可靠度 Bayes 点估计的分析结果

（4）步骤（7）中令 m 和 v 的估计值 $\hat{m}=\hat{m}_t$ 和 $\hat{v}=(\hat{\eta}_t)^{-\hat{m}_t}$，即式（5.32）中的最小二乘估计。

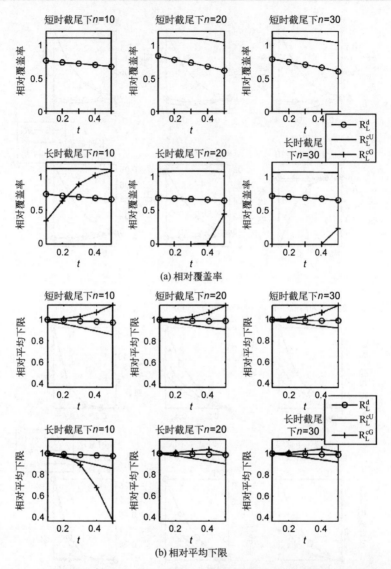

图 6.12　威布尔分布场合 $m=3$ 时融合不等定时截尾有失效数据和专家数据及
性能退化数据所求得的可靠度 Bayes 置信下限的分析结果

　　同样地,试验结束后,在不同的参数组合下,各求得 10000 组点估计 $\hat{R}_c^U(t)$、
$\hat{R}_c^G(t)$、$\hat{R}_d(t)$ 及置信下限估计 $R_L^{cU}(t)$、$R_L^{cG}(t)$、$R_L^d(t)$,并最终算得相对偏差、相对
均方误差、相对平均下限和相对覆盖率,结果见图 6.13 和图 6.14。

　　根据图 6.13 和图 6.14 发现以下几点。

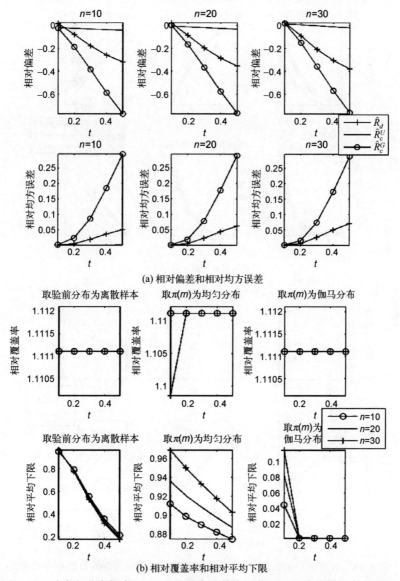

图 6.13　威布尔分布场合 $m=0.5$ 时融合不等定时截尾无失效数据和专家数据
及性能退化数据所求得的可靠度 Bayes 估计的分析结果

（1）当 $m=0.5$ 时，点估计 $\hat{R}_c^U(t)$ 的偏差和均方误差都是最小的，点估计
$\hat{R}_c^G(t)$ 的偏差和均方误差都是最大的，而点估计 $\hat{R}_d(t)$ 的偏差与均方误差介于二
者之间。

（2）当 $m=3$ 时，$\hat{R}_d(t)$ 的偏差和均方误差都是最小的，$\hat{R}_c^U(t)$ 和 $\hat{R}_c^G(t)$ 的偏

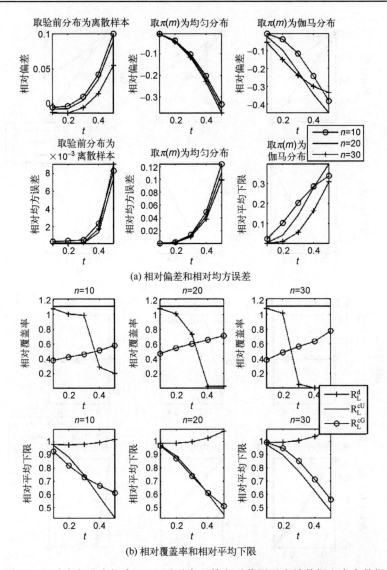

图 6.14　威布尔分布场合 $m=3$ 时融合不等定时截尾无失效数据和专家数据
及性能退化数据所求得的可靠度 Bayes 估计的分析结果

差比较接近，但 $\hat{R}_c^U(t)$ 的均方误差小于 $\hat{R}_c^G(t)$。

（3）当 $m=0.5$ 时，置信下限 $R_L^{cU}(t)$、$R_L^{cG}(t)$、$R_L^d(t)$ 的覆盖率都吻合于相应的置信水平，但此时 $R_L^{cU}(t)$ 的平均下限最大。

（4）当 $m=3$ 时，$R_L^{cU}(t)$ 的覆盖率与置信水平最吻合，而 $R_L^d(t)$ 的覆盖率随着任务时刻 t 的增加而急剧减小，$R_L^{cG}(t)$ 的覆盖率也不理想。相应地，$R_L^d(t)$ 的平均下限几乎都超过了真值，$R_L^{cG}(t)$ 和 $R_L^{cU}(t)$ 的平均下限比较接近，但综合覆盖率的比较，应选择 $R_L^{cU}(t)$。

通过以上分析，可以得出结论：在威布尔分布场合，采用 Bayes 理论融合不等定时截尾无失效数据和专家数据及性能数据求解可靠度的 Bayes 估计时，应设 $\pi(m)$ 为均匀分布。

2. 指数分布场合的仿真试验

此处在指数分布下，分别根据 3.3 节中的不等定时截尾有失效仿真样本及 5.4 节中的不等定时截尾无失效仿真样本开展仿真试验。这两组试验中相同的参数设置如下。

（1）置信水平为 0.9，即 $\gamma = 0.1$。

（2）可靠度任务时刻依次取为 1、2、3、4 和 5。

（3）分布参数 $\lambda = 0.1$，即平均寿命 $\theta = 10$。

（4）样本量为 10、20 或 30。

（5）验前信息为时刻 1 处的可靠度真值 $\hat{R}_p^1 = R(1;0.1)$ 及时刻 2 处的可靠度真值 $\hat{R}_p^2 = R(2;0.1)$。

1）不等定时截尾有失效数据下的仿真试验

指数分布场合，在不等定时截尾有失效数据下，试验过程具体如下。

（1）从表 3.1 中依次选择一组参数组合，并调取 3.3 节中该参数组合下的仿真样本，共 10000 组。

（2）基于验前信息 $\hat{R}_p^1$ 和 $\hat{R}_p^2$，根据式（6.14）求解 α_e 和 β_e，继而确定 λ 的验前分布 $\Gamma(\lambda;\alpha_e,\beta_e)$。

（3）根据 10000 组样本中的每组样本，根据式（6.17）及式（6.18）求得可靠度 $R(t)$ 的点估计 $\hat{R}_2(t)$ 及置信下限 $R_L^2(t)$。

试验结束后，在不同的参数组合下，各求得 10000 组点估计 $\hat{R}_2(t)$ 及置信下限 $R_L^2(t)$。类似地，依次求出关于 $\hat{R}_2(t)$ 的偏差和均方误差，关于 $R_L^2(t)$ 的覆盖率和平均置信下限，继而再计算相对偏差、相对均方误差、相对平均下限和相对覆盖率，结果如图 6.15 所示。

从图 6.15 中可以发现，无论在何种数据条件下，$\hat{R}_2(t)$ 和 $\hat{R}_L(t)$ 都很理想。相比之下，长时截尾下的点估计精度高于短时截尾，但其均方误差及置信下限与短时截尾的结果相比差别不大。

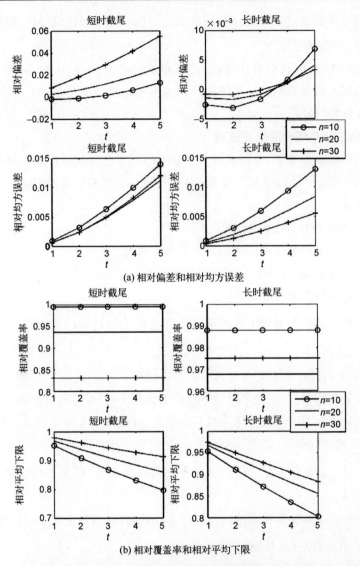

(a) 相对偏差和相对均方误差

(b) 相对覆盖率和相对平均下限

图 6.15　指数分布场合融合不等定时截尾有失效数据和专家数据及性能退化数据所求得的可靠度 Bayes 估计的分析结果

2) 不等定时截尾无失效数据下的仿真试验

指数分布场合,在不等定时截尾无失效数据下,试验过程与有失效数据的过程类似,只是需要将步骤(1)改为依次调用 5.4 节中任意一组参数组合下的仿真样本,共 10000 组,其余步骤保持不变。同样地,试验结束后,在不同的参数组合下,各求得 10000 组点估计 $\hat{R}_2(t)$ 及置信下限 $R_L^2(t)$,并最终得到相对偏差、相对均方误差、相对平均下限和相对覆盖率。结果都在图 6.16 中,从中也可发现此时 Bayes 点估计和置信下限也都比较优良。但是当样本量较大时,平均下限过高,影响到了覆盖率与置信水平的吻合程度。

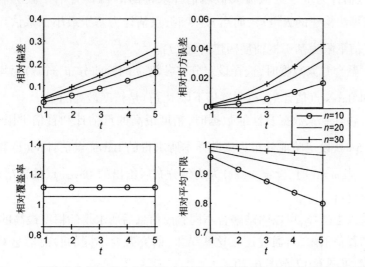

图 6.16　指数分布场合融合不等定时截尾无失效数据和专家数据及性能退化
数据所求得的可靠度 Bayes 估计的分析结果

6.3.3　验前信息的融合对可靠度评估结果的影响

在本书的第 3~5 章中,分别研究了没有融合验前信息时可靠度 $R(t)$ 的评估方法,本章又分别给出了融合专家数据和融合专家数据及性能数据后 $R(t)$ 的 Bayes 估计。由此衍生出两个问题,融合验前信息后 $R(t)$ 的 Bayes 估计与没有融合验前信息的结果相比,究竟有没有得到改善? 如果 $R(t)$ 的 Bayes 估计精度提高了,那么是否给出更多的验前信息,Bayes 估计结果就更好? 由于在不同的数据条件下,本书都提出了多种方法,给出了多个结果,本节将在选出同类条件中最好结果的基础上,再通过比较融合不同验前信息后所得的结果,探讨这些问题的答案。

1. 威布尔分布场合的分析

在威布尔分布场合,将分别分析不等定时截尾有失效数据及无失效数据这两种情况下的结果。

1) 不等定时截尾有失效数据下的分析

威布尔分布场合,在不等定时截尾有失效数据下,首先明确各种数据条件下精度最高的可靠度 $R(t)$ 的点估计和置信下限,再进一步比较。

(1) 没有融合验前信息时,精度最高的点估计和置信下限分别是:当 $m=$ 0.5 时,点估计为基于近似极大似然估计求得的 $\hat{R}_m^a(t)$,置信下限为利用 BCa bootstrap 算法构建的 $R_L^{Ba}(t)$,而当 $m=3$ 时,点估计为基于最小二乘估计求得的 $\hat{R}_l^l(t)$,置信下限为基于枢轴量构建的 $R_L^{pl}(t)$。

(2) 融合专家数据时,选择设定分布参数 m 的验前分布 $\pi(m)$ 为均匀分布后求得的 Bayes 点估计 $\hat{R}_U(t)$ 和置信下限 $R_L^U(t)$ 是精度最高的。

(3) 融合专家数据及性能数据时,精度最高的点估计和置信下限分别是:当 $m=0.5$ 时,设定验前分布为离散样本所求得的 Bayes 点估计 $\hat{R}_d(t)$ 和置信下限 $R_L^d(t)$,当 $m=3$ 时,设定 $\pi(m)$ 为均匀分布后给出的 Bayes 点估计 $\hat{R}_c^U(t)$ 和置信下限 $R_L^{cU}(t)$。

通过以上选择,可以明确融合不同验前信息后所求得的精度最高的 $R(t)$ 的点估计和置信下限,再通过比较这些结果,研究融合不同的验前信息对估计结果的影响,见图 6.17 至图 6.20。

从图 6.17 至图 6.20 中可以清楚发现,总体上而言,可靠度的点估计和置信下限,随着融合的验前信息的增多,结果变得越来越理想,体现在以下方面。

(1) 当 $m=3$ 时,点估计的偏差绝对值随着融合的验前信息的增多而减小。

(2) 均方误差随着融合的验前信息的增多而减小。

(3) 在保证覆盖率与置信水平吻合的前提下,平均下限随着融合的验前信息的增多而增大。

虽然当 $m=0.5$ 时,点估计的偏差绝对值随着融合的验前信息的增多也增大,但这并不影响在威布尔分布场合不等定时截尾有失效数据下,提供的验前信息越多,可靠度评估结果的精度将大大改善的结论。

2) 不等定时截尾无失效数据下的分析

威布尔分布场合,在不等定时截尾无失效数据下,类似地,首先明确各种数据条件下精度最高的可靠度 $R(t)$ 的点估计和置信下限。

(1) 没有融合验前信息时,精度最高的点估计和置信下限分别是基于最小二乘估计给出的点估计 $\hat{R}_l(t)$ 和基于失效概率置信上限拟合构建的置信下限 $R_L^{dl}(t)$。

(2) 融合专家数据时,选择设定 $\pi(m)$ 为均匀分布后给出的 Bayes 点估计 $\hat{R}_U(t)$ 和置信下限 $R_L^U(t)$ 是精度最高的。

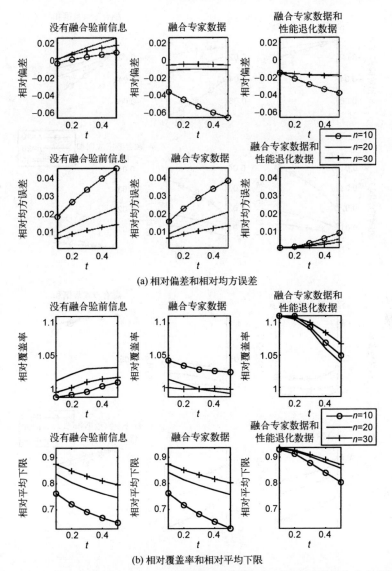

图 6.17　威布尔分布场合 $m = 0.5$ 时融合短时截尾下的不等定时截尾有失效数据
与不同的验前信息后所求得的可靠度估计的分析结果

（3）融合专家数据及性能数据时，选择设定 $\pi(m)$ 为均匀分布后给出的
Bayes 点估计 $\hat{R}_c^U(t)$ 和置信下限 $R_L^{cU}(t)$ 是精度最高的。

接下来比较这些结果，用以研究融合不同的验前信息对估计结果的影响，
见图 6.21 和图 6.22。

从图 6.21 和图 6.22 中可以看出以下几点。

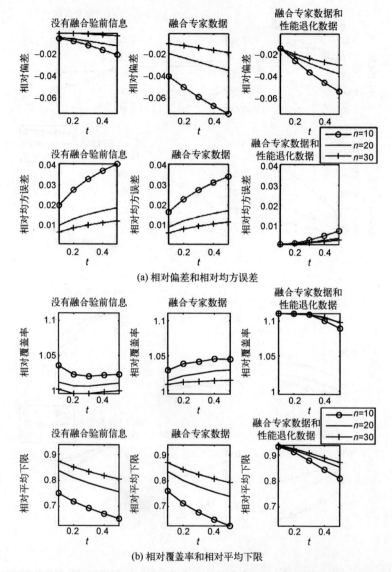

(a) 相对偏差和相对均方误差

(b) 相对覆盖率和相对平均下限

图 6.18　威布尔分布场合 $m = 0.5$ 时融合长时截尾下的不等定时截尾有失效数据
与不同的验前信息后所求得的可靠度估计的分析结果

（1）在 $m = 0.5$ 下，随着融合的验前信息的增多，点估计的偏差和均方误差随之减小，同时在保证覆盖率的前提下，平均下限随之增大。

（2）在 $m = 0.3$ 时，关于点估计，其并没有随着融合的验前信息的增多而变得更优，在融合验前信息的情况下，偏差和均方误差都变得更差。

（3）在 $m = 3$ 时，关于置信下限，在没有融合验前信息的情况下，随着可靠

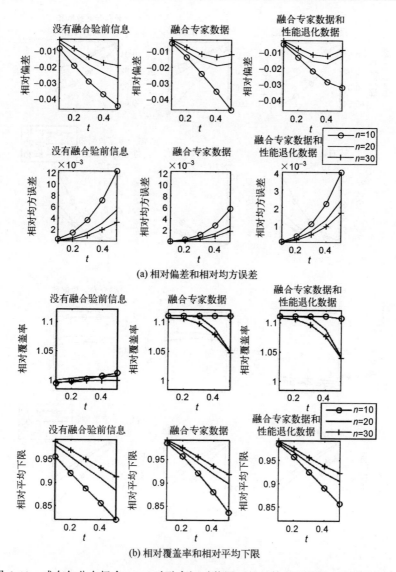

图 6.19　威布尔分布场合 $m=3$ 时融合短时截尾下的不等定时截尾有失效数据与
不同的验前信息后所求得的可靠度估计的分析结果

度任务时刻的变大,平均下限过大,使得此时覆盖率减小,不再吻合于相应的置信水平。但是在融合验前信息后,修正了平均下限,解决了覆盖率与置信水平不吻合的问题,且融合专家数据及性能数据后的平均下限更大。

　　综上所述,$m=3$ 时根据比较融合专家数据及性能数据与没有融合验前信息所求得的结果发现,虽然点估计没有变优,但是覆盖率却大大改善,且平均下

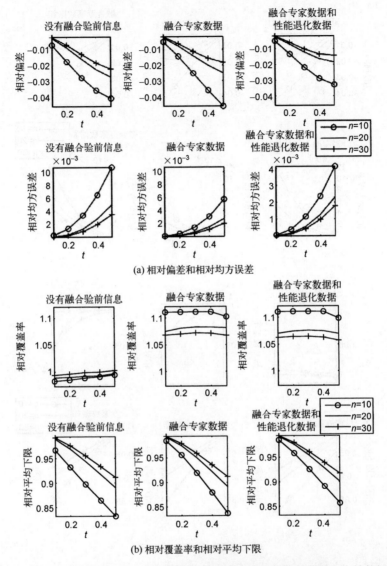

图 6.20 威布尔分布场合 $m=3$ 时融合长时截尾下的不等定时截尾有失效数据与
不同的验前信息后所求得的可靠度估计的分析结果

限也变得更合理。再加上 $m=0.5$ 时的对比,表明威布尔分布场合,在不等定时
截尾无失效数据下,仍然有必要融合验前信息来求解可靠度的估计,且融合的
验前信息越多越好。

2. 指数分布场合的分析

在指数分布场合,也将分别分析不等定时截尾有失效数据及无失效数据这

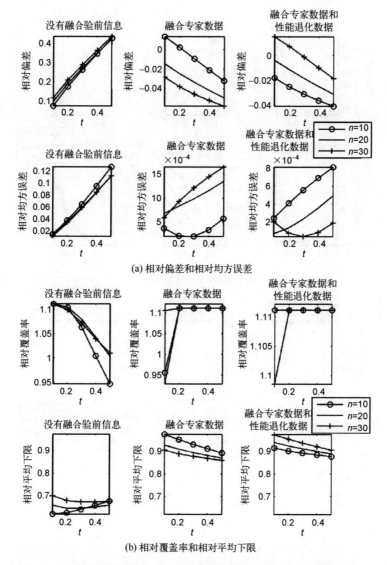

图 6.21　威布尔分布场合 $m=0.5$ 时融合不等定时截尾无失效数据与
不同的验前信息后所求得的可靠度估计的分析结果

两种情况下的结果。类似地,先明确没有融合验前信息时精度最高的可靠度 $R(t)$ 的点估计和置信下限,具体如下。

（1）在不等定时截尾有失效数据下,$R(t)$ 的点估计为基于极大似然估计 $\hat{\theta}$ 及式（3.5）求得的结果,而关于置信下限,在样本量 $n=10$ 时,精度最高的 $R(t)$ 的置信下限是通过将基于枢轴量所得的置信下限 θ_L^P 代入式（1.1）求得的,而当

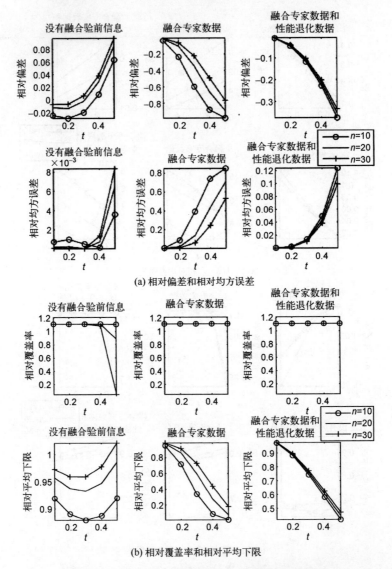

图6.22 威布尔分布场合 $m=3$ 时融合不等定时截尾无失效数据与不同
的验前信息后所求得的可靠度估计的分析结果

$n=20$ 和 $n=30$ 时,精度最高的 $R(t)$ 的置信下限是通过将基于信息量所得的置信下限 θ_L^t 代入式(1.1)所求得的。

(2) 在不等定时截尾无失效数据下,精度最高的 $R(t)$ 的点估计为基于式(5.24)求得的 $\hat{R}_t(t)$,精度最高的 $R(t)$ 的置信下限是基于式(5.29)求得的 $R_L^t(t)$。

通过以上选择,可以明确没有融合验前信息所求得的精度最高的 $R(t)$ 的点估计和置信下限,再分别用以上结果与相应的只融合专家数据、融合专家数据及性能数据后所求得的 $R(t)$ 的 Bayes 点估计及置信下限进行对比,见图 6.23 至图 6.25。

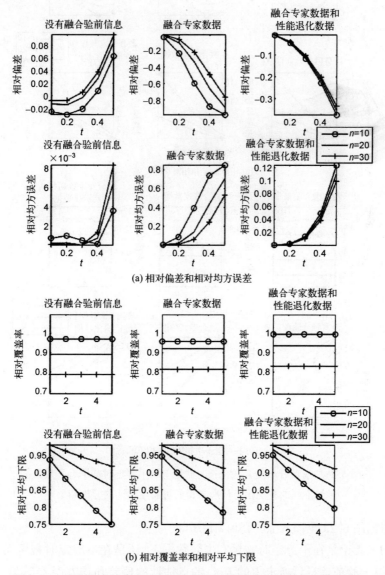

(a) 相对偏差和相对均方误差

(b) 相对覆盖率和相对平均下限

图 6.23　指数分布场合融合短时截尾下的不等定时截尾有失效数据与
不同的验前信息后所求得的可靠度估计的分析结果

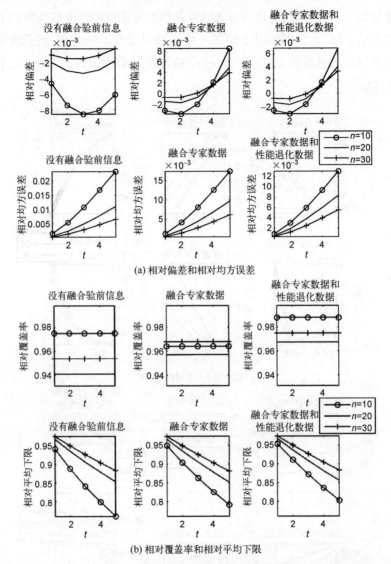

(a) 相对偏差和相对均方误差

(b) 相对覆盖率和相对平均下限

图 6.24 指数分布场合融合长时截尾下的不等定时截尾有失效数据
与不同的验前信息后所求得的可靠度估计的分析结果

根据图 6.23 至图 6.25 可知以下几点。

(1) 无论是在不等定时截尾有失效数据下,还是在不等定时截尾无失效数据下,融合验前信息后所求得的 $R(t)$ 的点估计的偏差和均方误差都变小,且融合的验前信息越多,偏差和均方误差越小。

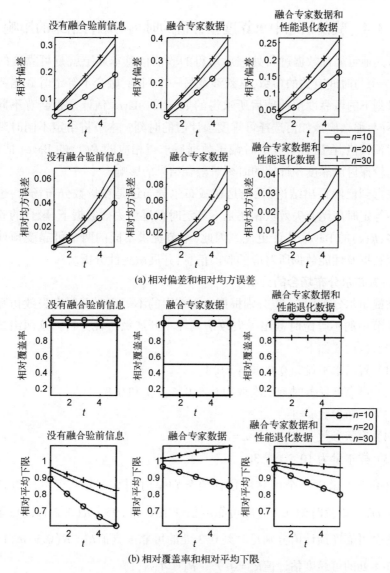

图 6.25　指数分布场合融合不等定时截尾无失效数据
与不同的验前信息后所求得的可靠度估计的分析结果

（2）在保证覆盖率的前提下,融合验前信息后所求得的 $R(t)$ 的置信下限的平均下限一般都会变大,且融合的验前信息越多,平均下限越大。

以上结果的分析表明了在指数分布场合,有必要在融合验前信息和不等定时截尾数据后再求解 $R(t)$ 的估计,且融合的验前信息越多,估计结果精度越高。

6.3.4 验前信息中可靠度预计值的时刻对融合结果的影响

对其他可靠性数据进行处理后所得的验前信息本质上就是可靠度的预计值,是一个与时间有关的参数,这就涉及另一个问题:融合不等定时截尾数据及不同时刻下的可靠度预计值后所求得的 $R(t)$ 的 Bayes 估计是否会有不同? 如果有不同,那么应该如何选择可靠度预计值的时刻? 本节将给定不同时刻下的可靠度预计值,在融合不等定时截尾数据后求得相应的 $R(t)$ 的 Bayes 估计,并通过比较探讨可靠度预计值的时刻对融合结果的影响。

注意到已经得出结论,无论是在威布尔分布还是在指数分布场合,也无论是在不等定时截尾有失效数据还是不等定时截尾无失效数据下,融合的验前信息越多,$R(t)$ 的 Bayes 估计更优。因此,本节提供不同的两个可靠度预计值代表专家数据及性能数据所对应的验前信息,开展敏感性分析。

1. 威布尔分布场合的分析

在威布尔分布场合,将分别根据 4.3 节中的不等定时截尾有失效仿真样本及 5.4 节中的不等定时截尾无失效仿真样本开展敏感性分析。这两组试验中共同的参数设置如下。

(1) 置信水平设为 0.9,即 $\gamma = 0.1$。

(2) 可靠度任务时刻依次取为 0.5、0.6、0.7 和 0.8。

(3) 分布参数 $v = 1$。

(4) 形状参数 $m = 0.5$ 或 $m = 3$。

(5) 样本量为 10、20 或 30。

(6) 第 1 组中两个可靠度预计值分别是时刻 0.1 处的可靠度真值 $\hat{R}_p^1 = R(0.1; m, 1)$ 以及时刻 0.2 处的可靠度估计值 $\hat{R}_p^2 = 0.95 \cdot R(0.2; m, 1)$;第 2 组中的两个可靠度预计值分别是时刻 0.3 处的可靠度真值 $\hat{R}_p^1 = R(0.3; m, 1)$ 以及时刻 0.4 处的可靠度估计值 $\hat{R}_p^2 = 0.95 \cdot R(0.4; m, 1)$。

在不等定时截尾有失效数据下,当 $m = 0.5$ 时,融合两个可靠度预计值时设定验前分布为离散样本,当 $m = 3$ 时,融合两个可靠度预计值时设分布参数 m 的验前分布 $\pi(m)$ 为均匀分布。在不等定时截尾无失效数据下,融合两个可靠度预计值时都取 $\pi(m)$ 为均匀分布。分别融合不同的两个可靠度预计值,求得 $R(t)$ 的 Bayes 点估计和置信下限。试验过程与 6.3.2 小节1. 中的对应部分相同,此处省去具体步骤。试验结束后,在两组不同的两个可靠度预计值下,各自利用相应的 $R(t)$ 的点估计和置信下限,计算对应

的相对偏差、相对均方误差、相对覆盖率和相对平均下限,结果见图 6.26
至图 6.31。

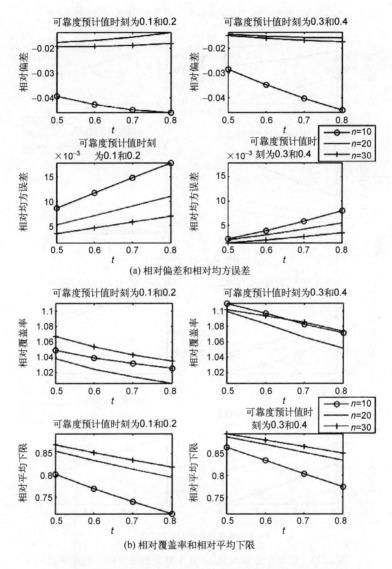

图 6.26　威布尔分布场合 $m = 0.5$ 时分别融合短时截尾下的
不等定时截尾有失效数据与两组不同的两个可靠度
预计值后所求得的可靠度估计的分析结果

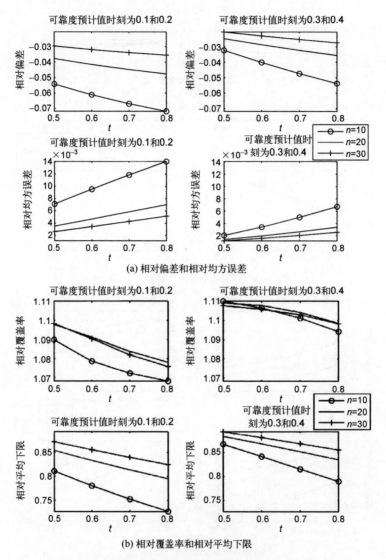

(a) 相对偏差和相对均方误差

(b) 相对覆盖率和相对平均下限

图6.27　威布尔分布场合 $m=0.5$ 时分别融合长时截尾下的
不等定时截尾有失效数据与两组不同的两个可靠度
预计值后所求得的可靠度估计的分析结果

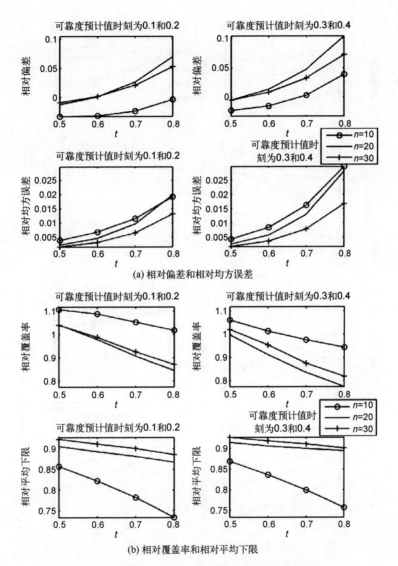

(a) 相对偏差和相对均方误差

(b) 相对覆盖率和相对平均下限

图 6.28　威布尔分布场合 $m=3$ 时分别融合短时截尾下的
不等定时截尾有失效数据与两组不同的两个可靠度
预计值后所求得的可靠度估计的分析结果

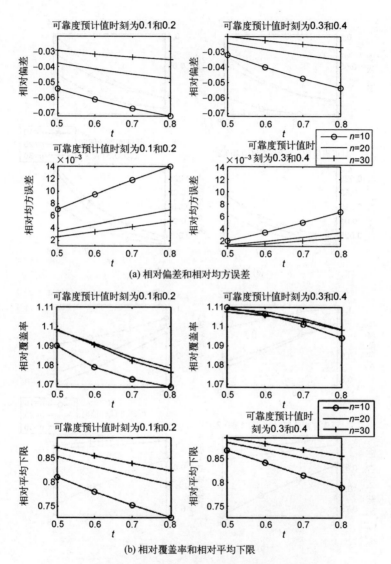

(a) 相对偏差和相对均方误差

(b) 相对覆盖率和相对平均下限

图 6.29　威布尔分布场合 $m=3$ 时分别融合长时截尾下的
不等定时截尾有失效数据与两组不同的两个可靠度
预计值后所求得的可靠度估计的分析结果

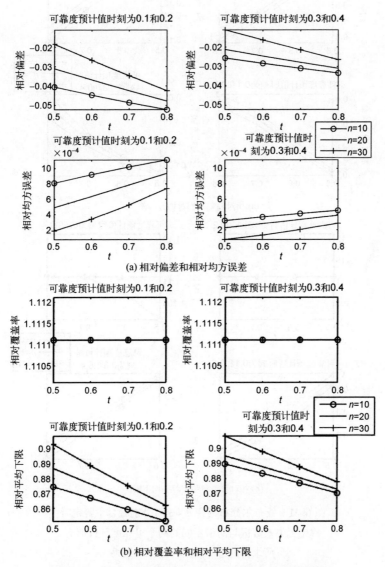

(a) 相对偏差和相对均方误差

(b) 相对覆盖率和相对平均下限

图 6.30　威布尔分布场合 $m = 0.5$ 时分别融合不等定时
截尾无失效数据与两组不同的两个可靠度预计值后
所求得的可靠度估计的分析结果

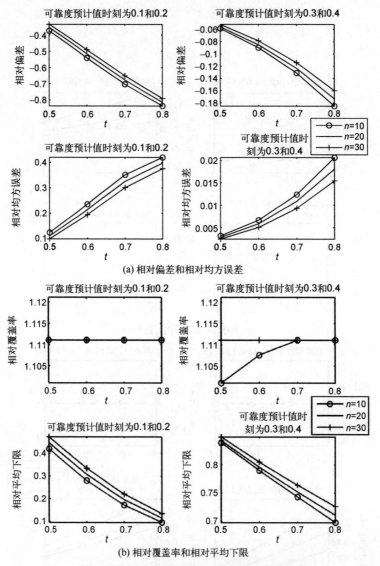

图 6.31　威布尔分布场合 $m = 3$ 时分别融合不等定时
截尾无失效数据与两组不同的两个可靠度预计值后
所求得的可靠度估计的分析结果

根据图 6.26 至图 6.31 可知,无论是在不等定时截尾有失效数据下,还是在不等定时截尾无失效数据下,基于融合时刻为 0.3 和 0.4 时的两个可靠度预计值后所求得的 $R(t)$ 的 Bayes 估计,与基于融合时刻为 0.1 和 0.2 时的两个可靠度预计值后所求得的 $R(t)$ 的 Bayes 估计相比,$R(t)$ 的点估计的偏差和均方误差总体上都在变小,且在保证覆盖率的前提下,$R(t)$的置信下限的平均下限也都变大。这说明总体上而言,基于融合时刻为0.3和0.4时的可靠度预计值所得的结果,要优于基于时刻为0.1和0.2时的可靠度预计值的融合结果。因此,可知在威布尔分布场合,提供不同时刻下的可靠度预计值,将会影响到Bayes信息融合后的估计结果。又由于时刻为0.3和0.4时更接近于试验中所考虑的任务时刻,于是可总结出结论:可靠度预计值的时刻越接近待求可靠度的任务时刻,那么通过信息融合后所求得的$R(t)$的Bayes估计结果更优。

2. 指数分布场合的分析

在指数分布场合,将分别根据3.3节中的不等定时截尾有失效仿真样本及5.4节中的不等定时截尾无失效仿真样本开展敏感性分析。这两组试验中共同的参数设置如下。

(1) 置信水平为0.9,即$\gamma = 0.1$。

(2) 可靠度任务时刻依次取为5、6、7和8。

(3) 分布参数$\lambda = 0.1$。

(4) 样本量为10、20或30。

(5) 第1组两个可靠度预计值分别是时刻1处的可靠度真值$\hat{R}_p^1 = R(1;0.1)$和时刻2处的可靠度真值$\hat{R}_p^2 = R(2,0.1)$;第2组两个可靠度预计值是时刻3处的可靠度真值$\hat{R}_p^1 = R(3;0.1)$和时刻4处的可靠度真值$\hat{R}_p^2 = R(4;0.1)$。

分别融合不同的两个可靠度预计值,求得$R(t)$的Bayes点估计和置信下限。试验过程与6.3.2小节2.中的对应部分相同,此处省去具体步骤。试验结束后,在两组不同的两个可靠度预计值下,各自利用相应的$R(t)$的点估计和置信下限,计算对应的相对偏差、相对均方误差、相对覆盖率和相对平均下限,结果见图6.32至图6.34。

从图6.32至图6.34中发现,无论是在不等定时截尾有失效数据下,还是在不等定时截尾无失效数据下,基于融合时刻为3和4时的两个可靠度预计值后所求得的Bayes估计,与基于融合时刻为1和2时的两个可靠度预计值后所求得的Bayes估计相比,$R(t)$的点估计的偏差和均方误差变小,且$R(t)$的置信下限的覆盖率与置信水平更吻合,平均下限也更大。这说明基于融合时刻为3和4时的可靠度预计值所求得的Bayes估计结果更优。因此,在指数分布场合,存在类似的结论,即提供不同时刻下的可靠度预计值,将会影响融合后的Bayes估计结果,且提供的可靠度预计值的时刻越接近于待求可靠度的任务时刻,融合后的Bayes结果更优。

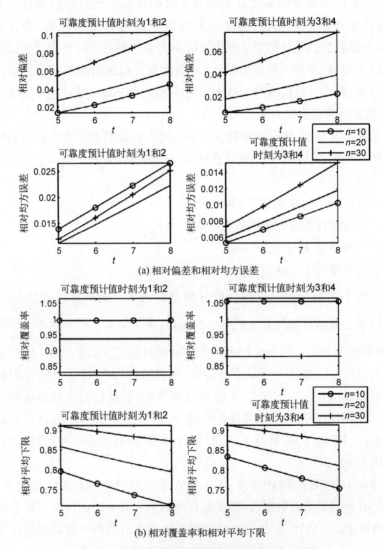

(a) 相对偏差和相对均方误差

(b) 相对覆盖率和相对平均下限

图 6.32　指数分布场合分别融合短时截尾下的不
等定时截尾有失效数据与两组不同的两个可靠度
预计值后所求得的可靠度估计的分析结果

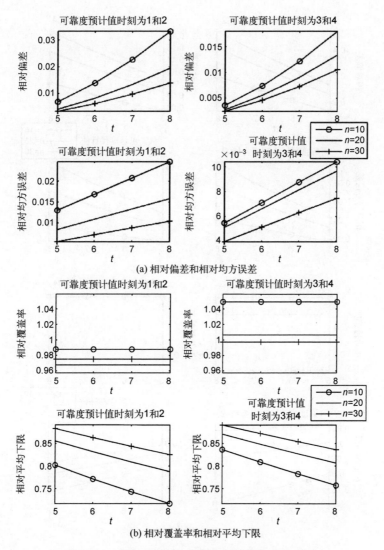

图 6.33 指数分布场合分别融合长时截尾下的不
等定时截尾有失效数据与两组不同的两个可靠度
预计值后所求得的可靠度估计的分析结果

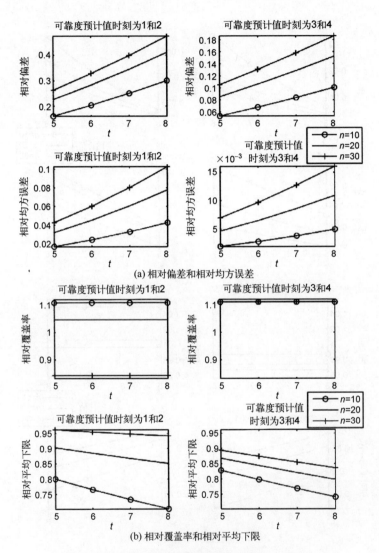

(a) 相对偏差和相对均方误差

(b) 相对覆盖率和相对平均下限

图 6.34　指数分布场合分别融合不等定时截尾无
失效数据与两组不同的两个可靠度预计值后所求
得的可靠度估计的分析结果

6.3.5　试验结论

针对融合不等定时截尾数据与其他可靠性数据求解 $R(t)$ 的 Bayes 估计方法,通过仿真试验总结出了相关结论,并可指导工程实践中的应用,现汇总如下。

1. 威布尔分布场合

(1) 当验前信息只有专家数据时,应设定分布参数 m 的验前分布 $\pi(m)$ 为均匀分布,继而求解可靠度的 Bayes 点估计和置信下限。

(2) 当验前信息有专家数据和性能数据时,在不等定时截尾有失效数据及 $m<1$ 下,且当两个可靠度预计值 $\hat{R}_p^1$ 和 $\hat{R}_p^2$ 满足 $(\hat{R}_p^1-\hat{R}_p^2)(t_p^1-t_p^2)<0$ 时,应设定验前分布为离散样本,而在其他情况下,即在不等定时截尾有失效数据及 $m<1$ 且两个可靠度预计值 $\hat{R}_p^1$ 和 $\hat{R}_p^2$ 不满足 $(\hat{R}_p^1-\hat{R}_p^2)(t_p^1-t_p^2)<0$ 下、在不等定时截尾有失效数据及 $m>1$ 下、在不等定时截尾无失效数据下,应设定验前分布为连续分布,并取 $\pi(m)$ 为均匀分布求解可靠度的 Bayes 点估计和置信下限。

(3) 融合验前信息后的可靠度 Bayes 估计优于没有融合验前信息的可靠度估计,且融合的验前信息越多,得到的 Bayes 估计精度更高。

(4) 验前信息中可靠度预计值的时刻越接近于待求可靠度的任务时刻,那么求得的可靠度 Bayes 估计结果更优。

2. 指数分布场合

(1) 取验前分布为共轭分布。

(2) 融合验前信息后的可靠度 Bayes 估计胜于没有融合验前信息的可靠度估计,且融合的验前信息越多,Bayes 估计结果越优。

(3) 验前信息中可靠度预计值的时刻越接近于待求可靠度的任务时刻,那么求得的可靠度 Bayes 估计精度更高。

6.4　本　章　小　结

本章基于 Bayes 理论指出了多源数据下单机可靠度评估的一般思路,并针对电子产品型和机电产品型单机,分别在威布尔分布和指数分布场合,研究不等定时截尾数据和其他可靠性数据融合后可靠度 $R(t)$ 的 Bayes 点估计和置信下限,说明了上述思路的应用,具体开展了以下工作。

(1) 当分布参数 m 和 v 的验前分布为连续分布时,根据验前信息,通过构造优化模型,提出了确定验前分布中的方法。

① 当验前信息只有专家数据时,令 $R(t)$ 的验前矩等于专家数据,将此作为约束条件,将验前分布的熵作为目标函数,从而构造优化模型。

② 当验前信息有专家数据和性能数据时,借鉴最小二乘法的思想,设 $R(t)$ 的验前矩等于相应的可靠度预计值,并将误差平方和作为目标函数,从而构造优化模型。

(2) 在确定 m 和 v 的验前分布后,根据 Bayes 公式,推出了 m 和 v 的验后分布,并提出了基于 MCMC 算法的抽样方法,可获得来自 $R(t)$ 的验后分布的样本,据此给出 $R(t)$ 的 Bayes 点估计和置信下限。

(3) 当验前信息有两个可靠度预计值时,通过抽取 m 和 v 的验前样本,再转化为 $R(t)$ 的验后样本,继而提出了另一种求解 $R(t)$ 的 Bayes 点估计和置信下限的方法。

(4) 利用第 3~5 章中的仿真样本,通过仿真试验,检验和比较了不同验前分布及不同方法下的 Bayes 估计结果,并针对实际中的应用,给出了相应的建议。分析结果表明,本书提出的方法解决了融合不等定时截尾数据和其他可靠性数据的可靠度评估问题。

第7章 融合卫星平台不等定时截尾数据和单机数据的系统可靠度评估

第3~6章的内容可以支撑卫星平台单机的可靠度评估工作,但还需要考虑卫星平台系统的可靠度评估。本章将讨论平台系统的可靠度评估方法。

在卫星平台中,系统是相对于单机的概念,是单机有机组合而成的整体。几个相同的单机通过串联或并联等可靠性模型结合在一起构成一个系统,卫星平台的分系统可以认为是众多单机组合形成的系统,而卫星平台整体则由分系统串联而成的系统。从功能的角度而言,卫星平台系统的组成单机在逻辑上往往可以描述为几种常见的可靠性模型或者其组合,从而表示系统各组成单机之间的功能关系。这些典型的可靠性模型有串联系统、并联系统、表决系统和冷备系统。因此,如果可以明确这几种常见可靠性模型的可靠度评估方法,再根据卫星平台系统的可靠性框图,组合运用平台系统所涉及的常见可靠性模型的评估方法,进一步融合平台系统的可靠性数据,就可以得到平台系统的可靠度评估结果。

经过第6章的研究内容可知,融合不等定时截尾数据和其他可靠性数据后所求得的可靠度 Bayes 估计结果优于没有融合其他可靠性数据的可靠度评估结果。因而,在本章的研究内容中,将融合不等定时截尾数据和其他可靠性数据后所求得的可靠度 Bayes 估计结果作为单机的评估结果,并进一步研究基于 Bayes 信息融合的各个典型可靠性模型的可靠度评估方法。由于串联、并联和表决模型的结构相对比较简单,现有研究已比较成熟,故本章的研究重点在于基于 Bayes 信息融合的冷备系统可靠度评估方法。最后再提出基于 Bayes 信息融合的卫星平台系统可靠度评估方法。

7.1 基于 Bayes 信息融合的冷备系统可靠度评估

本节研究基于 Bayes 信息融合的冷备系统可靠度评估方法,首先分析一般思路,再分别在单元寿命服从指数分布和威布尔分布时给出具体说明。冷备系

统的一般化模式为 N 中取 K 结构,即由 N 个单元构成的冷备系统正常工作需要 K 个工作单元。在卫星平台中,既有 N 中取 1 冷备系统,也有 N 中取 K 冷备系统,其中 $K>1$,因此本节的研究对象为一般化的 N 中取 K 冷备系统。在具体研究前首先提出以下假设。

(1)冷备系统的 N 个单元是完全相同的。

(2)冷备系统的单元寿命 $T \sim f(t;\vartheta)$,相应的分布函数和可靠度函数分别记为 $F(t;\vartheta)$ 和 $R(t;\vartheta)$。

(3)冷备系统在工作过程中是不可修的。

(4)工作单元和备份单元之间的切换装置不会失效。

研究基于 Bayes 信息融合的 N 中取 K 冷备系统的可靠度评估方法时,需要首先考虑分布参数 ϑ 已知时冷备系统的可靠度评估方法,再扩展到 ϑ 的形式为验后分布而非已知值的可靠度评估方法。

7.1.1　分布参数已知时冷备系统的可靠度评估

在关于 N 中取 K 冷备系统的可靠性评估现有研究中,从实用性和简单性来看,由 Amari 等[174] 提出的解析法,比较适用于工程实践中的应用。下面首先介绍这个方法。

1. 解析法

Amari 提出的解析法建立在冷备系统的可靠度与单元失效数的关系上,核心依据是当冷备系统的单元失效数多于 $N-K$ 时,冷备系统就失效。因此,该方法的关键在于求解单元失效个数所对应的概率。假定冷备系统中的 N 个单元被分为 K 组,且每组内的各个单元可认为是相互独立的。记 $G_j(t)$ 为每组内在 t 时刻至少有 j 个单元失效的概率,于是通过卷积公式,可得

$$G_j(t) = G_{j-1}(t) \cdot F(t)$$
$$= \int_0^t G_{j-1}(t-x)\,\mathrm{d}F(x) \tag{7.1}$$

其中

$$G_1(t) = F(t)$$

令每组内恰好有 j 个单元失效的概率为 $P_j(t)$,可知

$$P_j(t) = \begin{cases} G_j(t) - G_{j+1}(t), & j>0 \\ 1 - G_1(t), & j=0 \end{cases} \tag{7.2}$$

令 $L_K^j(t)$ 表示在 t 时刻 K 组内共有 j 个单元失效的概率,通过卷积公式,可得

$$L_K^j(t) = \sum_{i=0}^{j} P_i(t) \cdot L_{K-1}^{j-i}(t) \tag{7.3}$$

其中, $L_1^j(t) = P_j(t)$。事实上, $L_K^j(t)$ 正是冷备系统在 t 时刻恰好有 j 个单元失效的概率。记基于解析法求得的冷备系统可靠度为 $R_c^e(t)$。最后,根据冷备系统正常工作时单元失效数应不多于 $N-K$ 这一条件,可得 $R_c^e(t)$ 为

$$R_c^e(t) = \sum_{j=0}^{N-K} L_K^j(t) \tag{7.4}$$

解析法思路直接、步骤简单,是非常实用的方法。但是该方法的弊端在于涉及卷积公式的计算。特别地,当 $F(t)$ 的数学形式比较复杂,如威布尔分布时,难以推出式(7.1)中连续函数卷积的解析表达式。在具体运算时,可借助微积分的基本思想,将区间 $[0,t]$ 等分为 M 段,然后逐段求和求得结果。

2. 基于失效概率近似的方法

针对式(7.1)难以求解给出解析表达式的问题,Wang 等[166]提出了一种 $G_j(t)$ 的近似计算方法。由于本质上 $G_j(t)$ 为

$$G_j(t) = P\left(\sum_{i=1}^{j} T_i \leq t \right)$$

根据中心极限定理,可得 $G_j(t)$ 的近似值,记为 $G_j^a(t)$,即

$$G_j^a(t) = \Phi\left(\frac{t-j\mu}{\sigma\sqrt{j}} \right) \tag{7.5}$$

式中: μ 和 σ 为寿命 T 的期望和标准差; $\Phi(\cdot)$ 为标准正态分布的分布函数。由于该方法求得的 $G_j^a(t)$ 为 $G_j(t)$ 的近似值,故称该方法为基于失效概率近似的方法。记基于失效概率近似的方法求得的冷备系统可靠度为 $R_c^a(t)$。在式(7.5)的基础上,根据式(7.2)至式(7.4),可求得 $R_c^a(t)$。

3. 基于失效概率仿真的方法

解析法和基于失效概率近似的方法是现有研究中的方法。注意到,在基于失效概率近似的方法中,核心是运用中心极限定理来求得 $G_j^a(t)$ 从而近似 $G_j(t)$。受这一思路的启发,此处提出利用仿真的方法求解 $G_j(t)$,记为 $G_j^s(t)$,具体步骤如下。

给定单元的寿命分布 $F(t;\vartheta)$、失效数 j 及样本量 M_p。

（1）从分布 $F(t;\vartheta)$ 中生成样本量为 j 的样本 $T_1, T_2, T_3, \cdots, T_j$。

（2）如果 $\sum\limits_{i=1}^{j} T_i \leqslant t$，则令 $g=1$；否则令 $g=0$。

（3）重复步骤（1）和（2）M_p 次。

如此可收集到 M_p 个关于 g 的结果，可得 $G_j^s(t)$ 为

$$G_j^s(t) = \frac{1}{M_p} \sum_{i=1}^{M_p} g_i \tag{7.6}$$

此处通过仿真求解 $G_j(t)$ 的近似值 $G_j^s(t)$，因而称该方法为基于失效概率仿真的方法。记基于失效概率仿真的方法求得的冷备系统可靠度为 $R_c^p(t)$。在式（7.6）的基础上，根据式（7.2）至式（7.4），可求得 $R_c^p(t)$。

4. 基于仿真的方法

基于失效概率仿真的方法虽然用到了仿真的思想，但是本质上仍属于解析法。此处再提出一个完全基于仿真求解冷备系统可靠度的方法，具体步骤如下。

给定单元的寿命分布 $F(t;\vartheta)$，冷备系统参数 N 和 K 及样本量 M_s。

（1）从分布 $F(t;\vartheta)$ 中生成样本量为 N 的样本并升序排列为 $T_1 \leqslant T_2 \leqslant T_3 \leqslant \cdots \leqslant T_N$。

（2）记 N 中取 K 冷备系统的寿命为 $T(T_1, T_2, T_3, \cdots, T_N, N, K)$，并根据递归算法进行求解，即

如果 $K=N$，返回 $\sum\limits_{i=1}^{K} T_i$。

否则返回 $T_1 + T(T_2 - T_1, \cdots, T_K - T_1, T_{K+1}, \cdots, T_N, N-1, K)$。

（3）如果 $T(T_1, T_2, T_3, \cdots, T_N, N, K) > t$，则令 $R=1$；反之令其为 0。

（4）重复步骤（1）~（3）共 M_s 次。

如此可收集到 M_s 个关于 R 的结果。记基于仿真的方法求得的冷备系统可靠度为 $R_c^s(t)$，可得 $R_c^s(t)$ 为

$$R_c^s(t) = \frac{1}{M_s} \sum_{i=1}^{M_s} R_i \tag{7.7}$$

7.1.2 冷备系统可靠度的 Bayes 估计

以上探讨了单元寿命分布的分布参数 ϑ 已知时冷备系统可靠度的评估方法，其中解析法和基于失效概率近似的方法是现有方法，而基于失效概率仿真

的方法和基于仿真的方法是本章新提出的方法。这 4 种方法都要求 ϑ 已知。但在实际问题中，ϑ 往往是未知的，为了求解冷备系统的可靠度，需要先估计得到 ϑ。当利用基于 Bayes 信息融合的方法估计 ϑ 时，可求得其验后分布 $\pi(\vartheta|D)$，如式(1.3)所示。若在 $\pi(\vartheta|D)$ 的基础上，再利用 ϑ 已知时的冷备系统可靠度评估方法，即可得到冷备系统可靠度的 Bayes 估计。

类似地，根据 Bayes 理论的要求，若要评估冷备系统的可靠度 $R(t)$，需将 ϑ 的验后分布 $\pi(\vartheta|D)$ 转化为 $R(t)$ 的验后分布 $\pi(R(t)|D)$，这就需要冷备系统的可靠度函数。对于 ϑ 已知时所提出的 4 种冷备系统可靠度评估方法，若单元寿命分布函数 $F(t;\vartheta)$ 比较简单，则相应的可靠度函数可能存在解析表达式，此时采用解析法可给出 $\pi(R(t)|D)$ 的解析表达式；反之，若 $F(t;\vartheta)$ 比较复杂，则可能无法得到相应的可靠度函数的解析表达式，此时则难以推出验后分布 $\pi(R(t)|D)$ 的具体形式。为此，在这种情况下，可利用 MCMC 方法，通过获得验后分布 $\pi(R(t)|D)$ 的抽样，继而求得 $R(t)$ 的 Bayes 估计。

下面分别具体说明冷备系统单元为电子产品型和机电产品型时相应的可靠度 Bayes 评估方法。

7.1.3　电子产品型单元时基于 Bayes 信息融合的冷备系统可靠度评估

针对单元为电子产品型的冷备系统，设其单元寿命服从分布参数为 λ 的指数分布，其概率密度函数见式(6.5)。记 N 中取 K 冷备系统的可靠度为 $R_c(t)$。当 λ 已知时，文献[160]已给出 $R_c(t)$ 为

$$R_c(t) = \exp(-K\lambda t) \sum_{i=0}^{N-K} \frac{(K\lambda t)^i}{i!} \tag{7.8}$$

当 λ 未知时，若利用基于 Bayes 信息融合的方法估计 λ，可得式(6.15)中的验后分布 $\pi(\lambda|D)$。类似地，在求解 $R_c(t)$ 的 Bayes 估计时，需根据式(7.8)，将 $\pi(\lambda|D)$ 转化为 $R_c(t)$ 的验后分布 $\pi(R_c(t)|D)$。由于 $R_c(t)$ 的复杂性，难以推得 $\pi(R_c(t)|D)$ 的解析式。因此，对于一般性的指标，如 $R_c(t)$ 的 M 阶验后矩，仍可利用 MCMC 方法进行求解。也即从验后分布 $\pi(\lambda|D)$ 中抽取 S 个样本 λ_i，再依次根据式(7.8)求得 $[R_c^i(t)]^M$，其中 $i=1,2,3,\cdots,S$。记 $R_c(t)$ 的 M 阶验后矩为 $E([R_c(t)]^M)$，可得

$$E([R_c(t)]^M) = \frac{1}{S} \sum_{i=1}^{S} [R_c^i(t)]^M \tag{7.9}$$

但是若只需要 $R_c(t)$ 的 Bayes 点估计和置信下限,则可推得相应的计算公式。记 $R_c(t)$ 的 Bayes 点估计为 $\hat{R}_c(t)$。在平方损失函数下,根据 $\hat{R}_c(t)$ 事实上为验后分布 $\pi(R_c(t)\mid D)$ 的期望这一结论,可得

$$\hat{R}_c(t) = \int_0^{+\infty} R_c(t) \cdot \pi(\lambda\mid D)\,\mathrm{d}\lambda$$

代入式(7.8)的 $R_c(t)$ 及式(6.15)的验后分布 $\pi(\lambda\mid D)$,经过化简可得

$$\hat{R}_c(t) = \frac{1}{\Gamma\left(\alpha_e + \sum\limits_{i=1}^{n}\delta_i\right)(1+w)^{\alpha_e+\sum\limits_{i=1}^{n}\delta_i}} \sum_{i=0}^{N-K} \frac{w^i\Gamma\left(i+\alpha_e+\sum\limits_{j=1}^{n}\delta_j\right)}{(1+w)^i \cdot i!} \quad (7.10)$$

其中

$$w = \frac{Kt}{\beta_e + \sum\limits_{i=1}^{n}t_i}$$

记 $R_c(t)$ 的置信下限为 $R_c^L(t)$。根据伽马分布与 χ^2 分布的关系,在置信水平 $1-\gamma$ 下,可得 $R_c^L(t)$ 为

$$R_c^L(t) = \exp\left(-Kt \cdot \frac{\chi^2_{1-\gamma}\left(2\alpha_e + 2\sum\limits_{i=1}^{n}\delta_i\right)}{2\beta_e + 2\sum\limits_{i=1}^{n}t_i}\right)$$

$$\sum_{i=0}^{N-K} \frac{(Kt)^i}{i!}\left[\frac{\chi^2_{1-\gamma}\left(2\alpha_e + 2\sum\limits_{j=1}^{n}\delta_j\right)}{2\beta_e + 2\sum\limits_{j=1}^{n}t_j}\right]^i \quad (7.11)$$

式中:$\chi^2_{1-\gamma}\left(2\alpha_e + 2\sum\limits_{j=1}^{n}\delta_j\right)$ 为 χ^2 分布 $\chi^2\left(2\alpha_e + 2\sum\limits_{j=1}^{n}\delta_j\right)$ 的 $1-\gamma$ 分位点。

7.1.4 机电产品型单元时基于 Bayes 信息融合的冷备系统可靠度评估

针对单元为机电产品型的冷备系统,设其单元寿命服从分布参数为 m 和 v 的威布尔分布,其概率密度函数见式(6.20)。

在威布尔分布场合,对于 7.1.1 小节中求解冷备系统可靠度的解析法,无法给出式(7.1)中卷积公式的解析表达式,为此难以给出此时冷备系统可

靠度的解析式。此时在具体求解时,可借助微分法的思想来处理式(7.1)中的卷积,即将积分区间 $[0,t]$ 均分为 M 段,然后取 M 个矩形面积的和作为卷积的结果。对于7.1.1小节中基于失效概率近似的方法,可给出式(7.5)中的 μ 和 σ 为

$$\mu = v^{-\frac{1}{m}} \Gamma\left(1 + \frac{1}{m}\right)$$

$$\sigma = v^{-\frac{1}{m}} \sqrt{\Gamma\left(1 + \frac{2}{m}\right) - \Gamma^2\left(1 + \frac{1}{m}\right)}$$

如此可明确威布尔分布场合7.1.1小节中所提出的4种方法。

对于威布尔分布场合冷备系统可靠度的 Bayes 估计,由于无法给出冷备系统可靠度的解析表达式,因而只能采用抽样的方法进行计算。利用算法6.2,可抽得来自验后分布 $\pi(m, v \mid D)$ 的样本量为 S 的样本 (m_j^c, v_j^c),其中 $j = 1, 2, 3, \cdots, S$。当利用基于仿真的方法求解冷备系统可靠度时[247],依次将 S 个验后样本 (m_j^c, v_j^c) 代入式(7.7)中的可靠度函数 $R_c^s(t)$ 中,即可得 S 个可靠度估计值 $R_c^{s,j}(t)$,其中 $j = 1, 2, 3, \cdots, S$。而 $R_c^{s,j}(t)$ 即可视为来自验后分布 $\pi(R_c^s(t) \mid D)$ 的样本。记基于仿真的方法所求得的冷备系统可靠度的 M 阶验后矩为 $E([R_c^s(t)]^M)$、平方损失函数下的 Bayes 点估计为 $\hat{R}_c^{Bs}(t)$,Bayes 置信下限为 $R_c^{Ls}(t)$。在将 $R_c^{s,j}(t)$ 升序排列为 $R_c^{s,1}(t) \leq R_c^{s,2} \leq R_c^{s,3} \leq \cdots \leq R_c^{s,S}(t)$ 后,可得 $E([R_c^s(t)]^M)$ 为

$$E\left([R_c^s(t)]^M\right) = \frac{1}{S} \sum_{j=1}^{S} \left[R_c^{s,j}(t)\right]^M \tag{7.12}$$

特别地,当 $M = 1$ 时,可得 $\hat{R}_c^{Bs}(t)$ 为

$$\hat{R}_c^{Bs}(t) = \frac{1}{S} \sum_{j=1}^{S} R_c^{s,j}(t) \tag{7.13}$$

在置信水平 $1 - \gamma$ 下,$R_c^{Ls}(t)$ 为

$$R_c^{Ls}(t) = R_c^{s, S\gamma}(t) \tag{7.14}$$

类似地,若利用解析法、基于失效概率近似的方法和基于失效概率仿真的方法,可获得相应的冷备系统可靠度的 Bayes 点估计和置信下限。此处不再详细说明。

7.2　基于数据融合的卫星平台系统可靠度评估方法

在明确了基于 Bayes 信息融合的单机和冷备系统的可靠度评估方法基础

上,结合现有的串联、并联以及表决模型的可靠度评估方法,就可以根据平台系统的可靠性数据,开展卫星平台系统的可靠度评估研究。关于系统的可靠度评估,在明确评估对象后,可按照以下步骤进行。

1. 建立可靠性框图

根据评估对象的功能关系,将评估对象的可靠性结构进行分解,直到单机这一级终止,据此建立系统的可靠性框图,明确系统的可靠性结构函数。

2. 计算单机可靠度的矩

针对可靠性框图中的各个单机,利用收集到的单机可靠性数据,计算单机在时刻 t_p 处可靠度 $R(t_p)$ 的各阶矩。在计算可靠度的各阶矩时,应采用基于 Bayes 融合的方法。若单机只收集到在轨运行时间数据,即不等定时截尾数据,则取无信息验前分布,通过 Bayes 融合进行计算。若单机除了不等定时截尾数据,还收集到了其他类型的可靠性数据,则可以按照第 6 章的研究通过 Bayes 融合进行计算。如此可确定所有单机 $R(t_p)$ 的各阶矩。

3. 确定系统的验前矩

由于已经明确了待评估系统的可靠性框图及可靠性结构函数,而单机则是系统的最底层,则分别计算串联、并联、表决和冷备各个系统可靠度 $R(t_p)$ 的各阶矩。其中针对串联系统,即构成的 N_s 个单元都没有失效,整体才正常工作的系统,在单元相互独立情况下,记串联系统可靠度 $R_s(t)$ 的 M 阶验后矩为 $E([R_s(t)]^M)$,可得

$$E([R_s(t)]^M) = \prod_{i=1}^{N_s} E([R_i(t)]^M) \tag{7.15}$$

式中:$E([R_i(t)]^M)$ 为单元 i 的可靠度的 M 阶验后矩,$i = 1,2,3,\cdots,N_s$。特别地,当 $M = 1$ 时,可得平方损失函数下 $R_s(t)$ 的 Bayes 点估计。针对并联系统,即构成的 N_p 个单元都失效,整体才失效的系统,在单元相互独立情况下,记并联系统可靠度 $R_p(t)$ 的 M 阶验后矩为 $E([R_p(t)]^M)$,可得

$$
\begin{aligned}
E([R_p(t)]^M) &= E\left(\left[1 - \prod_{i=1}^{N_p}(1 - R_i)\right]^M\right) \\
&= \sum_{j=0}^{M} C_M^j(-1)^j E\left[\prod_{i=1}^{N_p}(1 - R_i)^j\right] \\
&= \sum_{j=0}^{M} C_M^j(-1)^j \prod_{i=1}^{N_p} \sum_{u=0}^{j} C_j^u(-1)^u E([R_i(t)]^u)
\end{aligned} \tag{7.16}
$$

其中 $C_M^j = \dfrac{M!}{j!(M-j)!}$，$C_j^u = \dfrac{j!}{u!(j-u)!}$，$\boldsymbol{E}([R_i(t)]^u)$ 是单元 i 的可靠度的 u 阶验后矩，$i = 1, 2, 3, \cdots, N_p$，$u = 1, 2, 3, \cdots, M$。特别地，当 $M = 1$ 时，可得平方损失函数下 $R_p(t)$ 的 Bayes 点估计。针对表决系统，即其中的 N_b 个单元至少有 K_b 个单元没有失效，整体才正常工作的系统，在单元相同情况下，记表决系统可靠度 $R_b(t)$ 的 M 阶验后矩为 $\boldsymbol{E}([R_b(t)]^M)$，可得

$$\boldsymbol{E}([R_b(t)]^M) = \boldsymbol{E}\Big[\Big(\sum_{i=K_b}^{N_b} C_{N_b}^i [R(t)]^i [1-R(t)]^{N_b-i}\Big)^M\Big] \tag{7.17}$$

但难以推出解析表达式。为此，可利用蒙特卡罗仿真的思想，从单元可靠度的验后分布中抽取 S 个样本 R_j，然后依次代入式(7.17)，得到 S 个样本 $[R_b^j(t)]^M$，其中 $j = 1, 2, 3, \cdots, S$。如此可得 $R_b(t)$ 的 M 阶验后矩为

$$\boldsymbol{E}([R_b(t)]^M) = \frac{1}{S}\sum_{j=1}^{S} [R_b^j(t)]^M \tag{7.18}$$

特别地，当 $M = 1$ 时，可得平方损失函数下 $R_b(t)$ 的 Bayes 点估计。再按照"从下往上，逐级计算"的模式，可将已算得的最底层的单机可靠度矩层层向上传递，直到评估对象这一层级，并视为评估对象的验前矩。

4. 将系统的验前矩转化为验前分布

为了便于系统的可靠度评估，根据 Bayes 理论的要求，需要将系统可靠度 $R(t_p)$ 的验前矩转化为 $R(t_p)$ 的验前分布。此处取验前分布形式为式(6.23)中的负对数伽马分布，即

$$\pi(R(t_p)) = \frac{b^a}{\Gamma(a)} [R(t_p)]^{b-1} [-\ln R(t_p)]^{a-1}$$

采用矩估计的方法，求解其中的分布参数 a 和 b。记 a 和 b 的估计为 $\hat{a}$ 和 $\hat{b}$，可得

$$(\hat{a}, \hat{b}) = \arg\min_{a,b} \sum_{i=1}^{M} \Big[\Big(\frac{b}{b+i}\Big)^a - \boldsymbol{E}([R(t_p)]^i)\Big]^2 \tag{7.19}$$

其中 $\left(\dfrac{b}{b+i}\right)^a$ 是分布参数为 a 和 b 的负对数伽马分布的 i 阶矩，$\boldsymbol{E}([R(t_p)]^i)$ 是待评估系统的可靠度 $R(t_p)$ 的 i 阶验前矩，$i = 1, 2, 3, \cdots, M$。理论上而言，M 越大，拟合的效果越好，精度越高。

5. 求解系统可靠度的 Bayes 估计

在系统层级的可靠度评估中，往往采用指数分布描述系统的寿命。记收集

到的系统的不等定时截尾数据为 (t_i, δ_i), 其中 $i = 1, 2, 3, \cdots, n$。当根据式(7.19)确定验前分布后, 根据 Bayes 公式, 融合系统的不等定时截尾数据, 可得系统在任意 t 时刻处可靠度 $R(t)$ 的验后分布为

$$\pi(R(t) \mid D) = \frac{1}{\Gamma\left(a + \sum_{i=1}^{n} \delta_i\right)} \left(\frac{bt_p + \sum_{i=1}^{n} t_i}{t}\right)^a [R(t)]^{b-1} [-\ln R(t)]^{a-1}$$

即分布参数为 $a + \sum_{i=1}^{n} \delta_i$ 和 $\dfrac{bt_p + \sum_{i=1}^{n} t_i}{t}$ 的负对数伽马分布。记待评估系统 $R(t)$ 的 Bayes 点估计为 $\hat{R}_s(t)$, 在平方损失函数下, 可得

$$\hat{R}_s(t) = \left(\frac{bt_p + \sum_{i=1}^{n} t_i}{bt_p + \sum_{i=1}^{n} t_i + t}\right)^{a + \sum_{i=1}^{n} \delta_i} \tag{7.20}$$

记待评估系统 $R(t)$ 的 Bayes 置信下限为 $R_s^L(t)$, 在置信水平 $1-\gamma$ 下, 可得 $R_s^L(t)$ 为

$$R_s^L(t) = \exp\left[-\frac{\chi_{1-\gamma}^2\left(2a + 2\sum_{i=1}^{n} \delta_i\right)}{2bt_p + 2\sum_{i=1}^{n} t_i} \cdot t\right] \tag{7.21}$$

其中 $\chi_{1-\gamma}^2\left(2a + 2\sum_{i=1}^{n} \delta_i\right)$ 为 χ^2 分布 $\chi^2\left(2a + 2\sum_{i=1}^{n} \delta_i\right)$ 的 $1-\gamma$ 分位点。卫星平台系统的整个可靠度评估过程如图 7.1 所示。

此处的系统可靠度评估方法, 是基于 Bayes 信息融合理论并结合金字塔模型提出的。在这个方法中, 充分利用了系统各个层级的可靠性信息, 通过系统可靠性结构函数, 最终折算到系统层级, 并作为系统可靠度的验前信息, 再在融合系统自身的可靠性数据后给出可靠度的 Bayes 估计, 从而提高了系统可靠度的评估结果精度。另外, 由于系统中的单机可能服从不同的分布函数, 涉及不同类型的分布参数, 为了统一信息量纲, 选择可靠度这一结果作为层层折算的信息, 并通过可靠度的各阶矩反映可靠度的信息。

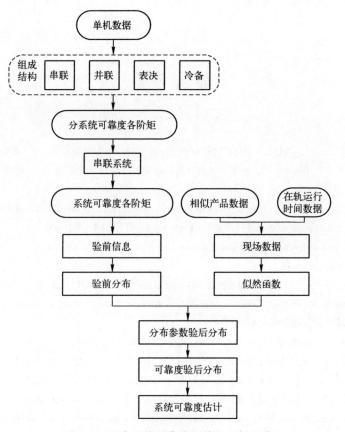

图 7.1 平台系统可靠度评估的一般思路

7.3 本章小结

本章研究了基于 Bayes 信息融合的卫星平台系统可靠度的评估方法,具体开展了以下工作。

(1) 针对冷备系统这一常见的可靠性模型,在单元寿命分布参数已知时介绍了两种现有的可靠度评估方法,继而根据仿真的思想提出了两个新方法,然后研究了基于 Bayes 信息融合的冷备系统可靠度评估方法,并分别具体说明了电子产品型和机电产品型单元时冷备系统的 Bayes 可靠度评估方法。

(2) 在明确了常见的可靠性模型的可靠度评估方法基础上,提出了基于 Bayes 信息融合的卫星平台系统可靠度评估方法。

参 考 文 献

［1］ 周志成,曲广吉. 通信卫星总体设计和动力学分析［M］. 北京:中国科学技术出版社,2012.

［2］ 刘强,黄秀平,周经伦,等. 基于失效物理的动量轮贝叶斯可靠性评估［J］. 航空学报,2009,30
(8):1392-1397.

［3］ Zhang C W,Zhang T,Xu D,et al. Analyzing highly censored reliability data without exact failure times:an
efficient tool for practitioners［J］. Quality Engineering,2013,25(4):392-400.

［4］ Bartholomew D J. The sampling distribution of an estimate arising in life testing［J］. Technometrics,
1963,5(3):361-374.

［5］ 茆诗松,汤银才,王玲玲. 可靠性统计［M］. 北京:高等教育出版社,2008.

［6］ Sundberg R. Comparison of confidence procedures for Type I censored exponential lifetimes［J］. Life-
time data analysis,2001,7(4):393-413.

［7］ 陈家鼎. 生存分析与可靠性［M］. 北京:北京大学出版社,2005.

［8］ 陈家鼎. 样本空间中的序与参数的置信限［J］. 数学进展,1993,22(6):542-552.

［9］ Balakrishnan N. Progressive censoring methodology:an appraisal［J］. Test,2007,16(2):211-259.

［10］ Efron B,Tibshirani R. An introduction to the Bootstrap［M］. New York:Chapman & Hall,1993.

［11］ Balakrishnan N,Han D,Iliopoulos G. Exact inference for progressively Type-I censored exponential
failure data［J］. Metrika,2011,73:335-358.

［12］ Bartlett M S. Approximate confidence intervals［J］. Biometrika,1953,40:12-19.

［13］ Bartholomew D J. A problem in life testing［J］. Journal of the American Statistical Association,1957,
52:350-355.

［14］ Littel A S. Estimation of the T-year survival rate from follow-up studies over a limited period of time［J］.
Human Biology,1952,24:87-116.

［15］ 吴耀国. 随机删失数据下常用生产分布的参数估计［D］. 成都:四川大学,2005.

［16］ Dempster A P,Laird N M,Rubin D B. Maximum likelihood from incomplete data via the EM algorithm
［J］. Journal of the Royal Statistical Society,1977,39(1):1-38.

［17］ 荆广珠,房祥忠. 非等定时截尾寿命试验方案指数分布情形平均寿命的置信限［J］. 数理统计与
管理,2000,19(4):46-49.

［18］ 严广松,侯紫燕. 不相同定时截尾试验中平均寿命的置信限［J］. 郑州纺织工学院学报,1998,9
(3):61-65.

［19］ 董岩,李国英. 基于指数分布不同定时截尾数据的可靠度的置信下限［J］. 应用数学学报,2006,
29(1):61-67.

［20］ Cohen A C. Maximum likelihood estimation in the Weibull distribution based on complete and on censored samples [J]. Technometrics,1965,7(4):579-588.

[21] 孙丽玢. 定时截尾样本下两参数韦布尔分布的矩估计 [J]. 徐州师范大学学报(自然科学版),2010,28(4):59-61.

[22] Wang B X,Yu K,Sheng Z. New inference for constant-stress accelerated life tests with Weibull distribution and progressively Type-Ⅱ censoring [J]. IEEE Transactions on Reliability,2014,63(3):807-815.

[23] 黄伟,傅惠民. 截尾数据线性回归分析方法 [J]. 航空动力学报,2003,18(4):465-469.

[24] 傅惠民,岳晓蕊. 定时截尾数据最佳线性无偏估计方法 [J]. 机械强度,2009,31(6):905-909.

[25] 傅惠民,岳晓蕊. 定时截尾数据回归分析方法 [J]. 航空动力学报,2010,25(1):142-147.

[26] Balakrishnan N,Kateri M. On the maximum likelihood estimation of parameters of Weibull distribution based on complete and censored data [J]. Statistics & Probability Letters,2008,78(17):2971-2975.

[27] Wang G,Niu Z,He Z. Bias reduction of MLEs for Weibull distributions under grouped lifetime data [J]. Quality Engineering,2015,27(3):341-352.

[28] Joarder A,Krishna H,Kundu D. Inferences on Weibull parameters with conventional Type-Ⅰ censoring [J]. Computational Statistics & Data Analysis,2011,55(1):1-11.

[29] Kundu D. On hybrid censored Weibull distribution [J]. Journal of statistical planning and inference,2007,137(7):2127-2142.

[30] Wang F K. Using BBPSO algorithm to estimate the Weibull parameters with censored data [J]. Communications in Statistics-Simulation and Computation,2014,43(10):2614-2627.

[31] Jiang R. A drawback and an improvement of the classical Weibull probability plot [J]. Reliability Engineering & System Safety,2014,126:135-142.

[32] Wu D,Zhou J,Yongdan L. Unbiased estimation of Weibull parameters with the linear regression method [J]. Journal of the European Ceramic Society,2006,26:1099-1105.

[33] Fothergill J. Estimating the cumulative probability of failure data points to be plotted on Weibull and other probability paper [J]. IEEE Transactions on Electrical Insulation,1990,25(3):489-492.

[34] Kaplan E L,Meier P. Nonparametric estimation from incomplete observations [J]. Journal of the American statistical association,1958,53(282):457-481.

[35] Skinner K R,Keats J B,Zimmer W J. A comparison of three estimators of the Weibull parameters [J]. Quality and Reliability Engineering International,2001,17(4):249-256.

[36] 沈安慰,郭基联,王卓健. 航空装备现场数据可靠性评估方法有效性分析 [J]. 航空学报,2014,35(5):1311-1318.

[37] Zhang L F,Xie M,Tang L C. A study of two estimation approaches for parameters of Weibull distribution based on WPP [J]. Reliability Engineering & System Safety,2007,92(3):360-368.

[38] Davies I J. Unbiased estimation of Weibull modulus using linear least squares analysis-a systematic approach [J]. Journal of the European Ceramic Society,2017,37(1):369-380.

[39] Zhang L F,Xie M,Tamg L C. Bias correction for the least squares estimator of Weibull shape parameter with complete and censored data [J]. Reliability Engineering & System Safety,2006,91:930-939.

[40] Genschel U,Meeker W Q. A comparison of maximum likelihood and median-rank regression for Weibull

estimation [J]. Quality Engineering, 2010, 22(4):236-255.

［41］ Hossain A, Zimmer W. Comparison of estimation methods for Weibull parameters: complete and censored samples [J]. Journal of Statistical Computation and Simulation, 2003, 73(2):145-153.

［42］ Li D C, Lin L S. A new approach to assess product lifetime performance for small data sets [J]. European Journal of Operational Research, 2013, 230:290-298.

［43］ Denecke L, Müller C H. New robust tests for the parameters of the Weibull distribution for complete and censored data [J]. Metrika, 2014, 77(5):585-607.

［44］ Tan Z. A new approach to MLE of Weibull distribution with interval data [J]. Reliability Engineering & System Safety, 2009, 94:394-403.

［45］ Yang Z, Xie M, Wong A C M. A unified confidence interval for reliability-related quantities of two-parameter Weibull distribution [J]. Journal of Statistical Computation and Simulation, 2007, 77(5):365-378.

［46］ Thoman D R, Bain L J, Antle C E. Inferences on the parameters of the Weibull distribution [J]. Technometrics, 1969, 11(3):445-460.

［47］ Thoman D R, Bain L J, Antle C E. Maximum likelihood estimation, exact confidence intervals for reliability, and tolerance limits in the Weibull distribution [J]. Technometrics, 1970, 12(2):363-371.

［48］ Billmann B R, Antle C E, Bain L J. Statistical inference from censored Weihull samples [J]. Technometrics, 1972, 14(4):831-840.

［49］ Bain L J, Engelhardt M. Simple approximate distributional results for confidence and tolerance limits for the Weibull distribution based on maximum likelihood estimators [J]. Technometrics, 1981, 23(1):15-20.

［50］ Krishnamoorthy K, Lin Y, Xia Y. Confidence limits and prediction limits for a Weibull distribution based on the generalized variable approach [J]. Journal of Statistical Planning and Inference, 2009, 139(8):2675-2684.

［51］ Weerahandi S. Generalized confidence intervals [J]. Journal of the American Statistical Association, 1993(88):899-905.

［52］ Wu S J. Estimations of the parameters of the Weibull distribution with progressively censored data [J]. Journal of the Japan Statistical Society, 2002, 32(2):155-163.

［53］ Wang B X, Yu K, Jones M C. Inference under progressively Type-Ⅱ right-censored sampling for certain lifetime distributions [J]. Technometrics, 2010, 52(4):453-460.

［54］ Bain L J. Inferences based on censored sampling from the Weibull or extreme-value distribution [J]. Technometrics, 1972, 14(3):693-702.

［55］ Balakrishnan N, Burkschat M, Cramer E, et al. Fisher information based progressive censoring plans [J]. Computational Statistics & Data Analysis, 2008, 53(2):366-380.

［56］ Wu M, Shi Y, Sun Y. Inference for accelerated competing failure models from Weibull distribution under Type-Ⅰ progressive hybrid censoring [J]. Journal of Computational and Applied Mathematics, 2014, 263:423-431.

［57］ 曹欣,孙新利,李振. 改进灰自助法及其在可靠性评定中的应用 [J]. 山东大学学报, 2010, 40

(1):144-148.

[58] Wu W H,Hsieh H N. Generalized confidence interval estimation for the mean of delta-lognormal distribution:an application to New Zealand trawl survey data [J]. Journal of Applied Statistics,2014,41(7):1471-1485.

[59] Fan T H,Hsu T M. Constant stress accelerated life test on a multiple-component series system under Weibull lifetime distributions [J]. Communications in Statistics-Theory and Methods,2014,43(10-12):2370-2383.

[60] 彭秀云. 基于广义逐次截尾数据的逆 Weibull 分布可靠性推断 [D]. 呼和浩特:内蒙古工业大学,2013.

[61] 李庆华. 威布尔分布下不同定时截尾数据的可靠度的置信下限 [J]. 西安邮电学院学报,2008,13(5):158-161.

[62] 李同胜,郭民之. 关于定时截尾无失效数据情形下 Weibull 分布条件可靠度的置信下限 [J]. 云南师范大学学报(自然科学版),2006,26(5):14-17.

[63] 闫亮. 连续观测不等定时截尾情形下 Weibull 分布可靠度和条件可靠度的点估计与置信下限 [D]. 昆明:云南师范大学,2008.

[64] 姜宁宁,于丹. Weibull 分布定时截尾试验数据情形下可靠度的置信限 [J]. 数理统计与管理,2010,29(1):84-87.

[65] Meeker W Q,Hamada M. Statistical tools for the rapid development and evaluation of high-reliability products [J]. IEEE Transactions on Reliability,1995,44(2):187-198.

[66] Lu C J,Meeker W Q,Escobar L A. A comparison of degradation and failure-time analysis methods for estimating a time-to-failure distribution [J]. Statistica Sinica,1996,6(3):531-546.

[67] Martz H F,Waller R A. Bayesian zero-failure (BAZE) reliability demonstration testing procedure [J]. Journal of Quality Technology,1979,11(3):128-138.

[68] 王玲玲,王炳兴. 无失效数据的统计分析—修正似然函数法 [J]. 数理统计与应用概率,1996,11(1):64-70.

[69] 宁江凡. 液体火箭发动机无失效条件下的可靠性评估方法研究 [D]. 长沙:国防科学技术大学,2005.

[70] 肖丽丽,刘登第,浦恩山,等. 基于无失效数据机械密封的可靠性研究 [J]. 质量与可靠性,2015(2):30-36.

[71] 茆诗松,罗朝斌. 无失效数据的可靠性分析 [J]. 数理统计与应用概率,1989,4(4):489-506.

[72] 茆诗松,夏剑锋,管文琪. 轴承寿命试验中无失效数据的处理 [J]. 应用概率统计,1993,9(3):326-331.

[73] 刘永峰. Bayes 方法在无失效数据可靠性中的若干应用 [D]. 温州:温州大学,2011.

[74] 李凡群. 关于无失效数据的统计分析 [D]. 合肥:安徽师范大学,2006.

[75] 熊莲花. 无失效数据的可靠性统计分析 [D]. 长春:吉林大学,2004.

[76] 茆诗松,王玲玲,濮晓龙. 威布尔分布场合无失效数据的可靠性分析 [J]. 应用概率统计,1996,12(1):95-107.

[77] 倪中新,费鹤良. 威布尔分布无失效数据的统计分析 [J]. 应用数学学报,2003,26(3):533-543.

[78] 谢锟,鞠瑞年.无失效数据失效概率的综合估计 [J].青海师范大学学报,2011(2):1-4.

[79] 蔡国梁,徐伟卿,赵树.指数分布场合无失效数据参数的分级 Bayes 估计 [J].统计与决策,2011 (14):19-21.

[80] 刘永峰,郑海鹰.无失效数据的统计分析 [J].浙江大学学报,2012,39(3):273-277.

[81] 蒲星.一种无失效数据可靠性分析的方法 [J].电子质量,2014(7):29-31.

[82] 韩明.失效概率的 E-Bayes 估计及其性质 [J].数学物理学报,2007,27(3):488-495.

[83] 蔡忠义,陈云翔,项华春,等.基于无失效数据的加权 E-Bayes 可靠性评估方法 [J].系统工程与电子技术,2015,37(1):219-223.

[84] 王建华,袁力.无失效数据下失效概率的多层 Bayes 和 E-Bayes 估计的性质 [J].工程数学学报,2010,27(1):78-84.

[85] 韩庆田,李文强,曹文静.发动机无失效数据可靠性评估研究 [J].航空计算技术,2012,42(1):65-67.

[86] 姜祥周,师义民,沈政.无失效数据下液体火箭发动机可靠性多层 Bayes 估计 [J].航天控制,2008,26(3):88-91.

[87] 方卫华,吴健琨.基于无失效变形监测数据的大坝整体安全度评价 [J].水利与建筑学报,2015,13(1):11-15.

[88] 韩明.无失效数据下液体火箭发动机的 E-Bayes 可靠性分析 [J].航空学报,2011,32(12):2213-2219.

[89] 束庆舟.无失效数据的失效率估计分析 [J].齐齐哈尔大学学报,2011,27(1):61-65.

[90] 徐天群,陈跃鹏,徐天河,等.威布尔分布场合下无失效数据的可靠性参数估计 [J].统计与决策,2012(13):17-20.

[91] 高攀东,沈雪瑾,陈晓阳,等.无失效数据下航空轴承的可靠性分析 [J].航空动力学报,2015,30 (8):1980-1987.

[92] 陈波,王小强,邓传锦.无失效数据的加速寿命试验可靠性参数 Bayes 估计 [J].可靠性与环境适应性理论研究,2013,31(4):77-80.

[93] 张志华,刘海涛,程文鑫.威布尔分布场合下无失效数据的 Bayes 分析 [J].海军工程大学学报,2007,19(6):38-41.

[94] 刘海涛,张志华.威布尔分布无失效数据的 Bayes 可靠性分析 [J].系统工程理论与实践,2008 (11):103-108.

[95] 熊莲花,赵德勤.威布尔分布无失效数据失效概率的估计 [J].大学数学,2010,26(3):23-27.

[96] 郭金龙,施久玉,沈继红,等.基于无失效数据失效率的船舶寿命估计 [J].系统仿真学报,2008,20(6):1582-1584.

[97] 郑伟,张洁,邵进,等.弹载单机无失效条件下可靠性评估方法研究 [J].航天控制,2014,32(3):95-100.

[98] 陈家鼎,孙万龙,李补喜.关于无失效数据情形下的置信限 [J].应用数学学报,1995,18(1):90-100.

[99] 白小燕,林东生,王桂珍,等.样本空间排序法评价瞬时辐照无失效数据研究 [J].强激光与粒子束,2013,25(10):2753-2756.

[100] 韩明. Weibull 分布可靠性参数的置信限 [J]. 机械强度,2009,31(1):59-62.

[101] 方卫华,金亚秋,储华平. 基于无失效数据的区域水库群可靠性评价 [J]. 水电能源科学,2014,32(9):63-66.

[102] 张志强. 无失效数据的特种车辆动力系统可靠性分析 [J]. 车辆与动力技术,2013(3):51-54.

[103] 傅惠民,王凭慧. 无失效数据的可靠性评估和寿命预测 [J]. 机械强度,2004,26(3):260-264.

[104] 傅惠民,张勇波. Weibull 分布定时无失效数据可靠性分析方法 [J]. 航空动力学报,2010,25(12):2807-2810.

[105] 王凭慧,范本尧,傅惠民. 卫星推力器可靠性评估和寿命预测 [J]. 航空动力学报,2004,19(6):745-748.

[106] 郭金龙. 基于无失效数据船体可靠性的研究 [D]. 哈尔滨:哈尔滨工程大学,2009.

[107] 贾祥,王小林,郭波. 极少失效数据和无失效数据的可靠性评估 [J]. 机械工程学报,2016,52(2):182-188.

[108] Meeker W Q,Hong Y. Reliability meets big data:opportunities and challenges [J]. Quality Engineering,2014,26(1):102-116.

[109] 张金槐,唐雪梅. Bayes 方法 [M]. 长沙:国防科技大学出版社,1989.

[110] 方艮海. 产品可靠性评估中的多源信息融合技术研究 [D]. 合肥:合肥工业大学,2006.

[111] 孙锐. 基于 D-S 证据理论的信息融合及在可靠性数据处理中的应用研究 [D]. 成都:电子科技大学,2011.

[112] Lin Y J,Lio Y L. Bayesian inference under progressive Type-Ⅰ interval censoring [J]. Journal of Applied Statistics,2012,39(8):1811-1824.

[113] Xu A,Tang Y. Objective Bayesian analysis of accelerated competing failure models under Type-Ⅰ censoring [J]. Computational Statistics & Data Analysis,2011,55(10):2830-2839.

[114] Kurz D,Lewitschnig H,Pilz J. Advanced bayesian estimation of Weibull early life failure distributions [J]. Quality and Reliability Engineering International,2014,30(3):363-373.

[115] Sultan K,Alsadat N,Kundu D. Bayesian and maximum likelihood estimations of the inverse Weibull parameters under progressive Type-Ⅱ censoring [J]. Journal of Statistical Computation and Simulation,2014,84(10):2248-2265.

[116] Mokhtari E B,Rad A H,Yousefzadeh F. Inference for Weibull distribution based on progressively Type-Ⅱ hybrid censored data [J]. Journal of Statistical Planning and Inference,2011,141(8):2824-2838.

[117] Abu Awwad R R,Raqab M Z,Intesar M A M. Statistical inference based on progressively Type-Ⅱ censored data from Weibull model [J]. Communications in Statistics-Simulation and Computation,2015,44(10):2654-2670.

[118] Kundu D,Raqab M Z. Bayesian inference and prediction of order statistics for a Type-Ⅱ censored Weibull distribution [J]. Journal of Statistical Planning and Inference,2012,142(1):41-47.

[119] Ganguly A,Kundu D,Mitra S. Bayesian analysis of a simple step-stress model under Weibull lifetimes [J]. IEEE Transactions on Reliability,2015,64(1):473-485.

[120] 韩磊. 基于多源信息融合的卫星平台可靠性评估方法研究 [D]. 长沙:国防科技大学,2014.

[121] Musleh R M,Helu A. Estimation of the inverse Weibull distribution based on progressively censored da-ta:comparative study [J]. Reliability Engineering & System Safety,2014,131:216-227.

[122] 朱晓玲,姜浩. 任意概率分布的伪随机数研究和实现 [J]. 计算机技术与发展,2007,17(12):116-118.

[123] 王维平,朱一凡,李群,等. 离散事件系统建模与仿真 [M]. 北京:科学出版社,2007.

[124] Marsaglia G,Tsang W W. A fast,easily implemented method for sampling from decreasing or symmetric unimodal density functions [J]. SIAM Journal on Scientific and Statistical Computing,1984,5(2):349-359.

[125] Vitter J S. Faster methods for random sampling [J]. Communications of the ACM,1984,27(7):703-718.

[126] Geweke J. Bayesian treatment of the independent student-t linear model [J]. Journal of Applied Econ-ometrics,1993,8:19-40.

[127] Neal R. Slice sampling [J]. Annals of Statistics,2003,31:705-767.

[128] Devroye L. A simple algorithm for generating random variates with a log-concave density [J]. Compu-ting,1984,33:247-257.

[129] Metropolis Rosenbluth A W,Rosenbluth M N,Teller A H,et al. Equations of state calculations by fast computing machines [J]. Journal of Chemical Physics,1953,21:1087-1091.

[130] Hastings W K. Monte Carlo sampling methods using Markov Chains and their applications [J]. Bi-ometrika,1970,57:97-109.

[131] Spiegelhalter D,Thomas A,Best N G. Computation on bayesian graphical models in Bayesian statistics [M]. Oxford:Clarendon Press,1995.

[132] 武炳洁. 卫星动量轮退化过程建模与分析技术 [D]. 长沙:国防科学技术大学,2009.

[133] 乔世君,张世英. 用 Gibbs 抽样算法计算定数截尾时 Weibull 分布的贝叶斯估计 [J]. 数理统计与管理,2000,19(2):35-40.

[134] 马智博,朱建士,徐乃新. 基于主观推断的可靠性评估方法 [J]. 核科学与工程,2003(2):127-131.

[135] 马溧梅. 可靠性评定中专家信息的提取研究 [D]. 长沙:国防科技大学,2007.

[136] 金光. 一种综合性能与寿命数据的 Bayes-Bootstrap 方法 [J]. 宇航学报,2007,28(3):223-226,263.

[137] 马涛. 性能退化与寿命数据融合的贝叶斯方法研究 [J]. 现代防御技术,2015,43(4):166-171.

[138] 彭卫文,黄洪钟,李彦锋,等. 基于数据融合的加工中心功能铣头贝叶斯可靠性评估 [J]. 机械工程学报,2014,50(6):185-191.

[139] 彭宝华,周经伦,孙权,等. 基于退化与寿命数据融合的产品剩余寿命预测 [J]. 系统工程与电子技术,2011,33(5):1073-1078.

[140] 裴洪,胡昌华,司小胜,等. 融合寿命数据与退化数据的剩余寿命估计方法 [J]. 电光与控制,2016(9):90-95.

[141] 陈秀荣,李娟,于加举. 融合寿命数据和退化数据的防喷阀剩余寿命预测 [J]. 山东科技大学学报(自然科学版),2017,36(5):23-28.

[142] Graves T L, Hamada M S, Reese C S. Advances in Data Combination, Analysis and Collection for System Reliability Assessment [J]. Statistical Science,2006,21(2006):514-531.

[143] 彭宝华. 基于 Wiener 过程的可靠性建模方法研究 [D]. 长沙:国防科技大学,2010.

[144] 周忠宝,厉海涛,刘学敏,等. 航天长寿命产品可靠性建模与评估的 Bayes 信息融合方法 [J]. 系统工程理论与实践,2012,32(11):2517-2522.

[145] Wang L,Pan R,Li X,et al. A Bayesian reliability evaluation method with integrated accelerated degradation testing and field information [J]. Reliability Engineering & System Safety,2013,112:38-47.

[146] 王小林,郭波,程志君. 融合多源信息的维纳过程性能退化产品的可靠性评估 [J]. 电子学报,2012,40(5):977-982.

[147] 蔡忠义,陈云翔,李韶亮,等. 考虑随机退化和信息融合的剩余寿命预测方法 [J]. 上海交通大学学报,2016,50(11):1778-1783.

[148] 杨军,申丽娟,黄金,等. 利用相似产品信息的电子产品可靠性 Bayes 综合评估 [J]. 航空学报,2008,29(6):1550-1553.

[149] 杨军,黄金,申丽娟,等. 利用相似产品信息的成败型产品 Bayes 可靠性评估 [J]. 北京航空航天大学学报,2009,35(7):786-788.

[150] 李凤,师义民,荆源. 两参数 Weibull 分布环境因子的 Bayes 估计 [J]. 系统工程与电子技术,2008,30(1):186-189.

[151] 冯静,潘正强,孙权,等. 小子样复杂系统可靠性信息融合方法及其应用 [M]. 北京:科学出版社,2015.

[152] 冯静. 小子样复杂系统可靠性信息融合方法与应用研究 [D]. 长沙:国防科学技术大学,2004.

[153] Guo J,Li Z,Jin J. System reliability assessment with multilevel information using the Bayesian melding method [J]. Reliability Engineering & System Safety,2018,170:146-158.

[154] 满军. 基于 Bayes 小子样理论的多源信息融合方法研究 [D]. 长沙:国防科学技术大学,2005.

[155] 何江. 基于信息融合的民用飞机可靠性数据分析方法研究 [D]. 南京:南京航空航天大学,2011.

[156] 范英,田志成. 基于 Bayes 方法的小子样可靠性分析 [J]. 机械强度,2012,34(2):274-277.

[157] Kan Y N,Yang Z J,Li G F.,et al. Bayesian zero-failure reliability modeling and assessment method for multiple numerical control (NC) machine tools [J]. Journal of Central South University,2016,23(11):2858-2866.

[158] 任海平,王国富. 指数分布参数的 Bayes HPD 置信区间估计 [J]. 兰州理工大学学报,2009,35(6):141-143.

[159] 冯静,孙权,罗鹏程,等. 装备可靠性与综合保障 [M]. 长沙:国防科技大学出版社,2008.

[160] 李荣. 复杂系统 Bayes 可靠性评估方法研究 [D]. 长沙:国防科学技术大学,1999.

[161] Yun W Y,Cha J H. Optimal design of a general warm standby system [J]. Reliability Engineering & System Safety,2010,95(8):880-886.

[162] Zhang T,Xie M,Horigome M. Availability and reliability of k-out-of-(M+ N):G warm standby systems [J]. Reliability Engineering & System Safety,2006,91(4):381-387.

[163] Kuo W,Prasad V R,Tillman F A,et al. Optimal reliability design:fundamentals and applications [M].

London：Cambridge University Press，2001.

[164] 卢芳香，董秋仙. 泊松冲击下单部件混合贮备系统可靠性分析 [J]. 数学的实践与认识，2014，44(17)：184-188.

[165] Wang K H，Hsieh C，Liou C. Cost benefit analysis of series systems with cold standby components and a repairable service station [J]. Quality Technology and Quantitative Management，2006，3(1)：77-92.

[166] Wang C，Xing L，Amari S V. A fast approximation method for reliability analysis of cold-standby systems [J]. Reliability Engineering & System Safety，2012，106：119-126.

[167] Chryssaphinou O，Papastavridis S，Tsapelas T. A generalized multi-standby multi-failure mode system with various repair facilities [J]. Microelectronics Reliability，1997，37(5)：721-724.

[168] Kumar J，Kadyan M，Malik S. Profit analysis of a 2-out-of-2 redundant system with single standby and degradation of the units after repair [J]. International Journal of System Assurance Engineering and Management，2013，4(4)：424-434.

[169] Azaron A，Katagiri H，Sakawa M，et al. Reliability function of a class of time-dependent systems with standby redundancy [J]. European Journal of Operational Research，2005，164(2)：378-386.

[170] Azaron A，Katagiri H，Kato K，et al. Reliability evaluation of multi-component cold-standby redundant systems [J]. Applied Mathematics and Computation，2006，173：137-149.

[171] Boudali H. A bayesian network reliability modeling and analysis framework [D]. Charlottesville：University of Virginia，2005.

[172] Boudali H，Bechta D J. A continuous-time bayesian network reliability modeling, and analysis framework [J]. IEEE Transactions on Reliability，2006，55(1)：86-97.

[173] Xing L，Tannous O，Bechta D J. Reliability analysis of nonrepairable cold-standby systems using sequential binary decision diagrams [J]. IEEE Transactions on Systems，Man and Cybernetics，Part A：Systems and Humans，2012，42(3)：715-726.

[174] Amari S V，Dill G. A new method for reliability analysis of standby systems [C]. Reliability and Maintainability Annual Symposium，2009：417-422.

[175] Levitin G，Amari S V. Approximation algorithm for evaluating time-to-failure distribution of k-out-of-n system with shared standby elements [J]. Reliability Engineering & System Safety，2010，95(4)：396-401.

[176] 苏岩，谷根代. 冷贮备系统可靠性指标的 Bayes 估计 [J]. 华北电力大学学报，2003，30(2)：96-99.

[177] 李玲. 两部件冷备系统可靠性的统计分析 [D]. 上海：华东师范大学，2009.

[178] Hsu Y L，Ke J C，Lee S L. On a redundant repairable system with switching failure：bayesian approach [J]. Journal of Statistical Computation and Simulation，2008，78(12)：1163-1180.

[179] Shi Y，Kou K C，Li X C. Estimation of the reliability indexes for a cold standby system under Type-II censoring data [J]. Journal of Physical Sciences，2006，10：85-92.

[180] Li F. Reliability analysis of a cold standby system under progressive Type-II censoring date [J]. Advanced Materials Research，2012，459：540-543.

[181] Shi Y M，Shi X L. Reliability estimation for cold standby series system based on general progressive

Type-Ⅱ censored samples [J]. Applied Mechanics and Materials,2013,321:2460-2463.

[182] Barot D,Patel M. Bayesian estimation of reliability indexes for cold standby system under general progressive Type-Ⅱ censored data [J]. International Journal of Quality & Reliability Management,2014, 31(3):311-343.

[183] Castet J F,Saleh J H. Satellite and satellite subsystems reliability:statistical data analysis and modeling [J]. Reliability Engineering & System Safety,2009,94(11):1718-1728.

[184] Li M,Liu J,Li J,et al. Bayesian modeling of multi-state hierarchical systems with multi-level information aggregation [J]. Reliability Engineering & System Safety,2014,124:158-164.

[185] Yontay P,Pan R. A computational bayesian approach to dependency assessment in system reliability [J]. Reliability Engineering & System Safety,2016,152:104-114.

[186] Wang S,Cui X,Shi J,et al. Modeling of reliability and performance assessment of a dissimilar redundancy actuation system with failure monitoring [J]. Chinese Journal of Aeronautics,2016,29(3):799 -813.

[187] Li G,Bie Z,Kou Y,et al. Reliability evaluation of integrated energy systems based on smart agent communication [J]. Applied Energy,2016,167:397-406.

[188] Graves T L,Hamada M S. A note on incorporating simultaneous multi-level failure time data in system reliability assessments [J]. Quality and Reliability Engineering International,2016,32:1127-1135.

[189] George-Williams H,Patelli E. A hybrid load flow and event driven simulation approach to multi-state system reliability evaluation [J]. Reliability Engineering & System Safety,2016,152:351-367.

[190] Yu H, Yang J, Peng R, et al. Reliability evaluation of linear multi-state consecutively-connected systems constrained by m consecutive and n total gaps [J]. Reliability Engineering & System Safety, 2016,150:35-43.

[191] Xu J. A new method for reliability assessment of structural dynamic systems with random parameters [J]. Structural Safety,2016,60:130-143.

[192] Feng G,Patelli E,Beer M. et al. Imprecise system reliability and component importance based on survival signature [J]. Reliability Engineering & System Safety,2016,150:116-125.

[193] Zhang X,Sun L,Ma C,et al. A reliability evaluation method based on the weakest failure modes for side-by-side offloading mooring system of FPSO [J]. Journal of Loss Prevention in the Process Industries,2016,41:129-143.

[194] Ramakrishnan M. Integration of functional reliability analysis and system hardware reliability through Monte Carlo simulation [J]. Annals of Nuclear Energy,2016,95:54-63.

[195] Springer M,Thompson W. Bayesian confidence limits for the product of N binomial parameters [J]. Biometrika,1966,53(3-4):611-613.

[196] Chang E Y,Thompson W E. Bayes analysis of reliability for complex systems [J]. Operations Research,1976,24(1):156-168.

[197] Winterbottom A. The interval estimation of system reliability from component test data [J]. Operations Research,1984,32(3):628-640.

[198] 郭波,武小悦. 系统可靠性分析 [M]. 长沙:国防科技大学出版社,2002.

［199］ 周源泉. 质量可靠性增长与评定方法［M］. 北京:北京航空航天大学出版社,1997.

［200］ Yuan X,Pandey M D. A nonlinear mixed-effects model for degradation data obtained from in-service inspections［J］. Reliability Engineering & System Safety,2009,94:509-519.

［201］ Gao H,Cui L,Kong D. Reliability analysis for a Wiener degradation process model under changing failure thresholds［J］. Reliability Engineering & System Safety,2017,171:1-8.

［202］ Paroissin C. Online Estimation Methods for the Gamma Degradation Process［J］. IEEE Transactions on Reliability,2017,66(4):1361-1367.

［203］ Peng W,Li Y F,Yang Y J,et al. Bayesian Degradation Analysis With Inverse Gaussian Process Models Under Time-Varying Degradation Rates［J］. IEEE Transactions on Reliability,2017,66(1):84-96.

［204］ Carr M J,Wang W. An Approximate Algorithm for Prognostic Modelling Using Condition Monitoring Information［J］. European Journal of Operational Research,2011,211(1):90-96.

［205］ Gorjian N,Ma L,Mittinty M. et al. A Review on Reliability Models with Covariates［C］. Proceedings of the 4th World Congress on Engineering Asset Management,2010:385-397.

［206］ Peng Y,Dong M. A Prognosis Method Using Age-Dependent Hidden Semi-Markov Model for Equipment Health Prediction［J］. Mechanical Systems and Signal Processing,2011,25(1):237-252.

［207］ Huang H Z,Wang H K,Li Y F,et al. Support vector machine based estimation of remaining useful life: current research status and future trends［J］. Journal of Mechanical Science & Technology,2015,29 (1):151-163.

［208］ Zhang Y,Guo B. Online Capacity Estimation of Lithium-Ion Batteries Based on Novel Feature Extraction and Adaptive Multi-Kernel Relevance Vector Machine［J］. Energies,2015,8(11):12349-12457.

［209］ Santhosh T V,Gopika V,Ghosh A K. ,et al. An approach for reliability prediction of instrumentation & control cables by artificial neural networks and Weibull theory for probabilistic safety assessment of NPPs［J］. Reliability Engineering & System Safety,2018,170:31-44.

［210］ 雷亚国,贾峰,周昕,等. 基于深度学习理论的机械装备大数据健康监测方法［J］. 机械工程学报,2015,51(21):49-56.

［211］ 金光. 基于退化的可靠性技术——模型、方法及应用［M］. 北京:国防工业出版社,2014.

［212］ Strupczewski W G,Mitosek H T,Kochanek K. ,et al. Probability of correct selection from lognormal and convective diffusion models based on the likelihood ratio［J］. Stochastic Environmental Research & Risk Assessment,2006,20(3):152-163.

［213］ Kim J S,Yum B J. Selection between Weibull and lognormal distributions:A comparative simulation study［J］. Computational Statistics & Data Analysis,2008,53(2):477-485.

［214］ Massey Jr F J. The Kolmogorov-Smirnov test for goodness of fit［J］. Journal of the American statistical Association,1951,46(253):68-78.

［215］ Upadhyay S K,Peshwani M. Choice Between Weibull and Lognormal Models:A Simulation Based Bayesian Study［J］. Communications in Statistics,2003,32(2):381-405.

［216］ Jia X,Nadarajah S,Guo B. The effect of mis-specification on mean and selection between the Weibull and lognormal models［J］. Physica A Statistical Mechanics & Its Applications,2018,492:1875-1891.

[217] 郑俊钦. 恒定失效率假设下的电子产品可靠性验证试验 [J]. 海峡科学,2015(4):38-40.

[218] 凌丹. 威布尔分布模型及其在机械可靠性中的应用研究 [D]. 成都:电子科技大学,2010.

[219] 唐百胜,江腾飞. 基于贝叶斯理论的激光陀螺可靠性评估 [J]. 导航与控制,2016,15(2):51-56.

[220] 肖辽亮. 基于贝叶斯理论的光纤陀螺光源可靠性评估 [J]. 电子设计工程,2016,24(15):146-148+153.

[221] 刘天宇. 时变应力下蓄电池循环寿命预测方法研究 [D]. 长沙:国防科技大学,2013.

[222] Almalki S J,Nadarajah S. Modifications of the Weibull distribution:A review [J]. Reliability Engineering & System Safety,2014,124:32-55.

[223] Jia X,Nadarajah S,Guo B. Inference on q-Weibull parameters [J]. Statistical Papers.

[224] Jia X,Guo B. Exact inference for exponential distribution with multiply Type-I censored data [J]. Communications in Statistics-Simulation and Computation,2017,46(9):7210-7220.

[225] Balakrishnan N,Iliopoulos G. Stochastic monotonicity of the MLEs of parameters in exponential simple step-stress models under Type-I and Type-II censoring [J]. Metrika,2010,72(1):89-109.

[226] Shaked M,Shanthikumar J. Stochastic orders [M]. New York:Springer,2007.

[227] Balakrishnan N,Cramer E,Iliopoulos G. On the method of pivoting the CDF for exact confidence intervals with illustration for exponential mean under life-test with time constraints [J]. Statistics & Probability Letters,2014,89:124-130.

[228] 贾祥,王小林,郭波. 不等定时截尾试验指数分布情形下的可靠性评定 [J]. 系统工程与电子技术,2016,38(6):1470-1475.

[229] Efron B. Better bootstrap confidence intervals [J]. Journal of the American Statistical Association,1987,82:171-185.

[230] Jia X,Wang D,Jiang P. et al. Inference on the reliability of Weibull distribution with multiply Type-I censored data [J]. Reliability Engineering & System Safety,2016,150:171-181.

[231] Menon M V. Estimation of the shape and scale parameters of the Weibull distribution [J]. Technometrics,1963,5:175-182.

[232] Jia X,Nadarajah S,Guo B. Exact Inference on Weibull Parameters With Multiply Type-I Censored Data [J]. IEEE Transactions on Reliability,2018,67(2):432-445.

[233] Jia X,Jiang P,Guo B. Reliability evaluation for Weibull distribution under multiply type-I censoring [J]. Journal of Central South University,2015,22(9):3506-3511.

[234] Louis T A. Finding the observed information matrix when using the EM algorithm [J]. Journal of the Royal Statistical Society. Series B (Methodological),1982:226-233.

[235] Ng H K T,Chan P S,Balakrishnan N. Estimation of parameters from progressively censored data using EM algorithm [J]. Computational Statistics & Data Analysis,2002,39:371-386.

[236] Bateman H,Erdélyi A. Higher Transcendental Functions [M]. New York:McGraw-Hill,1953.

[237] Oehlert G W. A note on the delta method [J]. The American Statistician,1992,46(1):27-29.

[238] Olteanu D,Freeman L. The evaluation of median-rank regression and maximum likelihood estimation techniques for a two-parameter Weibull distribution [J]. Quality Engineering,2010,22(4):256-272.

[239] 贾祥,蒋平,郭波. 威布尔分布场合无失效数据的失效概率估计方法 [J]. 机械强度,2015,37 (2):288-294.

[240] Wikipedia. Falling_and_rising_factorials. 2017-03-25 2017-03-27].

[241] Wikipedia. Stirling numbers of the first kind. 2017-02-06 2017-03-27].

[242] Wikipedia. Heaviside cover-up method. 2015-07-30 2017-03-27].

[243] Ventura L,Racugno W. Recent advances on Bayesian inference for P(X<Y) [J]. Bayesian Analysis, 2011,6(3):411-428.

[244] 周源泉. 一种有用的概率分布——负对数伽马分布[J]. 系统工程与电子技术,1992(4): 66-76.

[245] Wikipedia. Hypergeometric function. 2017-05-09 2017-06-05].

[246] Jia X,Nadarajah S,Guo B. Bayes estimation of P(Y<X) for the Weibull distribution with arbitrary parameters [J]. Applied Mathematical Modelling,2017,47:249-259.

[247] Jia X,Guo B. Analysis of non-repairable cold-standby systems in Bayes theory [J]. Journal of Statistical Computation and Simulation,2016,86(11):2089-2112.

[248] Geddes K O,Glasser M L,Moore R A. ,et al. Evaluation of classes of definite integrals involving elementary functions via differentiation of special functions [J]. Applicable Algebra in Engineering,Communication and Computing,1990,1(2):149-165.

附录 定理 4.2 的证明

首先推导完全样本的信息矩阵 I_c。由于完全样本之间相互独立,因此 I_c 为

$$I_c = nE \begin{bmatrix} -\dfrac{\partial^2 \ln f(t)}{\partial m^2} & -\dfrac{\partial^2 \ln f(t)}{\partial m \partial \eta} \\ -\dfrac{\partial^2 \ln f(t)}{\partial \eta \partial m} & -\dfrac{\partial^2 \ln f(t)}{\partial \eta^2} \end{bmatrix}$$

其中 $f(t)$ 为式(2.5)中威布尔分布的概率密度函数,进一步有

$$\frac{\partial^2 \ln f(t)}{\partial m^2} = -\frac{1}{m^2} - \left(\frac{t}{\eta}\right)^m \left(\ln \frac{t}{\eta}\right)^2$$

$$\frac{\partial^2 \ln f(t)}{\partial m \partial \eta} = \frac{\partial^2 \ln f(t)}{\partial \eta \partial m} = -\frac{1}{\eta} + \frac{m}{\eta} \left(\frac{t}{\eta}\right)^m \left(\ln \frac{t}{\eta}\right) + \frac{1}{\eta} \left(\frac{t}{\eta}\right)^m$$

$$\frac{\partial^2 \ln f(t)}{\partial \eta^2} = -\frac{m(m+1)}{\eta^2} \left(\frac{t}{\eta}\right)^m + \frac{m}{\eta^2}$$

由于

$$E\left[\left(\frac{t}{\eta}\right)^m \left(\ln \frac{t}{\eta}\right)^2\right] = \int_0^{+\infty} \left(\frac{t}{\eta}\right)^m \left(\ln \frac{t}{\eta}\right)^2 \frac{m}{\eta} \left(\frac{t}{\eta}\right)^{m-1} \exp\left[-\left(\frac{t}{\eta}\right)^m\right] dt$$

$$= \frac{1}{m^2} \int_0^{+\infty} y (\ln y)^2 \exp(-y) dy$$

$$= \frac{1}{m^2} \left. \frac{d^2 \Gamma(x)}{dx^2} \right|_{x=2}$$

根据 $\dfrac{d}{dx} \Gamma(x) = \Gamma(x) \varphi^{(1)}(x)$,可得

$$\frac{d^2 \Gamma(x)}{dx^2} = \varphi^{(1)}(x) \frac{d\Gamma(x)}{dx} + \varphi^{(2)}(x) \Gamma(x)$$

$$= (\varphi^{(1)}(x))^2 \Gamma(x) + \varphi^{(2)}(x) \Gamma(x)$$

于是

$$E\left[\left(\frac{t}{\eta}\right)^m \left(\ln \frac{t}{\eta}\right)^2\right] = \frac{1}{m^2} \left[\varphi^{(2)}(2) + (\varphi^{(1)}(2))^2\right]$$

因此

$$E\left(-\frac{\partial^2 \ln f(t)}{\partial m^2}\right) = \frac{1}{m^2} + E\left[\left(\frac{t}{\eta}\right)^m \left(\ln \frac{t}{\eta}\right)^2\right]$$

$$= \frac{1}{m^2}\left[1 + \varphi^{(2)}(2) + (\varphi^{(1)}(2))^2\right]$$

由于

$$E\left[\left(\frac{t}{\eta}\right)^m\right] = \int_0^{+\infty} \left(\frac{t}{\eta}\right)^m \frac{m}{\eta}\left(\frac{t}{\eta}\right)^{m-1} \exp\left[-\left(\frac{t}{\eta}\right)^m\right] \mathrm{d}t$$

$$= \int_0^{+\infty} y \exp(-y)\,\mathrm{d}y$$

$$= \Gamma(2)$$

$$= 1$$

因此

$$E\left(-\frac{\partial^2 \ln f(t)}{\partial \eta^2}\right) = \frac{m(m+1)}{\eta^2} E\left[\left(\frac{t}{\eta}\right)^m\right] - \frac{m}{\eta^2}$$

$$= \frac{m^2}{\eta^2}$$

由于

$$E\left[\left(\frac{t}{\eta}\right)^m \left(\ln \frac{t}{\eta}\right)\right] = \int_0^{+\infty} \left(\frac{t}{\eta}\right)^m \left(\ln \frac{t}{\eta}\right) \frac{m}{\eta}\left(\frac{t}{\eta}\right)^{m-1} \exp\left[-\left(\frac{t}{\eta}\right)^m\right] \mathrm{d}t$$

$$= \frac{1}{m}\int_0^{+\infty} y(\ln y) \exp(-y)\,\mathrm{d}y$$

$$= \frac{1}{m} \frac{\mathrm{d}\Gamma(x)}{\mathrm{d}x}\bigg|_{x=2}$$

$$= \frac{1}{m}\varphi^{(1)}(x)\Gamma(x)\big|_{x=2}$$

$$= \frac{1}{m}\varphi^{(1)}(2)$$

因此

$$E\left(-\frac{\partial^2 \ln f(t)}{\partial m \partial \eta}\right) = \frac{1}{\eta} - \frac{m}{\eta} E\left[\left(\frac{t}{\eta}\right)^m \left(\ln \frac{t}{\eta}\right)\right] - \frac{1}{\eta} E\left[\left(\frac{t}{\eta}\right)^m\right]$$

$$= -\frac{\varphi^{(1)}(2)}{\eta}$$

由此可确定完全样本的信息矩阵 I_c，见式(4.43)。

接下来推导缺失数据的信息矩阵 I_m。针对截尾时间 τ_i，则缺失的失效数据 v 的概率密度函数为

$$f(v \mid v > \tau; m, \eta) = \frac{m}{\eta}\left(\frac{v}{\eta}\right)^{m-1} \exp\left[\left(\frac{\tau_i}{\eta}\right)^m - \left(\frac{v}{\eta}\right)^m\right]$$

那么缺失数据的信息矩阵为

$$I_m = \sum_{i=1}^{n}(1-\delta_i)E\begin{bmatrix} -\dfrac{\partial^2 \ln f(v \mid v > \tau_i)}{\partial m^2} & -\dfrac{\partial^2 \ln f(v \mid v > \tau_i)}{\partial m \partial \eta} \\[4mm] -\dfrac{\partial^2 \ln f(v \mid v > \tau_i)}{\partial \eta \partial m} & -\dfrac{\partial^2 \ln f(v \mid v > \tau_i)}{\partial \eta^2} \end{bmatrix}$$

由于

$$\ln f(v \mid v > \tau_i) = \ln m + (m-1)\ln v - m\ln\eta + \left(\frac{\tau_i}{\eta}\right)^m - \left(\frac{v}{\eta}\right)^m$$

可知

$$\frac{\partial^2 \ln f(v \mid v > \tau_i)}{\partial m^2} = -\frac{1}{m^2} + \left(\frac{\tau_i}{\eta}\right)^m\left(\ln\frac{\tau_i}{\eta}\right)^2 - \left(\frac{v}{\eta}\right)^m\left(\ln\frac{v}{\eta}\right)^2$$

$$\frac{\partial^2 \ln f(v \mid v > \tau_i)}{\partial m \partial \eta} = -\frac{1}{\eta} - \frac{m}{\eta}\left(\frac{\tau_i}{\eta}\right)^m\left(\ln\frac{\tau_i}{\eta}\right)^m - \frac{1}{\eta}\left(\frac{\tau_i}{\eta}\right)^m + \frac{m}{\eta}\left(\frac{v}{\eta}\right)^m\left(\ln\frac{v}{\eta}\right) + \frac{1}{\eta}\left(\frac{v}{\eta}\right)^m$$

$$\frac{\partial^2 \ln f(v \mid v > \tau_i)}{\partial \eta^2} = \frac{m}{\eta^2} + \frac{(m+m^2)}{\eta^2}\left(\frac{\tau_i}{\eta}\right)^m - \frac{(m+m^2)}{\eta^2}\left(\frac{v}{\eta}\right)^m$$

可得

$$E\left[\left(\frac{v}{\eta}\right)^m\left(\ln\frac{v}{\eta}\right)^2\right] = \int_{\tau_i}^{+\infty}\left(\frac{v}{\eta}\right)^m\left(\ln\frac{v}{\eta}\right)^2\frac{m}{\eta}\left(\frac{v}{\eta}\right)^{m-1}\exp\left[\left(\frac{\tau_i}{\eta}\right)^m - \left(\frac{v}{\eta}\right)^m\right]\mathrm{d}v$$

$$= \frac{1}{m^2}\exp(w_i)\int_{w_i}^{+\infty}y(\ln y)^2\exp(-y)\mathrm{d}y$$

$$= \frac{1}{m^2}\exp(w_i)\frac{\mathrm{d}^2}{\mathrm{d}s^2}\Gamma(s, w_i)\mid_{s=2}$$

$$E\left[\left(\frac{v}{\eta}\right)^m\left(\ln\frac{v}{\eta}\right)^2\right] = \int_{\tau_i}^{+\infty}\left(\frac{v}{\eta}\right)^m\left(\ln\frac{v}{\eta}\right)\frac{m}{\eta}\left(\frac{v}{\eta}\right)^{m-1}\exp\left[\left(\frac{\tau_i}{\eta}\right)^m - \left(\frac{v}{\eta}\right)^m\right]\mathrm{d}v$$

$$= \frac{1}{m}\exp(w_i)\int_{w_i}^{+\infty}y(\ln y)\exp(-y)\mathrm{d}y$$

$$= \frac{1}{m}\exp(w_i)\frac{\mathrm{d}}{\mathrm{d}s}\Gamma(s, w_i)\mid_{s=2}$$

$$E\left[\left(\frac{v}{\eta}\right)^m\right] = \int_{\tau_i}^{+\infty} \left(\frac{v}{\eta}\right)^m \frac{m}{\eta}\left(\frac{v}{\eta}\right)^{m-1} \exp\left[\left(\frac{\tau_i}{\eta}\right)^m - \left(\frac{v}{\eta}\right)^m\right] \mathrm{d}v$$

$$= \exp(w_i)\int_{w_i}^{+\infty} y\exp(-y)\mathrm{d}y$$

$$= \exp(w_i)\Gamma(2,w_i)$$

其中不完全伽马函数 $\Gamma(s,x)$ 和 w_i 的定义见式(4.43)。

根据 Geddes 等[248]，不完全伽马函数 $\Gamma(s,x)$ 关于变量 s 的偏导数为

$$\frac{\partial\,\Gamma(s,x)}{\partial\,s} = \Gamma(s,x)\ln x + x G_{2,3}^{3,0}\left(\begin{matrix}0,0\\s-1,-1,-1\end{matrix}\,\Big|\,x\right)$$

$$\frac{\partial^2\Gamma(s,x)}{\partial\,s^2} = \Gamma(s,x)\ln^2 x + 2x\left[G_{2,3}^{3,0}\left(\begin{matrix}0,0\\s-1,-1,-1\end{matrix}\,\Big|\,x\right)\ln x + G_{3,4}^{4,0}\left(\begin{matrix}0,0,0\\s-1,-1,-1,-1\end{matrix}\,\Big|\,x\right)\right]$$

其中 $G_{p,q}^{k,h}\left(\begin{matrix}a_1,\cdots,a_p\\b_1,\cdots,b_q\end{matrix}\,\Big|\,x\right)$ 为 Meijer G 函数。

于是

$$E\left[\left(\frac{v}{\eta}\right)^m\left(\ln\frac{v}{\eta}\right)^2\right] = \frac{1}{m^2}\exp(w_i)\{\Gamma(2,w_i)\ln^2 w_i + 2w_i$$

$$\left[G_{2,3}^{3,0}\left(\begin{matrix}0,0\\-1,-1,-1\end{matrix}\,\Big|\,w_i\right)\ln w_i + G_{3,4}^{4,0}\left(\begin{matrix}0,0,0\\-1,-1,-1,-1\end{matrix}\,\Big|\,w_i\right)\right]\}$$

$$E\left[\left(\frac{v}{\eta}\right)^m\left(\ln\frac{v}{\eta}\right)\right] = \frac{1}{m}\exp(w_i)\left[\Gamma(2,w_i)\ln w_i + w_i G_{2,3}^{3,0}\left(\begin{matrix}0,0\\-1,-1,-1\end{matrix}\,\Big|\,w_i\right)\right]$$

经过一系列运算后得

$$E\left[-\frac{\partial^2\ln f(v\mid v>\tau_i)}{\partial\,m^2}\right] = E_{11}^i$$

$$E\left[-\frac{\partial^2\ln f(v\mid v>\tau_i)}{\partial\,m\partial\,\eta}\right] = E\left[-\frac{\partial^2\ln f(v\mid v>\tau_i)}{\partial\,\eta\partial\,m}\right] = E_{12}^i = E_{21}^i$$

$$E\left[-\frac{\partial^2\ln f(v\mid v>\tau_i)}{\partial\,\eta^2}\right] = E_{22}^i$$

其中，E_{11}^i、E_{12}^i、E_{22}^i 的定义见式(4.43)。由此可确定 $\boldsymbol{I}_m$。

当依次确定 $\boldsymbol{I}_o$ 和 $\boldsymbol{I}_m$ 后，根据 Louis 算法，即可得式(4.43)中给出的 m 和 $\boldsymbol{\eta}$ 的观测信息矩阵。